住房城乡建设部土建类学科专业『十三五』规划教材
全国住房和城乡建设职业教育教学指导委员会
建筑与规划类专业指导委员会规划推荐教材

建筑设计

（建筑与规划类专业适用）

季翔 主编
仲德崑 主审

中国建筑工业出版社

图书在版编目（CIP）数据

建筑设计：建筑与规划类专业适用／季翔主编．—北京：中国建筑工业出版社，2019.11
住房城乡建设部土建类学科专业“十三五”规划教材　全国住房和城乡建设职业教育教学指导委员会建筑与规划类专业指导委员会规划推荐教材
ISBN 978-7-112-24472-0

Ⅰ．①建…　Ⅱ．①季…　Ⅲ．①建筑设计－高等职业教育－教材
Ⅳ．①TU2

中国版本图书馆CIP数据核字（2019）第261667号

《建筑设计》是住房城乡建设部土建类学科专业“十三五”规划教材、全国住房和城乡建设职业教育教学指导委员会建筑与规划类专业指导委员会规划推荐教材，同时也是高职建筑设计专业核心课程教材，针对高职高专教育特点，根据最新规范、规程和标准进行编写。本书首先梳理建筑历史发展脉络，系统整合繁杂的知识点，从场地、空间、造型等方面加强学生对设计要素的直观、全面了解。以综合讲解为主题，运用设计思维的模式，结合工程实例，剖析学校、交通、文化、医疗等建筑类型的设计要领。教材结构清晰、图文并茂、案例丰富贴切、语言简洁易懂。既可作为高职院校建筑设计及相关专业的教材，又可作为建筑爱好者进行自我提升时的阅读材料。

为更好地支持本课程的教学，我们向使用本书的教师免费提供教学课件，有需要者请与出版社联系，邮箱：cabp_gzsj@163.com。

责任编辑：杨　虹　尤凯曦
责任校对：王　瑞

住房城乡建设部土建类学科专业“十三五”规划教材
全国住房和城乡建设职业教育教学指导委员会建筑与规划类专业指导委员会规划推荐教材
建筑设计
（建筑与规划类专业适用）
季　翔　主　编
仲德崑　主　审
*
中国建筑工业出版社出版、发行（北京海淀三里河路9号）
各地新华书店、建筑书店经销
北京雅盈中佳图文设计公司制版
北京建筑工业印刷厂印刷
*
开本：787×1092毫米　1/16　印张：$17\frac{1}{2}$　字数：370千字
2019年11月第一版　2019年11月第一次印刷
定价：49.00元（赠课件）
ISBN 978-7-112-24472-0
（34931）

前　言

本书依据全国住房和城乡建设职业教育教学指导委员会建筑与规划类专业指导委员会的基本教学要求，根据建筑设计类专业培养方案的基本框架，结合教学改革的实践经验和多年的教学经验，为适应高职建筑设计类专业的教学需求而编写。为满足企业对人才的需求，坚持“以综合素质培养为基础，以能力培养为主线”的原则，通过本课程的学习，学生能够掌握建筑设计的一般方法、技巧和规律。

本书由建筑设计原理、公共建筑设计、建筑实例三篇构成，不涉及居住建筑部分，包含了场地设计，空间构成设计，建筑造型设计，托儿所、幼儿园建筑方案设计，旅馆建筑方案设计，文化建筑方案设计，交通建筑方案设计，医疗建筑方案设计，绿色建筑设计，建筑工业化等共计十二章，内容深入浅出、通俗易懂，并采用了大量的设计实例，直观性强，有利于培养学生的综合素质和实践能力。

本书由全国住房和城乡建设职业教育教学指导委员会建筑与规划类专业指导委员会主任委员、江苏建筑职业技术学院季翔教授担任主编，由湖南城建职业技术学院刘岚副教授，中国矿业大学龚亚西、洪小春、刘忻宇和聂璐枫博士生，启迪设计集团股份有限公司创作中心主任、总建筑师李少锋参编。本书在编写过程中大量参考了国内同类教材以及与此相关的参考文献，未在书中一一注明出处，在此对有关文献和资料的作者表示感谢。本书编写分工如下：

主　编：季　翔

主　审：仲德崑

参加编写人员名单：

第一章　季　翔、刘忻宇

第二章　龚亚西、聂璐枫

第三章　李提莲、龚亚西

第四章　季　翔、洪小春

第五章　彭莉妮、李少锋

第六章　洪小春、刘　岚

第七章　刘　岚、龚亚西

第八章　刘　岚、徐　响

第九章　刘　岚、徐　响

第十章　季　翔、龚亚西

第十一章　季　翔、龚亚西

第十二章　刘忻宇、聂璐枫

参与本书的其他工作人员：中国矿业大学与苏州科技大学硕士研究生边导、高伟豪、周颖川、薛超男、王国福、雒倩、武紫涵、茹晟、程珊珊。

由于时间仓促，本书难免出现疏漏和不妥之处，恳请读者、同行专家批评指正。

编　者

2019年5月

目 录

第一篇 建筑设计原理

第二篇 公共建筑设计

第一篇　建筑设计原理

第一章
概述

1.1 建筑的发展

纵览人类建筑发展，众多汇聚古代人民智慧的建筑体系早已消失在历史的长河中，虽然古代埃及、印度、两河流域、中美洲等地区都曾出现独立的建筑体系，其在建筑材料、建造技术、功能等方面都独具地域和文化特征，但时至今日，都难以形成与其文明相匹配的成就和影响。中国、欧洲和伊斯兰建筑三大建筑体系，被公认为人类共同的精神财富，以其深远的时间跨度和广泛的影响范围，获得了令人瞩目的辉煌成就。

中国是世界上最早采用以木结构为主的建筑体系的国家，发源地位于黄河中游地区，这里同时也是华夏文明的发祥地。早期先民就地取材，使用黄土高原的黄土和木料，采用木骨泥墙建造技术完成了最早的建筑设计。随着时间的推移，逐渐形成了结合不同地域特征、不同风俗文化的地区样式，其中，又以民居最为系统、详实地记录和表现各地的建筑特色。如西南的干阑式建筑、东南的客家土楼、西北的窑洞建筑、游牧民族的毡包、北方的四合院等。它们以其独特的形式呈现出当地居民的生活需求和审美情趣。

西方传统建筑发展经历了萌芽、古希腊、古罗马、中世纪和文艺复兴等几个时期，其材质以砖石结构为主，石构建筑最受瞩目，雕塑感尤为强烈。"二战"后逐渐走向由现代主义、后现代建筑等流派多元并存的发展道路。回顾历史，古代西方宗教建筑最为显耀，建筑样式主要包括古希腊古典主义、拜占庭式、哥特式、罗马风、巴洛克等。悠久的宗教文明对建筑艺术的影响极其深远。从多神的神庙到基督教的教堂以及伊斯兰教的礼拜寺，从建筑本体到其风格乃至艺术的造型，都在西方宗教建筑身上体现得淋漓尽致。

1.1.1 中国建筑发展历程

（1）原始时期

我国拥有横亘千年的灿烂文明和悠久的建筑历史，从最初的穴居到筑巢建屋，每一个建筑形式的蜕变都饱含了先民的智慧和汗水。作为中国建筑的最初时代，原始社会时期的建筑雏形称为原始时期建筑（图 1–1）。

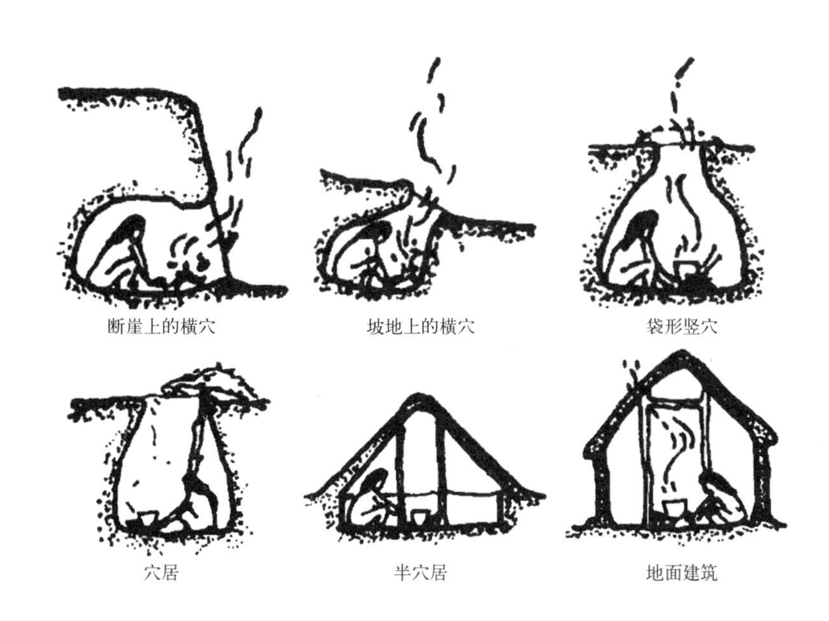

图 1–1　穴居的演化

1）天然洞穴。在原始社会，洞穴最早被用于夜晚遮风挡雨和躲避野兽侵袭，所以天然洞穴成了很长一段时间内原始人的栖身场所。原始人对于洞穴的选址已经有了基本的判断。首先，必须接近江河湖泊，以便获取淡水或进行捕鱼活动；其次，应避免冬季风向，以在寒冷的冬季获得较好的保暖效果；再者，出口一般选在较高的位置，防止雨水、洪水倒灌。在生产力落后的原始时期，天然洞穴成了满足原始人最基础生存需要的居住形式，北京周口店、山顶洞遗址以及辽宁、贵州、广东、湖北、江西、江苏、浙江等地都发现过原始人居住的天然洞穴，但这种居住形式并非建筑。

2）挖土为穴，构木为巢。原始部族人口数量的增加造成了优质自然洞穴的短缺，原始先民逐步发展出了挖土为穴、构木为巢的建造技术，由此中华文明的发祥地黄河流域和长江流域分别产生了穴居与巢居两种居住形式。尽管穴居与巢居相对于常规意义上的建筑较为原始、简陋，只能算是建筑的雏形，但其对于整个中国建筑史的意义却是无可估量的，其为后世中国传统建筑的营建和发展奠定了基础，成为中国建筑的两大源头。

真正能够称为建筑的居住形式要从新石器时代的河姆渡文化和仰韶文化时期的穴居和巢居算起。比如距今约 6000 年、位于我国黄河流域的半坡遗址（图 1–2）。

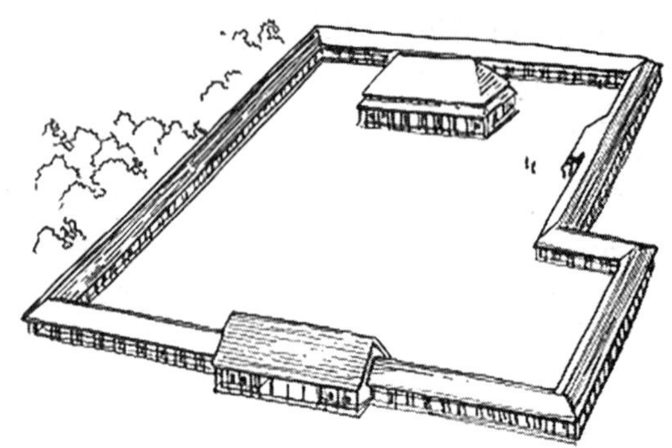

图 1–2（左）
半坡文化遗址
图 1–3（右）
河南偃师二里头一号宫殿遗址

（2）先秦时期

公元前 21 世纪，随着夏王朝的建立，中国正式进入奴隶社会时期，自此之后的 1600 年时间，经历了商、周、春秋的朝代更迭，先祖们在华夏大地上创造了灿烂的青铜文化。

1）夏。夏朝作为奴隶社会的初始朝代，对其建筑类别进行划分，初步可分为宫室、民居、墓葬等形式。同时，在限定城市雏形的轮廓上也有了一定的体现。如河南偃师二里头夏代宫室遗址，该遗址是我国至今发现最早的规模较大的木架夯土建筑和庭院实例（图 1–3）。

2）商。随着农业生产方式的变革、夯筑建造技术的进步、聚落生活形态出现，诞生出一批早期城市雏形并设有围墙和壕沟。但迫于落后的社会生产，这一时期的建筑对于整个中国建筑史的贡献依然较小，发展也较为缓慢。青铜器作为商代文化物质传承的重要代载体，其制造技术在当时已经相当纯熟，在出土的青铜器中出现了反映当时建筑形象的雕刻，记录了商代建筑发展的水平（图 1–4）。

3）周。周代相较于商代，建筑水平进一步提升，而其中对后世产生深远影响的当属周代的都城建设。《周礼・考工记》中"匠人营国，方九里，旁三门。国中九经九纬，经涂九轨。左祖右社，面朝后市，市朝一夫。"的文字记载，详实地记录了周代方正王城内的情况。这一建设模式影响了中国之后都城的营建。它通过建筑的布局与形式（"左祖右社"、"内寝外朝"）制定了一整套森严的阶级制度。

此外，这一时期最为典型的案例还有西周时期的陕西岐山凤雏村遗址，这座四合院规制相当严整，为二进制院落。其建筑规模较小，但却是我国目前已知最早、最严整的四合院实例。中轴线上依次为影壁、大门、前堂、后室，平面与空间布局的形制与两千多年后封建社会的北方四合院建筑有极大的相似之处（图 1–5）。

春秋战国时期封建萌芽出现，城市规模迅速扩大，高台宫室建筑开始盛行，建筑纹样与前朝相比更加丰富多彩，铁制工具的应用使得木构建筑的加工质量和施工速度也大大提高。除了居住建筑，各诸侯国间的城防建筑、水利建筑也得到很大发展。北方诸侯国都有修筑长城抵御外敌，秦、郑两国兴修水利以御

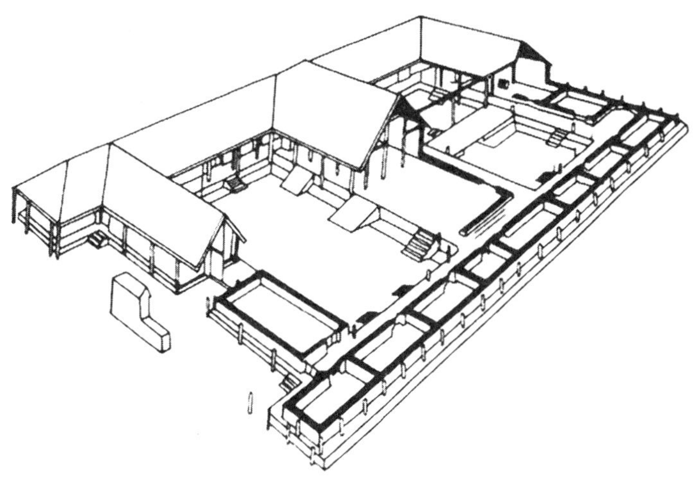

图 1-4（左）
晚商四羊方尊
图 1-5（右）
陕西岐山凤雏村遗址

水患，其中最为出名的是李冰主持修建的都江堰。

（3）封建时期

1）秦。公元前 221 年，秦始皇统一六国，建立中国历史上第一个封建王朝。统一全国后始皇帝颁布了修都城、筑驰道、建沟渠、造长城等一系列措施为巩固中央集权统治起到了积极作用，并独创性地摒弃了传统的城郭制度。但其集中全国人力物力大兴土木极尽奢靡，如阿房宫、骊山陵均在此时期建成（图 1–6），又为其短暂辉煌后的覆灭埋下了伏笔。

2）汉。汉朝作为我国历史上较为稳定、长久、强盛的王朝，社会生产力大大增强，它是我国古代建筑史上的一个繁荣期，这一时期木构建筑得到长足发展，奠定了后世抬梁式、穿斗式和井干式的木构架形式的基础。砖、瓦生产和砌筑技术的不断提高也使得中国古典建筑三段式（台基、屋身、屋顶）的外形特征基本定型。

西汉的都城长安作为当时政治、经济、文化中心，具有宏大的城市规模以及整齐的建筑布局，密集的建筑排布并没有影响交通，反倒是因为街衢通直，交通便利。由于城墙的建设时间较长乐宫和未央宫更晚，为照顾二宫的位置和城北渭河的流向，城墙被建设为不规则形状，缺西北角，因此也被称为“斗城”。

图 1-6（左）
始皇陵
图 1-7（右）
黄肠题凑复原模型

汉皇陵帝后合葬，在陵园的中央筑有覆斗式方形坟丘，陵园的形状与城市一样，平面呈正方形，四周筑围墙，每个方向设有一扇“司马门”，门外立双阙，形制上力求还原当时生活中的建筑样式，一般采用横穴式的洞穴作墓圹，墓室的材料为砖和石料。特别的，西汉帝陵使用了椁室四周用柏木堆垒成的框形结构的黄肠题凑式做法（图 1–7）。

儒家经典对明堂的建筑模式没有明确记载，汉武帝参照方士公玉带献上的明堂图，修建了汉家明堂。自此之后历朝历代的明堂的形式，基本上沿袭了上圆下方、四周环水的做法。汉代出现了模仿皇家园林的私人园林。其雏形是西汉末年出现的庄园，这些庄园内常常拥有丰富的自然资源，家丁、家畜众多。

3）魏晋南北朝。魏晋时期之前的城墙均为土筑，直到东晋时期多个政治势力割据，北方十六国都城的城墙为提升防御能力有部分使用了包砖，这是中国建筑史上的一大创举，是中国建筑发展的巨大进步。

魏晋南北朝时期，没有两汉时期的盛世背景，建筑创造也无法与汉朝相比，但在这一时期，汉族与其他民族的融合和文化交流却得到了巨大发展，其中影响最大的便是佛教建筑的兴建。佛寺、佛塔和石窟建筑能够代表这一时期建筑巅峰水平，北朝比南朝更盛。梁武帝时期，在建康所建造的佛寺达 500 多所，僧尼 10 万多人，规模之大，历史罕见。

佛塔是佛寺中主要建筑类型之一，中国的佛塔与国外的佛塔稍有不同，由于中国的木构建筑水平较高，佛塔常常与各层木构楼阁结合，形成木、石、砖等材料相结合的建筑样式。中国最大的木塔是在北魏时期建造的洛阳永宁寺塔，该塔为北魏洛阳城的皇家寺院永宁寺中的佛塔，据杨衒之《洛阳伽蓝记》记载，永宁寺塔为木结构，高九层、一百丈，百里外都可以看见，但不幸的是永熙三年（公元 534 年）雷电击中塔身引发大火，随即焚毁，距建成仅 16 年。也正是当年，盛极一时的北魏王朝覆灭了。

与佛塔齐名的是魏晋南北朝时期的石窟建筑，石窟作为建筑、雕刻、壁画等艺术形式的集聚体，以其特有的形式为中国古典建筑文化保留了丰富的宝藏。而石窟作为反映当时佛教兴盛情况的载体，也对当时的建筑形态、风格以及发展趋势进行了详实的记录。我国的河南洛阳龙门石窟、山西大同云冈石窟始凿于南北朝时期，甘肃敦煌莫高窟和甘肃天水麦积山石窟始凿于东晋十六国时期（图 1–8、图 1–9）。

4）隋、唐。隋、唐时期是中国历史上的又一盛世，形成了一套独立而完整的建筑体系，不仅继承了前朝的建筑成就，更是将国外的建筑思路引入中国，进一步推动了中国建筑的发展，同时也将本土的建筑文化远播周边国家，如朝鲜、日本、泰国、越南等国。

纵观中国历朝都城规划，最为严谨、规范的当属唐朝长安，其先进的规划理念不仅影响了我国后世的都城规划，甚至对渤海国的东京城乃至日本的平城京、平安京都产生了巨大影响。唐代的各类府、衙、署等建筑的面积远远超

过了任何封建王朝。

唐代帝王陵共计 21 帝 20 陵（高宗李治与女皇武则天合葬乾陵），长安附近的唐十八陵中又以昭陵和乾陵最具代表性。唐代帝陵从唐太宗李世民葬九山开始，除唐武宗端陵和唐僖宗靖陵外，都构筑在山上。“依山为陵”一方面是为了显示气势雄伟，另一方面也是为了防盗（图 1–10）。

唐代园林的建设水准同样在我国古典园林发展史上占有一席之地。与宫殿建筑一样，唐代皇家园林的最大特点也是规模宏大，皇家园林甚至设有狩猎场所。

5）宋。宋朝的建立终结了五代十国诸国混战的局面，并在城市经济、手工业分工、生产工具、商业发展等方面得到极大发展。这一时期由李诫编著经官方颁布的《营造法式》成为我国古代集建筑设计与建造技术经验总结的完整巨著，也是中国古代最具代表性的建筑著作。书中所述内容涉及皇家宫殿，也对陵墓、园林、民居等建筑类型提供指导，标志着中国古代建筑技术已经发展到较高水平（图 1–11）。

6）辽、金、西夏。辽国是游牧民族契丹人所建立，自唐末起逐渐强盛，其建筑风格受唐朝影响较大，遗存有山西佛宫寺释迦塔（应县木塔）、天津独乐寺山门与观音阁、北京天宁寺塔等优秀建筑。其中，位于山西省朔州市的应县木塔是我国现存最高的一座木塔，具有极高的价值（图 1–12）。

女真族统治的金朝占领了中国北部地区之后，吸收宋、辽文化，营建中

图 1–8（左）
河南洛阳龙门石窟
图 1–9（右）
山西大同云冈石窟

图 1–10（左）
唐乾陵入口
图 1–11（右）
宋《营造法式》

图 1-12　应县木塔

都（今北京城）。北京永定河上的卢沟桥是金朝所建的著名石桥。

7）元。蒙古人大约于公元 7 世纪开始扩张，13 世纪左右国力空前强大。这一时期由于多民族建筑技术的融合、文化的交流和工艺审美的交融为建筑的发展带来了新的元素。如官式建筑中斗栱的比例下降，补间铺作增加，为使室内空间宽敞减柱法被大量使用。在元朝的皇宫中为满足蒙古人的传统，出现了若干棕毛殿、畏兀尔殿等体现民族特色的建筑形式，这在以往的官式建筑中是从未出现过的。

蒙古人受汉人丧葬习俗的熏染，也渐渐使用棺木入葬，但所用棺木与汉人不同，死者入殓后，两块棺木合在一起，又成为一棵圆木，然后"以铁条钉合之"。尽管入主中原，蒙古人入殓仍然俭朴如初，依然保持薄葬简丧的蒙古特色。

8）明、清。明、清建筑是中国封建皇权社会建筑史上最后一个高潮，其在官式建筑和园林领域的成就任何朝代都无法比拟，明清紫禁城、明代江南的私家园林和清代北方的皇家园林便是其中的代表。

明、清宫殿作为中国封建社会晚期的官式建筑，难能可贵地保存至今。北京故宫（图 1-13）和沈阳故宫经历长时间的动荡，至今仍然为两座城市增光添彩。明、清城市最杰出的代表是现北京城和南京城，而民居的代表则是北京的四合院和江浙一带水乡的民居建筑。明十三陵在明、清帝陵中艺术成就最为突出，明代帝陵在继承前代形制的基础上自成一格，清代则与明代制度基本保持一致。北京天坛（图 1-14）作为坛庙建筑的代表，是明清两代皇帝祭天的级别最高的坛庙，至今依然在北京较完整地保留。

明清时期的建筑创作重视建筑群体关系的营造，弱化了斗栱的连接作用，转而强调梁、柱、檩的直接结合。这一做法不仅节省了木材，达到"少材料、大空间"的效果，还简化了结构，提高了建设效率。同时，在建筑材料的选用

图 1–13（左）
北京故宫
图 1–14（右）
北京天坛

上，砖石材料在这一时期得到了广泛应用。

中国传统建筑，作为古老传统的文化产物，特色十分明显：

①中国建筑是世界上唯一以木结构为主的建筑体系。木结构暖和、质轻，宜于平向铺展。

②宫殿建筑是中国建筑的主流，结合都城规划都在历史上留下了浓墨重彩的一笔。其中又以汉族建筑的发展最为成熟，结合历史各阶段的思想潮流，建筑、规划往往体现了极强的皇权思想，等级观念根深蒂固。

③注重天人合一，人与自然的协同。对中华文明产生深远影响的儒家文化提倡天人合一，这一理念体现在建筑设计中便是建筑与自然环境的高度融合。

④重视建筑的实用性，讲究群体组合和大团圆式。

1.1.2 西方建筑的发展历程

（1）古埃及建筑

古埃及作为古代文明的又一代表，其历史同样熠熠生辉。其中，最为世人所知的便是尼罗河畔的金字塔。金字塔是古埃及国王的陵寝，作为这一奴隶制王国的统治者，人们称其为“法老”。古埃及人对神具有极其虔诚的信仰，“来世观念”根深蒂固，人们都渴望在极乐世界里复活，获得永生，认为现世只不过是一个短暂的居留，人死之后，只要尸体不被破坏，三千年之后便可以复生，获得永恒的幸福。因此，陵墓建筑在古埃及的建筑史上具有崇高的地位。富裕的奴隶主在建设陵墓时都十分考究，除了建设庞大的地下墓室外，还在地面建造祭祀建筑，据推测，其建筑形式来源于当时奴隶主居住的长方形砖石平台样式的住宅厅堂，墓室则在地下，通过阶梯或斜坡甬道连接上下，金字塔便由此发展而来（图 1–15）。

（2）古希腊建筑

古希腊建筑是古希腊，乃至整个欧洲最伟大、最辉煌、影响最深远的建筑，其主要特点是和谐、完美、崇高，而神庙建筑则能够完美地体现上述特点。古希腊建筑的优势在于能够将当时所能达到的朴素建筑形式和与人类日常活动相符合的尺度、材料及与施工相适应的装饰完美地结合在一起。在庙宇等重要的

图 1-15（左）
埃及金字塔
图 1-16（右）
雅典卫城

建筑上，石材逐渐取代木材成为新兴的建筑材料。雅典卫城建于公元前 5 世纪，建造时间横跨 30 年，是世界上最伟大的建筑成就之一，它位于雅典城的最高处，内含宫殿、神庙、粮库、卫兵住所与水源（图 1–16）。

古希腊的"柱式"（表 1–1），不仅可以解读为建筑的一种部件，更应该理解为一种建筑风格与样式，古希腊建筑对檐部（包括额枋、檐壁、檐口）及柱子（柱础、柱身、柱头）的比例控制十分严整，以获得人与建筑的和谐。古希腊时期公认最为典型、最为辉煌的柱式可以分为多立克、爱奥尼和科林斯三种。这些柱式无论从形体还是从比例上都能够直观、规范地体现出建筑的和谐、完美、崇高的特点（图 1–17）。

（3）古罗马帝国时期

古罗马上承古希腊的建筑成就，在建筑类型、数量和规模方面则远远超过希腊。从类型上讲，古罗马的建筑类型有皇宫、剧场、角斗场、浴场、广场和巴西利卡等公共建筑；有罗马万神庙、维纳斯和罗马庙以及巴尔贝克（在今黎巴嫩）太阳神庙等寺庙宗教建筑；居住建筑有内庭式住宅、内庭式与围柱式院相结合的住宅以及四、五层公寓式的住宅。

为了获得高层、大空间的室内空间，罗马人发明了拱券和穹窿结构。建于公元前 1 世纪的万神庙的内殿是一个直径为 43 余米的半球形空

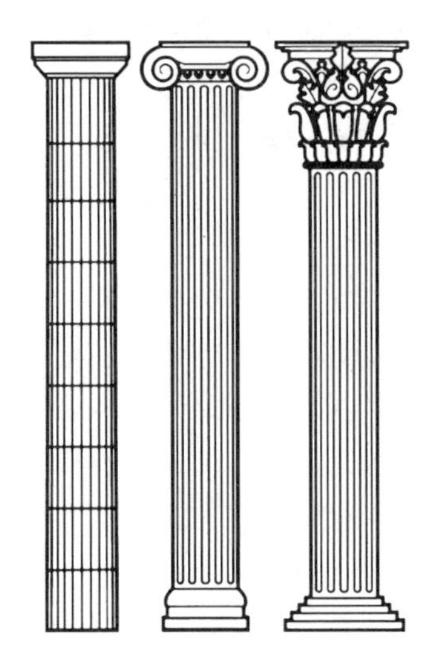

图 1–17　希腊柱式

希腊三种柱式比较　　表1–1

多立克柱式	爱奥尼柱式	科林斯柱式
•起源于希腊的多立安族 •柱高为柱径的 4 ~ 6 倍 •柱身有 20 个尖齿凹槽 •柱头由方块和圆盘组成 •柱式造型粗壮有力	•起源于希腊的爱奥尼族 •柱高为柱径的 9 ~ 10 倍 •柱身有 24 个平齿凹槽 •柱头带有两个涡卷 •柱式造型优美典雅	•起源于希腊的科林斯族 •柱高为柱径的 10 倍 •柱身有 24 个平齿凹槽 •柱头由毛茛叶饰组成 •柱式造型纤巧华丽

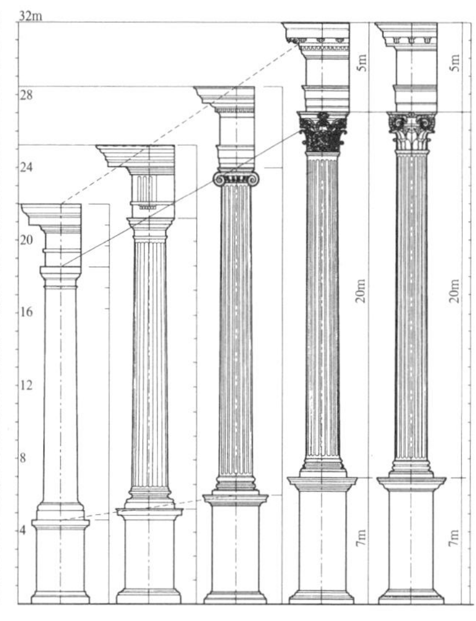

图 1–18（左）
罗马万神庙
图 1–19（右）
罗马五种柱式

间，在 19 世纪前一直是世界上空间跨度最大的建筑。为了这个硕大无比的穹顶，罗马人将穹顶的厚度向顶部递减；使用坚固、重量轻的混凝土砖构筑建筑顶部；最顶部设置一个直径 8 米多的天窗，作为庙内唯一的光源，这个天窗既能减轻穹顶的自重，又解决了照明问题；穹顶内部每个神龛后面其实都有一个拱来承担并传递重量；最后，为了解决拱对支撑墙的外推作用，罗马人根据经验，在穹顶下面设置了 7 米厚的支撑墙，使得外推力无法破坏它，但这个厚度已经远超了实际需要的厚度。但在当时根据经验建成的万神庙的整个结构是安全的，经过了历史的考验（图 1–18）。

罗马人还把古希腊柱式发展为五种，即多立克柱式、塔司干柱式、爱奥尼柱式、科林斯柱式和组合柱式，并创造了券柱式（图 1–19）。

（4）中世纪时期

中世纪的宗教建筑在布局、结构和艺术上呈现出不同的风格，分属于两个建筑艺术体系，即东欧的拜占庭式和西欧的哥特式建筑。

拜占庭式建筑的特点表现为以穹顶为结构形式，以集中的体量显示壮丽的气势。其特点可以分为四个方面：第一，屋顶普遍为“穹窿顶”造型；第二，整体造型中心突出，一般在拜占庭建筑中，构图中心为高大的圆穹顶，围绕圆穹顶四周的是一些与之协调的小部件，通过这些部件的有序排列获得较好的视觉效果；第三，创造性地把穹顶支承在独立方柱上的结构方法和与之相应的集中式建筑形制，其典型做法是在方形平面的四边发券，在四个券之间砌筑以对角线为直径的穹顶，仿佛一个完整的穹顶在四边被发券切割而成，它的重量完全由四个券承担，从而使内部空间得到更大的释放；第四，在色彩的选取上既丰富又统一，通过建筑色彩的组合、优化使建筑的内部空间与外部立面更加丰富多彩（图 1–20）。

宗教文化中的基督教文化，在中世纪成为精神和权力的双重象征。在这种文化环境的影响下，诞生了哥特式建筑。哥特式建筑的总体风格特点是空灵、纤瘦、高耸、尖峭，这种奇异、独特的建筑将中世纪的物质、精神文化成就生动地表现出来，将欧洲的建筑艺术审美提高到了新的高度，直接反映了中世纪新的结构技术和浓厚的宗教意识。尖峭的形式是尖券、尖拱技术的结晶，高耸的墙体，则包含着斜撑技术、扶壁技术的功绩（图 1–21、图 1–22）。

图 1–20　圣索菲亚大教堂

（5）现代阶段

18 世纪下半叶，机器大生产加速了资本主义发展的进程，建筑也不例外。城市迅猛扩张、建筑种类大幅增加、建筑功能也日趋多元化，因此出现了建筑形式与内容不协调的情况，该时期建筑师的工作主要集中在对建筑形式的不断探索。

当时产生了古典复兴建筑、浪漫主义建筑和折中主义建筑等流派；另一部分建筑师则利用先进的生产力和科学技术，开创性地发展新的建筑形式，如 19 世纪下半叶钢铁和水泥的应用，为建筑的现代化打下了坚实的基础，是现代建筑的起源。

1851 年为伦敦国际博览会建造的水晶宫是近代建筑的开端，它采用铁架构件和玻璃材料现场装配，是现代新材料建筑的先锋，也是现场组装预制件施工方法的第一次实践。水晶宫气势恢宏，它有 125m 长、60m 宽、22m 高。建筑周围树木葱郁，几乎完全透明的结构更增加了建筑新奇的空间效果。新材料的大胆应用、造价和时间的节省、新奇简洁的造型，这些特点后来都变成了现代建筑的核心。遗憾的是，该建筑于 1936 年毁于一场大火（图 1–23）。

现代主义建筑思潮本身包括多种流派，彼此间侧重点并不一致，创作各有特色。从 20 世纪 20 年代沃尔特・格罗皮乌斯、勒・柯布西耶等人发表的

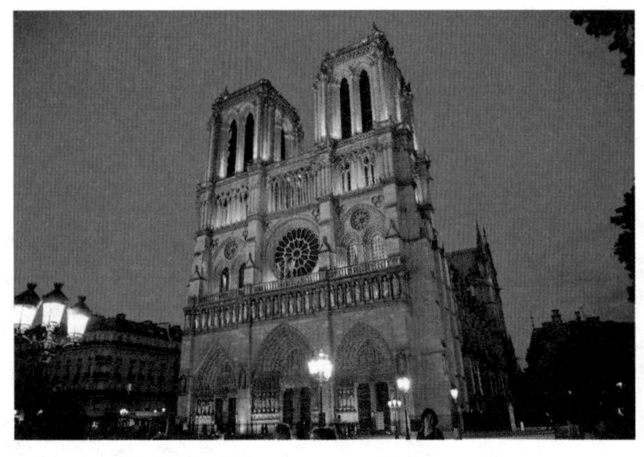

图 1–21（左）巴黎圣母院
图 1–22（右）米兰大教堂

言论和作品中可见以下典型特征：

1）强调建筑随时代发展变化，现代建筑同工业时代相适应；

2）强调建筑师应研究和解决建筑的实用功能与经济问题；

3）主张积极采用新材料、新结构，促进建筑技术革新；

图 1–23　伦敦的水晶宫

4）主张坚决摆脱历史上建筑样式的束缚，放手创造新建筑；

5）发展建筑美学，创造新的建筑风格。

1.2　建筑的基本要素

任何建筑的建造都具有一定的目的和作用，都是运用一定的建筑材料并按照一定的结构形式建造起来的，还应有一定的形象特征。建筑的建造需要满足人们的使用需求，目的性要明确，而这一部分往往反映在建筑功能之中；建筑过程中所运用的材料、技术、设备和施工则体现在当今随着科技不断发展的建筑技术上；而建筑本身内外感官的具体体现，是根据时代、地域、文化、风土人情等的不同体现在建筑艺术表现上，这三个方面构成了建筑的三个要素。我们把它称为建筑功能、建造技术和建筑形象。

建筑功能体现了建筑的主要目的，而材料、结构等建造技术是实现目的的手段，建筑形象则是建筑功能、技术和艺术内容的综合表现。

1.2.1　建筑功能

指建筑的实用性，是房屋的使用需要，它体现了建筑的目的性，任何建筑都有其使用功能，且人们对建筑功能的要求不是一成不变的，而是随着社会生产力的发展、经济的繁荣、物质文化生活水平的提高而日益提高，这时满足新的建筑功能的房屋也将应运而生。建筑的使用要求在一般情况下是建造的首要目的，满足使用对象的使用要求包括以下三点。

（1）人体活动尺度的要求

人体基本尺度是人体工程学研究的最基本的数据之一。它主要以人体构造的基本尺寸（又称为人体结构尺寸，主要是指人体的静态尺寸，如身高、坐高、肩宽、臀宽、手臂长度等）为依据，在通过研究人体对环境中各种物理、化学因素的反应和适应力，分析环境因素、生理、心理以及工作效率的影响程序，确定人们在不同环境中生产和生活所感受到的舒适范围及安全界限，所进行的系统数据比较与分析结果的反映（图 1–24）。

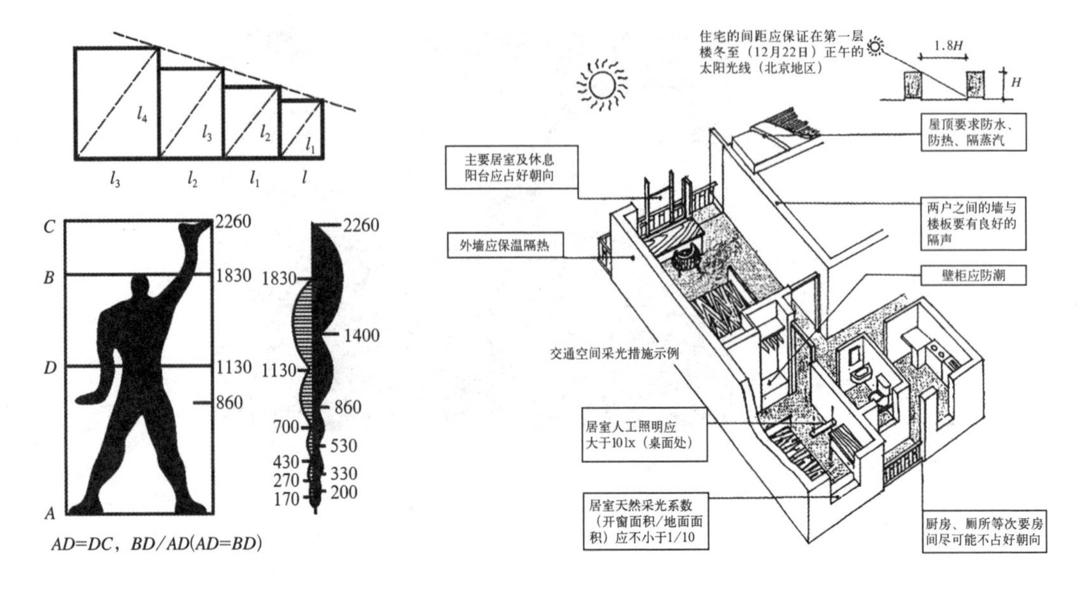

图 1–24（左）
人体活动尺度要求
图 1–25（右）
人的需求对住宅的要求

（2）人的生理需求

人的生理需求反映在建筑功能中，主要包括朝向、保温、防潮、防热、通风、采光、照明等方面的要求，它们都是满足人们生产或生活的必需条件（图 1–25）。

（3）人的活动对空间的要求

无论是哪一种类型的建筑，都包含有使用空间和流线空间这两个基本组成部分，使用空间应具备的条件如下：

1）大小和形状——空间使用的根本要求；

2）空间围护——区分空间的手段；

3）活动需求——活动决定空间的规模和动静程度；

4）空间联系——如何过渡，开敞或是封闭；

5）技术设备——要有技术支持。

1.2.2 物质技术条件

物质技术条件是提升房屋质量的必要手段，它包括建筑材料（如钢筋、水泥、木材等）、建筑结构（如砖混结构、框架结构等）、建筑设备与建筑工程施工技术（如垂直升降机、塔式起重机、滑模升降机等）等各项建筑技术保障。

建筑不能脱离建筑技术而单独存在，其中的建筑材料更是建筑的物质基础；建筑结构是建筑的骨架，结构的坚固程度直接影响着建筑物的安全与寿命；建筑设备是使建筑能够达到人们特定使用需求的一种技术保障；建筑施工是建筑建造的过程和方法。

（1）建筑结构

建筑物一般包含基础、墙体、柱、楼板、屋盖等结构构件，这些结构构件组成房屋的骨架。结构的传力是楼板（含人、物体、楼板的重量）传给梁、屋顶、上层墙或柱，再合力传给下层墙或柱，所有重量都传给基础，与地基的反作用力平衡（图 1–26、图 1–27）。

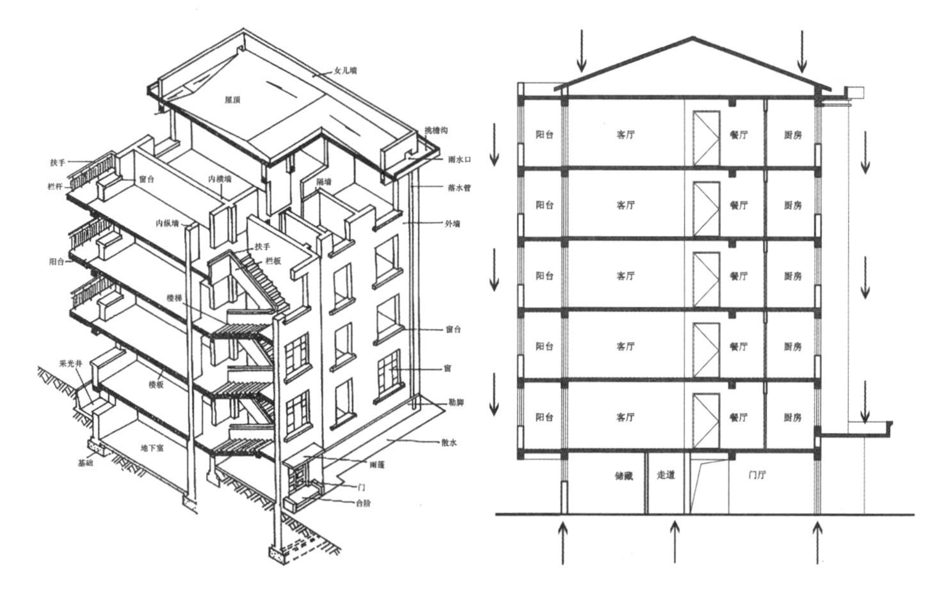

图 1-26（左）
房屋构造
图 1-27（右）
结构传力

按结构形式分为柱梁结构（图 1—28）和拱券结构（图 1—29）等。

按材料分为混凝土结构、砌体结构（砖、石头等）（图 1—30）、钢结构（图 1—31）、木结构等（图 1—32）。

按受力和构造分为框架结构、剪力墙结构、其他结构（壳体结构、桁架结构、悬索结构、膜结构等）。

1）框架结构：由横梁和柱子组成的主要承重体系，墙只起到分隔的作用（图 1—33）。

2）剪力墙结构：由纵横布置成片的钢筋混凝土墙称为剪力墙，往往从基础到屋顶（图 1—34）。

3）桁架结构：常用于大跨度的厂房、展览馆、体育馆和桥梁等公共建筑中，由二力杆组成的空间结构（图 1—35）。

4）悬索结构：柔性受拉锁及其边缘构件所形成的承重结构（图 1—36）。

5）膜结构：20 世纪中期，随着建筑材料的发展，一种由多种高强薄膜材料（PVC 或 Teflon）及加强构件（钢架、钢柱或钢索）通过一定方式使其内部产生一定的预应力以形成某种空间形状作为覆盖结构，并能承受一定的外荷载

图 1-28（左）
柱梁结构
图 1-29（右）
拱券结构

作用的空间结构形式出现了。而膜结构又可以分为充气膜结构和张拉膜结构两类，“水立方”是国内首次采用ETFE膜结构的建筑物，也是目前国际上面积最大、功能要求最复杂的膜结构系统（图1–37）。

（2）建筑材料

建筑材料是研究建筑的物质基础。建筑材料按照使用功能可分为建筑结构材料、装饰材料、建筑功能材料等。

图1–30 砌体结构

图1–31 钢结构

图1–32 木结构

图1–33 框架结构

图1–34 剪力墙结构

图1–35 桁架结构

图 1–36（左）
悬索结构
图 1–37（右）
膜结构——水立方

1）建筑结构材料：主要包括金属、木材、石料、水泥、混凝土、砖石、陶瓷、玻璃、工程塑料、复合材料等（图 1–38）。

2）装饰材料：主要包括油漆、涂料、板材、瓷砖、玻璃等（图 1–39）。

3）建筑功能材料：主要是指担负某些建筑功能的非承重用材料，如防水材料、绝热材料、吸声材料、密封材料等。

1.2.3 建筑形象

建筑艺术形象是人们建造房屋的主要目的之一，它包括建筑群体和单体的体形、内部与外部的空间组合、建筑立面构图、细部处理、材料的色彩和质感以及光影变化等综合因素所创造的综合艺术效果。简单地说，建筑形象同建筑美观有较大关系。

建筑形象涉及文化传统、民族风格、社会思想意识等多方面因素。建筑形式美的基本原则包括比例、尺度、对比、韵律、均衡、稳定等。

（1）比例

比例指的是建筑中的各种大小、高矮、长短、宽窄、厚薄、浅深等比较关系，不涉及具体尺寸。所谓良好的比例，一般指建筑形象的总体以及各部分之间，某部分的长宽高之间，具有和谐的关系（图 1–40、图 1–41）。

不同材料形成的空间尺度也不尽相同。石梁的跨度较小，因而形成的空间较为狭长；木梁的跨度较大，因而形成的比例较为开阔；钢梁跨越能力很大，

图 1–38（左）
钢筋混凝土
图 1–39（右）
夹层玻璃

图 1-40（左上）
放大比例
图 1-41（右上）
比例缩小
图 1-42（左下）
石梁
图 1-43（右下）
木梁

因而可以形成扁长的比例（图 1–42、图 1–43）。

（2）尺度

尺度是指建筑与人体之间的大小关系和建筑各部分之间的大小关系，而形成的一种大小感。一般选择尺寸相对固定的建筑部件作为标尺（图 1–44）。

（3）对比

对比就是一个有机统一的整体，其各种要素除按照一定的秩序结合在一起外，还应有显著的差异性。它是获得生动形象的重要原则，以达到强调和夸张的作用。对比需要一定的前提，即对比的双方要针对某一共同的因素或方面进行比较。

（4）韵律

韵律是建筑体型组合和构件组织进行有规律的重复和有组织的变化的表现。韵律的形式有以下几种（图 1–45）：

1）连续韵律以一种或者几种要素连续重复排列（图 1–46）；

2）渐变韵律是连续重复的要素按照一定秩序或者规律重复变化（图 1–47）；

3）交错韵律是其连续重复的要素互相交织，忽隐忽现而出现的韵律感（图 1–48）；

4）起伏韵律即保持连续变化的要素时起时伏而形成某种韵律（图 1–49）。

由于韵律本身具有极为明显的条理性、重复性、连续性，因而在建筑设计领域运用非常广泛。

图 1–44（左上）尺度与人的关系
图 1–45（右上）韵律的形式
图 1–46（左中）连续韵律
图 1–47（右中）渐变韵律
图 1–48（左下）交错韵律
图 1–49（右下）起伏韵律

(5) 均衡

建筑的前后左右各部分之间的关系，给人以安定、平衡和完整的感觉。均衡最容易用对称布置方法来取得，也可以用不等的方式来取得。均衡的类型分为以下几种：

1) 对称均衡：对称的格局天然就是均衡的（图 1–50）。

2) 不对称均衡：以感觉上的重心和高低错落的构图来完成（图 1–51）。

3) 动态均衡：具有一定的动势（图 1–52）。

(6) 稳定

建筑的稳定与重心位置有关，指建筑物的上下关系在造型上所产生的一定艺术效果。上小下大的造型，稳定感较强，多用于纪念性建筑（图 1–53）。

图 1-50（左上）
对称均衡
图 1-51（右上）
不对称均衡
图 1-52（左下）
动态均衡
图 1-53（右下）
动态稳定

1.3 建筑的分类与分级

1.3.1 建筑的分类

（1）按使用性质分类

1）生产性建筑：工业建筑指为生产服务的各类建筑，也可以叫厂房类建筑，如生产车间、辅助车间、动力用房、仓储建筑等。厂房类建筑又可以分为单层厂房和多层厂房两大类（图 1—54）。农业建筑主要是指农业生产性建筑，用于农业、畜牧业生产和加工的建筑，如温室、畜禽饲养场、粮食与饲料加工站、农机修理站等（图 1—55）。

2）非生产性建筑又称民用建筑，指供人们工作、学习、生活、居住等的建筑。居住建筑主要是指提供家庭和集体生活起居用的建筑，如住宅、宿舍、公寓等（图 1—56）。

3）公共建筑主要是指提供人们进行各种社会活动的建筑物。包括文教、托幼、医疗、观演、体育、展览、旅馆、商业、电信、交通、办公、金融、饮食、园林、纪念等建筑（图 1—57）。

（2）按规模数量分类

1）大量性建筑，指数量大，面积广，与人们生活密切相关的建筑，如住宅、学校、商店、医院等。这些建筑在大中小城市和农村都是不可缺少的，因修建的数量很大，故称为大量性建筑（图 1—58）。

2）大型性建筑，一般指单独设计的多层和高层公共建筑和大厅型公共建筑。其功能要求较高，建筑结构和构造也较为复杂，设备考究、外观突出个性、单方造价高，用料以钢材、料石、混凝土及高档装饰材料为主。如大城市火车站、机场候机厅、大型体育馆场、大型影剧场、大型展览馆等建筑（图 1–59）。

（3）按结构材料分类

1）木结构建筑其本身以木结构为主，并通过各种金属连接件或榫卯技术手段将木结构的各个部分进行连接和固定从而构成一个整体建筑。这种结构因为是由天然材料所组成，受材料本身条件的限制。

2）混合结构建筑是指是由多种建筑材料作为主要承重结构建造的建筑。如一幢房屋的梁是用钢筋混凝土制成，以砖墙为承重墙，或者梁是用木材建造，柱是用钢筋混凝土建造。

3）钢筋混凝土建筑是指利用通过在混凝土中加入钢筋、钢筋网、钢板或纤维与之共同工作来改善混凝土力学性质的一种组合材料建造的建筑。

4）钢结构建筑是一种新型的建筑体系，可粘合房地产业、建筑业、冶金业之间的行业界线，.集合成为一个新的产业体系，这就是业内人士普遍看好的钢结构建筑体系。

(4) 按承重体系分类

1）墙体承重结构是由墙体、钢筋混凝土梁板等构件组成的承重结构系统，建筑的主要承重构件是墙、梁板、基础等。墙承重结构分为横墙承重、纵墙承重、纵横墙混合承重三种。

2）框架结构是以钢筋连接梁、柱所构成的承重体系结构，来共同抵抗使用过程中出现的水平荷载和竖向荷载。框架结构中房屋墙体不承重，仅起到围护和分隔作用。

3）空间结构指具有三维空间形体，且在荷载作用下具有三维受力特性的结构。相对平面结构而言，空间结构具有受力合理，重量轻，造价低，以及结构形式多样等优点。类型包括网架结构、悬索结构、壳体结构、管桁架结构、膜结构。

4）剪力墙结构是用钢筋混凝土墙板来代替框架结构中的梁柱，它能承担各类荷载引起的内力，并能有效控制结构的水平力，这种用钢筋混凝土墙板来承受竖向和水平力的结构称为剪力墙结构。这种结构在高层房屋中被大量运用。

5）筒体结构是由框架－剪力墙结构与全剪力墙结构综合演变和发展而来。筒体结构是将剪力墙或密柱框架集中到房屋的内部和外围而形成的空间封闭式的筒体。其特点是剪力墙集中获得较大的自由分割空间，多用于写字楼建筑（图 1-60）。

1.3.2 建筑的耐久性能分级

建筑物的耐久性等级主要根据建筑物的重要性和规模大小划分，并以此作为基建投资和建筑设计的重要依据。

耐久等级的指标是使用年限，而使用年限的长短则受建筑物的性质影响，主要因素是结构构件的选材和结构体系。耐久等级一般可分为四级（表 1-2）。

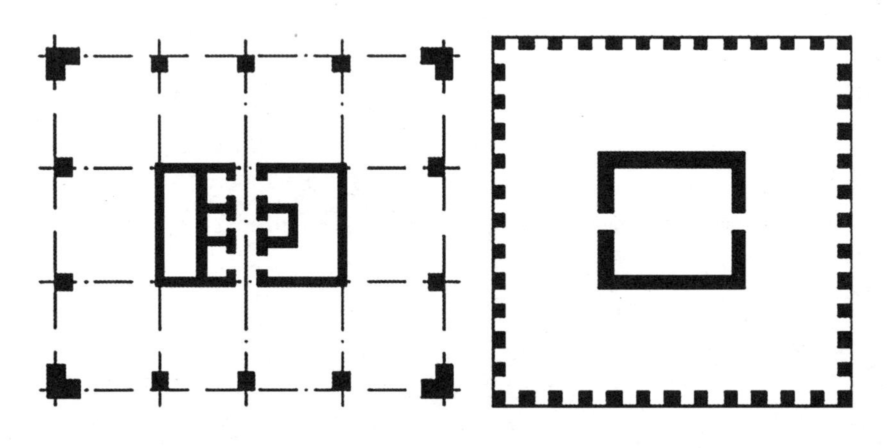

图 1-60　核心筒结构平面示意

建筑耐久年限 **表1-2**

级别	适用建筑物范围	耐久年限（年）
一	重要建筑物和高层建筑	大于100
二	一般性建筑	50～100
三	次要性建筑	25～50
四	临时性建筑	小于25

1.4 建筑设计的主要内容与基本原则

1.4.1 建筑设计的内容

（1）建筑设计

建筑设计是指建筑物在建造之前根据建设任务，把施工过程和使用过程中所存在的问题经过通盘考虑，确定问题解决方法和方案，以图纸和文件的形式表达出来，建筑设计一般涵盖总体设计和个体设计两个方面。

1）建筑空间环境组合设计，是指通过对建筑的平面设计、立面设计、剖面设计对建筑空间的规定、塑造和组合，综合解决建筑物的功能、技术、经济和美观等问题。

2）建筑空间环境构造设计，主要是确定建筑物各构造组成部分的材料及构造方式。包括对基础、墙体、楼地层、楼梯、屋顶、门窗等构配件进行详细的构造设计，是建筑空间环境组合设计的继续和深入。

（2）结构设计

其主要任务是配合建筑设计选择切实可行的结构方案，进行结构构件的计算和设计，并用结构设计图表示。其中，建筑结构又包括上部结构设计和基础设计。

1）上部结构设计分为框架结构、剪力墙结构、框架—剪力墙结构、框架—核心筒结构、筒中筒结构、砌体结构。

2）基础设计根据工程地质勘察报告、上部结构类型、上部结构传来的荷载效应，以及当地的施工技术水平及材料供应情况确定基础的形式、材料强度等级，一般有浅基础（如独立基础、条形基础等）和深基础（如桩基）。基础底面积的确定及地基承载力验算，考虑必要的构造措施。

（3）设备设计

通过改变建筑物的给水排水、采暖、通风、电气、照明等物质工具方面的设计。通常情况下由各专业工程师配合建筑设计师完成，并分别用水、暖、电等设计图纸表示。

1.4.2 建筑设计的基本原则

（1）适用

建筑设计首先必须满足使用要求，根据建筑物的使用目的，按照相应的设计规范进行设计。比如空间要求、环保要求、采光要求、消防要求及结构的耐久要求、抗震要求等。

（2）经济

主要指经济效益，其中包括节约建筑造价、降低能源消耗等直接节省资金的方法，也包括通过技术或管理模式等的革新，缩短建筑周期，提高运行、维修和管理效率从而达到长期节约资金的目的等。既要注意建筑物本身的经济效益，又要注意建筑物的社会、环境等综合效益。必须采用适宜的技术措施，正确选用建筑材料，合理安排空间设计、结构类型，考虑方便施工、缩短工期。

（3）美观

在适用、安全、经济的前提下，把建筑与环境美学作为设计的重要内容。考虑建筑物的美观性，为居住、办公及其他公用建筑类型创造一个舒适、优美的环境，并对建筑外形、构造、装饰、颜色等都要做合理的设计。

第二章

场地设计

2.1 场地设计概述

2.1.1 概念

（1）概念界定

场地设计是工程建设必不可少的构成要素，它既是建筑设计的起点，同样也是建筑、环境要素整合设计中的关键要素。从狭义上讲，场地是指基地内除去建筑之外的空间构成，如绿地、广场、停车场、活动场等所组成的室外、半室外空间，它与建筑是基地内两个相互独立、互相补充的组成部分；从广义上看，场地是地块内部全部要素构成的合集，它包含建筑物、构筑物和全部设备所构成的整体。

建筑总平面设计首先要考虑场地设计，这是设计的重要组成步骤，以满足空间功能为首要原则，在遵循现有法律法规的基础上，合理组织基地内外的空间和要素关系。

（2）构成要素

1）建筑要素指场地内的建筑物、构筑物，是场地设计中的首要核心，影响并改变其他要素在场地设计中的布置与使用，起到统领全局的作用。

2）交通要素指组织场地内人流、车流以及物流的出行和流动，是由道路、停车场地等所组成的通行系统，是城市各场地间交流的纽带，构成场地空间骨架。

3）设施要素为人们室内外的生活、工作、活动提供便捷的服务，同样也是居民品质生活的基本保障，提供和营造出各种供人休憩和活动的场地，是支撑场地的不可或缺的经与脉。

4）景观要素主要指场地内的绿地、水系，对场所内生态环境的提升起到非常重要的影响，优质的景观可以提高环境舒适度，为人提供一个健康舒心的空间场所。

(3) 类型划分

1) 使用特征分类：主要分成工业与民用建筑场地两大类别，工业建筑场地主要是工业项目的建设使用场所；而民用建筑场地又可大致划分为两大类，即居住建筑和公共建筑，民用建筑体形相对简单，强调功能组合与功能分区，公共建筑造型复杂、体量较大，强调造型、表皮、空间等的处理。

2) 地形条件分类：按地形坡度的缓急可分为平地（0 ~ 3%）、缓坡（3% ~ 10%）、中坡（10% ~ 25%）、陡坡（25% ~ 50%）、崖坡（50% ~ 100%）。

2.1.2 场地设计内容

(1) 自然条件

1) 地形条件

建筑工程受到施工场地各种因素的制约，特别是基地地形条件的影响，它在很大程度上限制了建筑的功能布置和形体构成。优秀的建筑设计必定是因地制宜地考虑场地设计的各种自然地形条件，善于借助各种有利条件和规避不利因素。

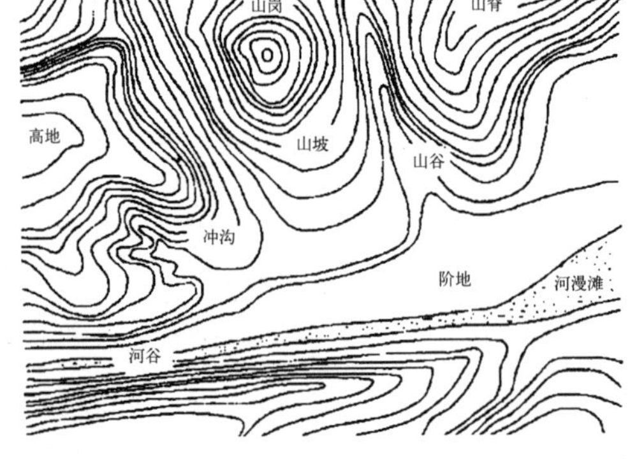

图 2-1 地形类型

①地形类型上根据高程不同可分为平原、丘陵、山地、高原，根据局部地形走势又可分为山谷、坡地、浅滩等（图 2–1）；

②图廓注记包括测绘时间、测量单位、坐标体系、高程系统、等高距、图名等（图 2–2）；

③等高线是由相同高程构成的一个个封闭的曲线，是参考点或假定高程的基准点的曲线，等高线的疏密程度代表着地势坡度的缓急（图 2–3）。

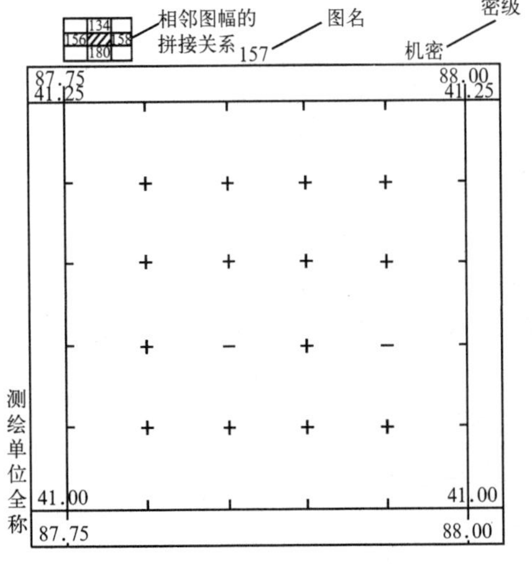

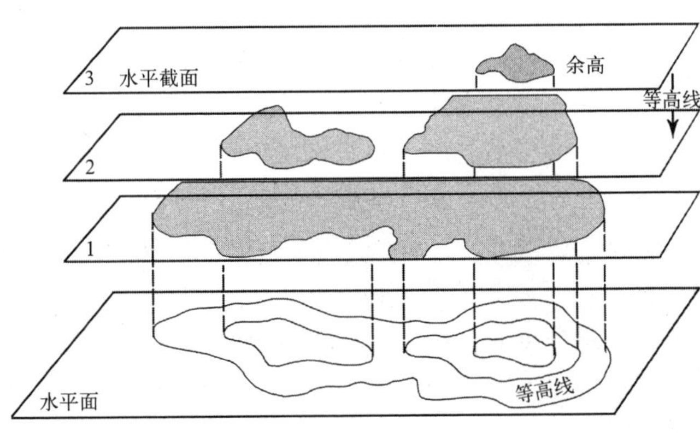

图 2-2（左）
地形图图廓注记
图 2-3（右）
等高距与等高线间距

2）气候条件

①风向是指风吹过来的方向，在笛卡尔坐标体系中，一般由 8 个或 16 个方位组成风玫瑰图表示。一个地域的风向是随着季节动态变化的，不同的地域更是如此，但主导风向相对稳定。主导风向是一个地区风向、风频（风向频率 = 该风向出现的次数 / 风向的总观测次数 ×100%）持续时间最长、出现频率最高的方位，决定着场地功能布局和空间组合。

风玫瑰图包括风向玫瑰图、风向频率玫瑰图、平均风速玫瑰图、污染系数玫瑰图。其中，污染系数玫瑰图中的污染系数 = 风向频率 / 平均风速，表示下风向地区受污染的程度（图 2–4）。

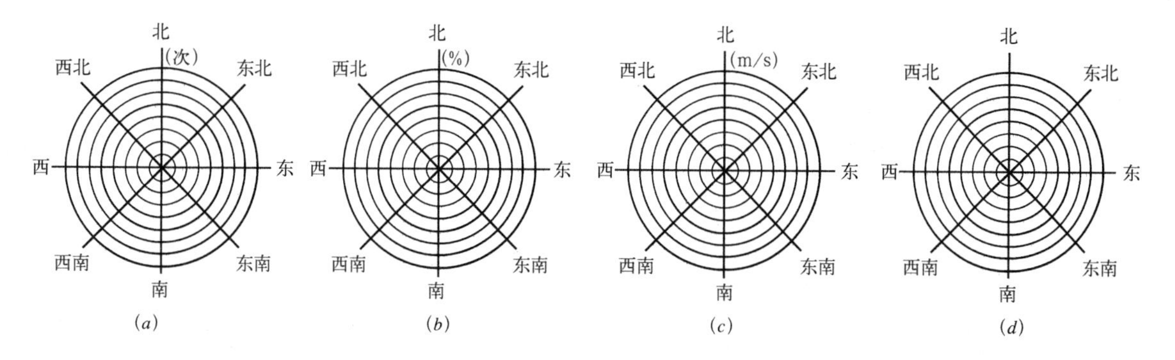

图 2–4　风玫瑰图
(*a*) 风向玫瑰图；
(*b*) 风向频率玫瑰图；
(*c*) 平均风速玫瑰图；
(*d*) 污染系数玫瑰图

②日照条件由场地内建筑间距、朝向、纬度等所决定，受太阳运行规律和辐射强度影响，是建筑工程中热工设计的重要参考要素。太阳高度角与方位角（图 2–5）是光线直射角度与场地所在经纬度所成的空间夹角。

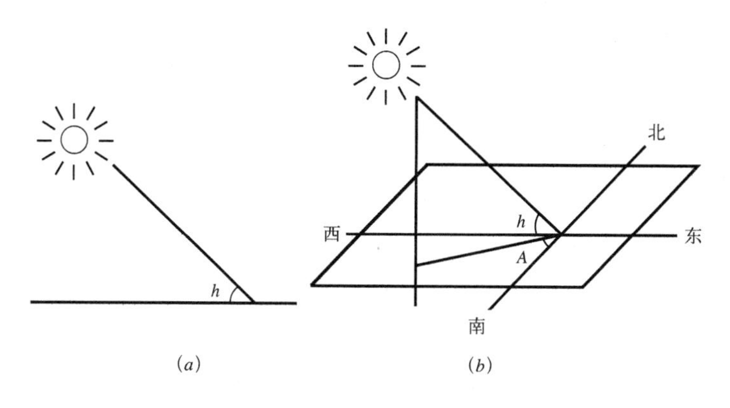

图 2–5　太阳高度角和太阳方位角
(*a*) 太阳高度角h；
(*b*) 太阳方位角A

日照标准就是建筑的最低日照要求，不同用途和功能建筑的日照要求是不相同的。国内日照标准参照时间为冬至日或大寒日，具体由城市所在气候区决定，在日照标准日，需保证建筑物的日照时长。其中，住宅建筑的日照时间不得少于表 2–1 所示的时长。

日照间距系数是指在满足日照最低要求后，相邻建筑物之间楼间距与高度的比值，其中公式计算中建筑高度特指建筑南侧立面高度。日照间距系数既可通过我国相关技术规范中建设场地所在的纬度查得，也可通过各地规划部门依据各地情况作适当调整。

住宅建筑日照标准 表2–1

建筑气候区划	Ⅰ、Ⅱ、Ⅲ、Ⅳ气候区		Ⅳ气候区		Ⅴ、Ⅵ气候区
城区常住人口（万人）	⩾ 50	＜ 50	⩾ 50	＜ 50	无限定
日照标准日	大寒日				冬至日
日照时数（h）	⩾ 2		⩾ 3		⩾ 1
有效日照时间带（当地真太阳时）（h）	8 ~ 16				9 ~ 15
计算起点	底层窗台面				

注：底层窗台面是指距室内地坪 0.9m 高的外墙位置。

③其他要素

包括温湿度、气压等对建筑保温性能、隔热性能的影响，保障舒适的室内外环境质量，并综合考虑场地内的给水排水措施，加强建筑防雷措施和结构安全。

3）地质、水文条件

①建筑质量、安全和施工进展不仅取决于建筑工程的质量，还受地质、水文条件的影响。其中，地质条件包含结构、构造以及承受负荷这三方面的能力。当场地内出现断层、崩塌、滑坡等不良地质时，需具备一定的经济合理性，采用合适的方法和措施，避免将建（构）筑物布置在不良地质上。

②水文条件通常指自然界中地表水、地下水各种形态、变化和运动的现象，包括含水层厚度及动态因素等，建（构）筑物的稳定性尤其受到地下水位的深度影响。当地下水位过高时，将影响建筑地下基础部分的安全性，因此在建筑选址时要尽量避开，或采取合理措施降低地下水位高度。

③在地震区选择建设场地时，要优选有利地段，避免在地震带建设，合理选择抗震性能强的结构类型。

（2）建设条件

建设条件主要指人为条件因素对于场地建设中的各种影响，与之相对的是自然条件。

1）区域环境条件

区位环境条件是指建筑基地或场地在区域空间中的地理方位，它是建筑设计、施工和前期功能定位的重要因素，可以用来剖析场地在城市用地布局中的地位和同类设施之间的空间关系。并从更大的区域空间角度去解析场地在城乡发展模式中对经济、社会等领域所起到的贡献和发挥的作用。区域交通条件是限制场地发展的关键因素，包含了道路交通网络的分布情况、组成要素和通行容量等。

环境条件包括城市绿化、空气质量、水土条件等多方面的生态环境问题，伴随城市文明的高度发展，光环境和噪声污染等问题也逐渐被人们重视，成为城市生态的重要要素之一。为此，场地在设计建造过程中要使用恰当的预防治理措施，使声、光、热、风、空气质量等物理环境要素始终满足适宜居住和舒适生活的环境指标，如合理的建筑布局，因地制宜地顺应地形地貌等措施。

2）周围环境条件

①道路的等级、性质和位置，以及交通通勤状况如流向、流量等条件是决定场地出入口、建筑物开口位置、建筑主立面朝向（除日照因素）等的重要影响要素。

②周边环境因素也是场地设计的重要参考条件，运用一些城市元素于场地中，使得建筑与城市达到一种有机平衡，同样这种平衡在一定程度上对拟建场地的高度、层数、形态等也是一种约束。

③合理的绿化环境配置可以营造出怡人的场所空间，为此场地内的植被现状也是一种有利的资源要素，可多加使用并避免砍伐古树名木。

④场地设计中，还需了解地块所在地的历史变迁，求证是否存在文物和保护建筑，及时与各相关部门取得信息交互，必要时可重新选址。

（3）公共限制

为保障城市发展的整体利益，场地设计不应与城市发展相违背，同时也不应侵害其他或相邻地块发展的利益，为此，场地在设计和建设过程中要遵循一定的公共限制。

1）用地控制

①我国建设用地使用制度规定了土地建设开发的年限和范围。其中，征地界线是指由城市规划管理部门划定的给予土地使用者使用的边界线，它包含城市公共设施在内的城市道路和城市公共绿地等（图 2–6）。城市道路红线与征地边界的关系如图 2–7 所示；而城市建设用地边界线指征地边界线内可供实际建设使用的区域范围边界。

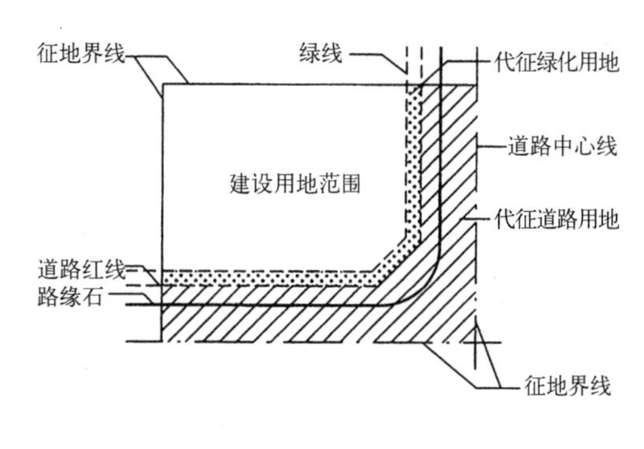

图 2–6　征地界线

②建筑控制线是规划行政主管部门在道路红线、建设用地边界内，另行划定的地面以上建（构）筑物主体不得超出的界线；河道规划线又被称为城市蓝线，它是城市规划管理部门依据上位总体规划，为保证水利设施与河道防洪安全而沿河道设置的新建建筑退让边线；城市绿线和紫线分别是用以保护城市

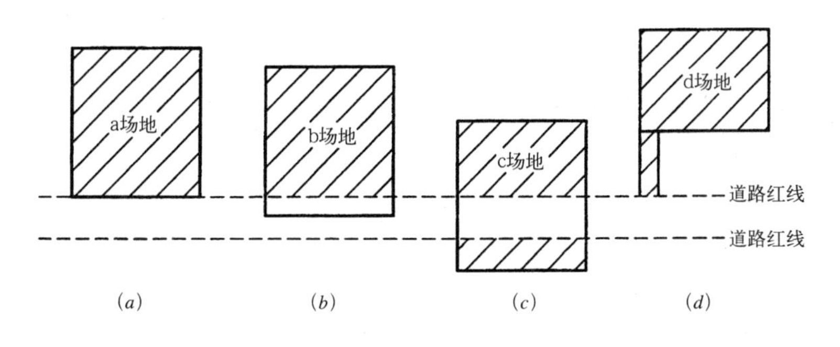

图 2–7　道路红线与征地界线的关系

（a）道路红线与征地界线重合；（b）道路红线与征地界线相交；（c）道路红线分割场地；（d）道路红线与场地分离

绿地边界线，以及保护国家历史文化名城内的历史文化街区及县级以上公布保护的历史建筑的范围控制线。

2）交通控制

①场地出入口的设置要尽可能位于城市次干道，并避免主干道，一般情况下每个地块需设置 1 ～ 2 个场地出入口，且出入口位置距离城市主要道路交叉口不应少于 70m，当主要步行人流出入口与车流出入口同时位于主要道路交通交叉口附近时，则需要实行人车分流的设置。

②室内外机动车、非机动车的停车位数量、出入口个数和停车位大小，应严格遵循规范要求，不得少于规范规定的数值下线（商业 0.3 位 /100m^2；地上 / 地下 =2/8）。

3）密度控制

建筑密度是指场地的空间使用效益和环境质量状况，当场地内建筑密度增加，预示着场地中室外活动空间越少，可供使用的绿地面积也越少，场地环境质量降低，并直接改变微气候。反之，当场地内建筑密度降低，造成不经济的土地浪费（建筑密度 = 建筑基底面积 / 场地总用地面积 ×100%）。

4）高度控制

①计算建筑高度，主要指测量建筑物室外地坪到建筑物顶部女儿墙或檐口之间的距离（高度），建筑限高是指场地内建筑高度不得超过规范规定的控制高度。

②建筑层数是建筑主体部分的层数，它包括地下和地上两个部分。其中，平均层数、土地使用强度、建筑密度、建筑容积率等是居住区的重要经济指标，反映了空间的形态特征（住宅平均层数 = 住宅建筑面积总和 / 住宅基底面积的总和）。

5）容量控制

土地的使用强度由场地建设开发容积率、建筑（人口）密度所体现，且都是开发容量的重要指标，是影响场地设计的主要因素，直接关系到投入产出的经济收益，又同社会、环境效益紧密相关 [容积率 = 总建筑面积 / 场地总用地面积；人口毛（净）密度（人 /hm^2）= 规划人数（人）/ 居住（住宅）用地面积（hm^2）]。

6）绿化控制

场地内的绿地率和绿化水平反映了空间质量状况，是评价场地设计的一个重要指标（表 2–2）。

7）建筑形态

对于建筑形态的控制，特别是文物保护地段、城市重点区段、风貌街区及特色街道附近的场地的限制，需要依据用地功能特征、区位条件及环境景观

建筑绿化率与绿化覆盖率 **表2–2**

公式	说明
绿地率 = 绿化用地总面积 / 场地总用地面积 ×100%	区别：屋顶绿化可以计入绿化率，但不计入绿地率
绿化覆盖率 = 植物的垂直投影面积 / 场地总用地面积 ×100%	

状况等因素，如建筑形态、风格、体块、尺度、色彩等内容的控制。城市广场周围地块注重空间体量间的协调，特色商业街侧重宜人的空间尺度，而历史风貌街区更加注重风格与色彩的相互统一。

2.2 场地总体布局

2.2.1 概述

（1）任务与内容

1）主要任务：好的场地布局需先充分做好前期工作，提前制定好设计任务书，分析场地现状，并针对性地提出在设计建造过程中将遇到的各种实际问题。通过对场地内各空间组成部分相互位置关系和建筑形态进行合理布置和安排，最终确定场地的整体空间形态（图 2–8）。

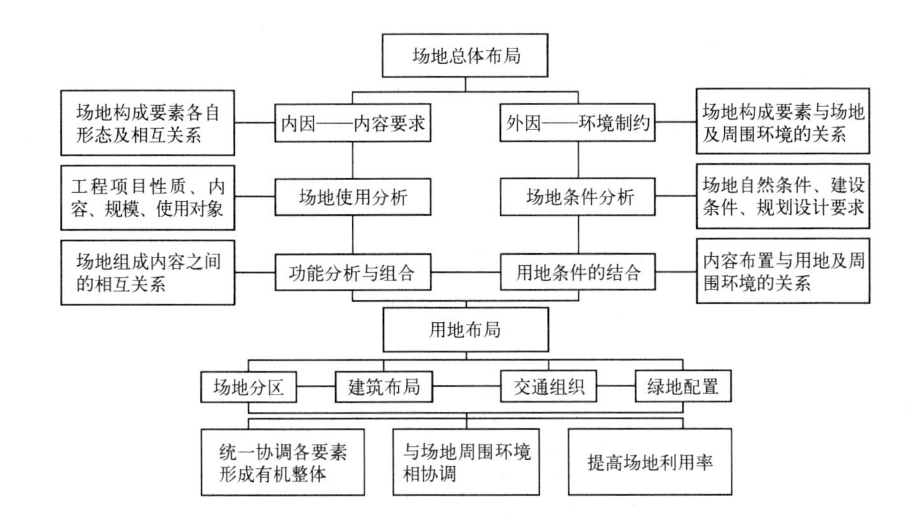

图 2–8 场地总体布局任务与内容

场地布局拟通过整体、综合性的方法，充分利用土地面积，高效组织场地流线，合理组织功能与环境要素，从而实现分析主要问题，解决主要矛盾。

2）主要内容：场地布局内容很多，如功能、流线、景观、形态等各要素及条件的分析、组织与布置。但总的来说，可以概括为以下两点：①明确功能流线与空间形态之间的组织关系；②处理好场地内外要素之间的关系，即包括视觉和景观等在内的场地与周围要素的关系。

（2）基本要求

满足基本的使用要求，遵循经济、适用、安全原则，并因地制宜地注重环境的整体性。

1）经济：即坚持可持续发展的原则，在生态环保的前提下，并合理利用主被动式设计手法，做到节地、节材、节能。

2）适用：应为使用者提供便捷、舒适的活动空间和充足的日照、通风条件以及便利的交通因素。

3）安全：需充分考虑安全疏散通道，如消防车道宽度和回车场、出入口设置和安全登高面等布置；滨水场地设计还需考虑防排洪、坡地场地设计的竖向设计等。

4）环境：需注重建筑与周边环境的关系，外部空间环境是建筑功能的过渡和延伸。考虑通过对道路、绿化、广场和小品等系列空间要素来点缀主体建筑，充分放大使用者场地内的视觉、听觉、知觉等整体环境感官体验与心理感受。

2.2.2 场地使用分析

（1）功能特性

分析场地使用特性和频率，掌握组成要素与功能布局的影响因素，是场地设计的先决条件。工程项目建设主要分为新建和改扩建两种类型，新建建筑相比较改扩建项目约束条件较少，设计布局较为灵活；相反在周边场地环境较为复杂的建成区，改扩建制约因素较多。

建筑按功能可分为居住、办公、教育、文娱、医疗、商业、交通等类别。文化建筑更加注重地域特色，展现精神特质；商业建筑更注重流线的组织，实现经济效益的最大化；医疗、度假类建筑更注重建筑布局的灵活性，顺应自然，并营造与自然环境交融的氛围。

（2）功能组成

功能是组成建筑内容的重要体现，按重要性可分为主要功能区、次要功能区和辅助功能区三部分；也可分为室内功能场地和室外功能场地两种（图 2–9）。

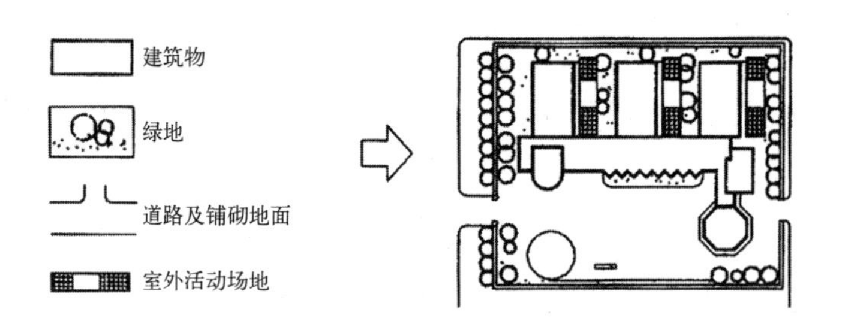

图 2–9 建筑自身及其外部内容参与场地构成

以旅馆为例，此类建筑通常由三个部分组成。

1）公共空间的门厅、大堂、餐厅；

2）私密空间的客房部分；

3）辅助功能的厨房、设备用房和楼梯间、电梯间等。

三个功能空间既相互联系又相互分割，是场地总体布局的关键要素，可根据实际的场地环境要素采取多种布局方式，如分散式、集中式或混合式。

（3）需求分析

按使用人群身份构成可分为公共功能区、半公共功能区和私密功能区三类，把外来使用者和内部员工划分开来；按活动性质又可分为步行、等候、停驻、休憩、停车等。

使用者的行为需求如购物、餐饮、散步、游憩等，总结归纳可按其类型划分为以下三种：必要性活动需求（如衣食住行）、自发性活动需求（观赏、休憩）和社会性活动需求（如交流、沟通）。

2.2.3 场地分区

（1）内容分区

1）分区依据：功能特征是建筑设计内容划分的重要依据，根据功能的使用性质异同，可把关系密切、联系紧密、功能相似的多个功能空间归为同一功能区；功能相异、相互独立的功能归为另一类，通过组合、归纳和划分，形成若干个空间组团，因此，场地分区又被称作功能分区。

①动、静分区：空间因其活动的特点可分为动区（如阅览室、展览馆）和静区（如活动室、游戏室），两者之间的过渡空间称之为中性空间（如庭院、走廊）（图 2–10*a*）。

②公、私分区：依据活动强度和频率，可把空间分为公共性空间（如起居室、酒店大堂）和私密性空间（如卧室、浴室），以及介于两者之间的半私密、半公共空间（如书房、包厢）（图 2–10*b*）。

③主、次分区：按照重要性把空间功能分为主要空间、次要空间和辅助空间。如住宅中起居室和卧室是主要空间，卫生间和厨房是次要空间，衣帽间、储藏室、车库是辅助空间（图 2–10*c*）。

④内外分区：依据使用人群把对外服务的空间作为外部使用空间，把只供内部员工使用的空间称为内部使用空间，其中，内部空间只对内部人员使用，不对外开放。如博物馆、图书馆等展览类建筑的门厅属于对外空间，而库房、储物等的仓储用房属于对内空间（图 2–10*d*）。

2）内容分区：各功能分区之间的相互关系主要表现为联结关系和位置关系，两种关系是相互联系并不独立的（图 2–11）。

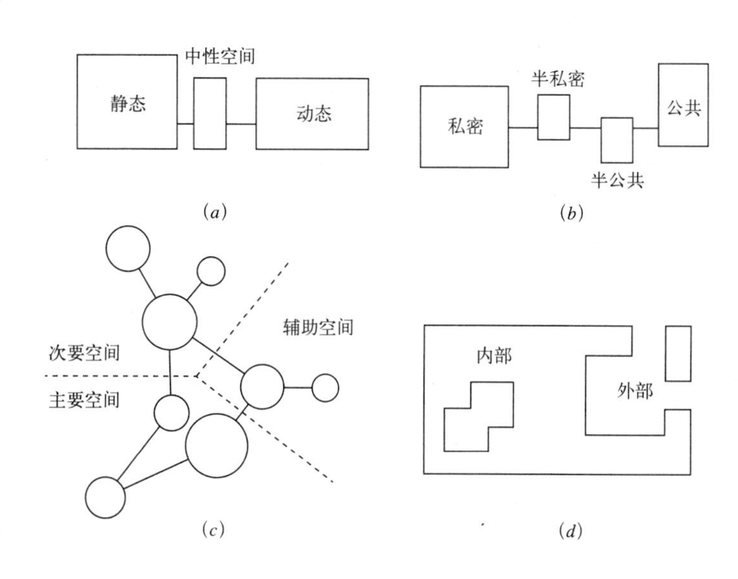

图 2–10 空间特性
（*a*）空间的动与静；
（*b*）空间的公与私；
（*c*）空间的主与次；
（*d*）空间的内与外

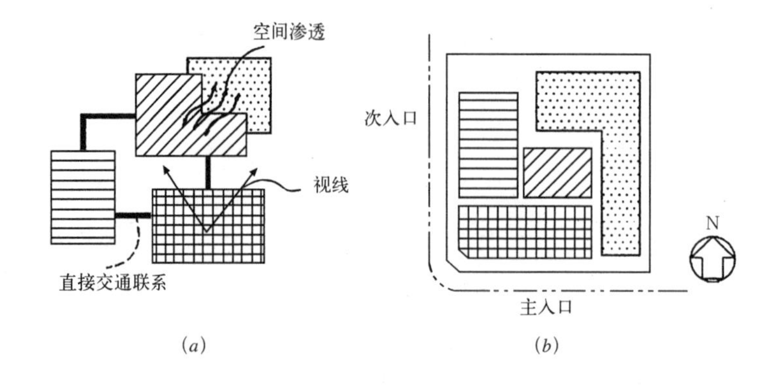

图 2-11　各分区相互关系的两个方面
(a) 联结关系；
(b) 位置关系

联结关系是指各功能分区之间在交通、视线、高度等方面的相互关联，影响着功能的组织与分区；位置关系是指各功能分区之间的位置状态，具体表现为空间位置的关系，是相互毗邻还是相互隔离，又或是相互穿插。

(2) 用地划分

1) 集中方式：将用地划分为主要几大块，同类性质或类似性质的尽可能归为一块，集中布置，形成较为完整、明确的用地性质。集中式相对而言适合项目简单、规模较小的用地（图 2-12）。

2) 均衡方式：对于规模较大、地形复杂的场地，通常采用均衡式分布，对用地可以进行相对细致的划分。在满足各功能分区要求的前提下，适应其他各区要求，每个功能区定位明确、各司其职（图 2-13*a*）。具体操作步骤为，先将不同用地划分为几块集中的区域，再通过实际需求调整各区之间的面积大小关系，最后通过集中方式再次细分，从而以间接的方式达到内容均衡分布的目的（图 2-13*b*）。

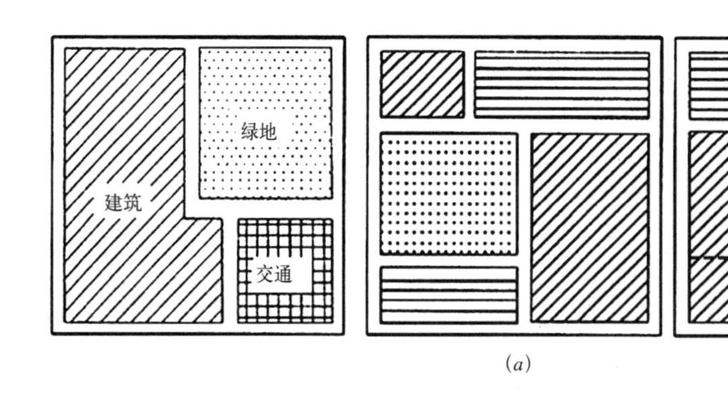

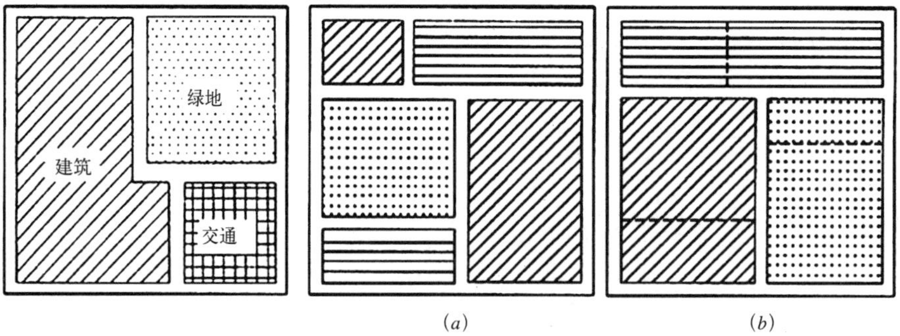

图 2-12（左）集中分区方式
图 2-13（右）均衡分区方式
(a) 直接划分；
(b) 间接划分

2.2.4　建筑布局

(1) 主要因素

当土地面积使用宽裕时，可采取分散式建筑布局方式；反之，土地资源紧张时，尽可能采取集中紧凑的布局方式。场地地块规则时，建筑布局宜规则有序，场地形状不规则时，可灵活布置。同时，当地形条件复杂时，给予设计师的自由度降低，制约因素增加。

场地内除构、建筑物外，道路、植被等要素也是场地的重要构成，可根据实际需要采取保护修缮、更新改造、新建加建等建造方式，从而避免和降低对环境文脉的破坏。除以上几点要素外，还要综合考虑周边景观环境、地形地貌及场地小气候。

（2）基本要求

1）建筑朝向

①日照条件：我国幅员辽阔，地跨寒带至亚热带，整体地势为三级阶梯，不同南北纬度、东西海拔的地区日照特点差异显著。要巧于利用建筑朝向争取或避免阳光辐射（表 2–3）。

我国各地区主要房间适宜朝向　　表2–3

东北地区	华北地区	华东地区	华南地区	西北地区	西南地区

②风向条件：寒冷地区要注意防寒保暖，减少门窗直对风向，增加建筑的保温御寒性能；炎热地区不仅需要增强建筑的隔热性能，还应重视建筑内部空间的自然通风性能，加快空气的流动速度。

③其他条件：除上述条件外，影响建筑朝向的还有地形地貌、用地形状等因素，这些都需要结合具体的场地条件。

2）建筑间距

①日照因素：不同地区因其纬度和地形不同，因此日照系数的确定需要综合考虑各种因素，从而确定建筑朝向和建筑间距。

②通风因素：群体建筑布局方式可以影响区域小环境的通风性和气流走向，如建筑的间距、高度、进深、面阔等（图 2–14）。

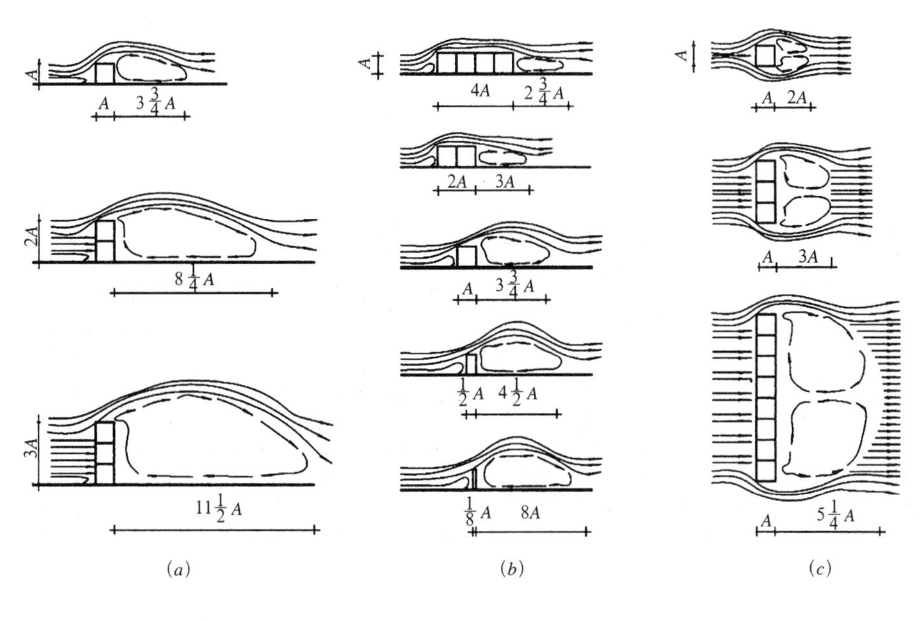

图 2–14　高度、进深、长度不同的建筑前后气流及涡流区关系图

（a）建筑物高度与涡流区的关系；
（b）建筑物进深与涡流区的关系；
（c）建筑物长度与涡流区的关系

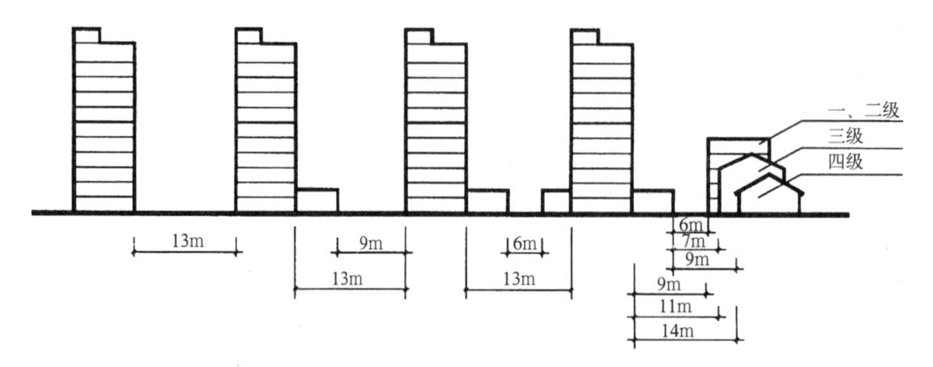

图 2-15 高层建筑防火间距

③防火间距：规范对不同类型的建筑防火间距作了各自不同的规定，我国现行规范中对民用建筑防火间距、高层民用建筑防火间距（图 2-15）和车库防火间距等都作了详细的规定。

④防噪间距：当教学楼长边与教学楼、图书馆等建筑长边平行布置时，防噪间距不应小于 25m；当采用一定的吸声装饰材料，且相邻建筑长边平行布置时，防噪间距不应小于 18m；当图书楼与实验楼、办公楼等建筑长边平行布置时，防噪间距不应小于 15m。

以上规范中规定数值皆为规范规定的最小值，设计中在条件允许的情况下尽可能地选取较大值作为建筑间距。

（3）空间组合

1）单体建筑：建筑位于场地中部、一侧或一角，但其空间构成中处于地块的核心位置（图 2-16）。

2）群体建筑：通过建筑组合、穿插等的方式，形成空间的围合、序列变化、韵律节奏等布局形态。在居住建筑组合布局中，包括行列式（图 2-17）、周边式（图 2-18）、点群式（图 2-19）和混合式（图 2-20）四种方式；公共建筑的组合方式不同于居住建筑，可采用对称式、自由式、庭院式和综合式。

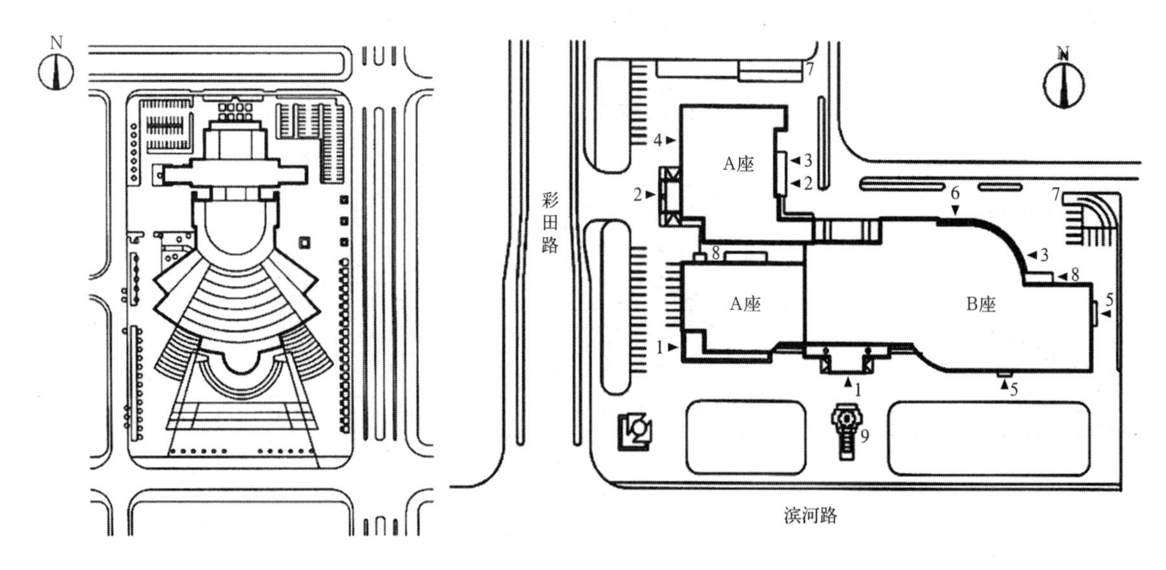

图 2-16 单体建筑布局方式

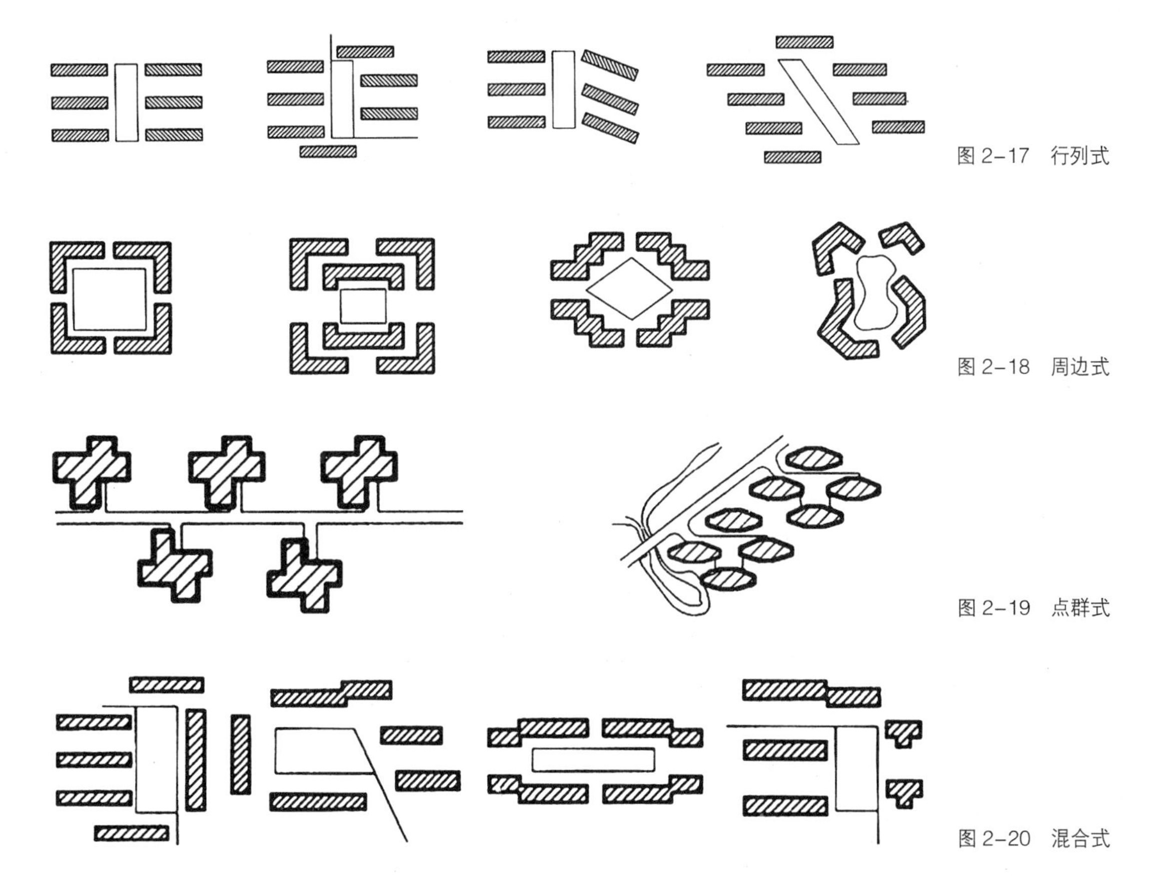

图 2-17　行列式

图 2-18　周边式

图 2-19　点群式

图 2-20　混合式

①主从原则，好的建筑群体布局通常主次分明、重点突出，不能各自为政，亦不能喧宾夺主。次要（附属）建筑应环绕或依附主体建筑，而主体建筑应充分利用其形态、体量、位置等的优势条件，形成视觉焦点和景观中心，以便控制整个空间。

②秩序建构，通过建筑、景观的布局，以拓扑、同构、向心的设计手法，形成多条轴线的组合，如主次轴线和景观轴线等。

③对比统一，在建筑形体组合中，可以通过多种设计方式实现空间的对比与统一，如使用母题、重复和渐变。

（4）外部空间

1）空间围合

采用建筑围合的方式对建筑外部空间进行限定，营造出不同尺度范围的空间感受。

2）视觉分析

①视距：外部空间的形体组合受建筑距离的限制，运用建筑距离对视觉感官的营造，使得不同的视角范围被组织划分为多个空间序列和景观层次，如近景、中景和远景。视距在 6m 范围左右为近景，能看得清花瓣，20 ~ 25m 左右可辨别面部表情；视距 70 ~ 100m 左右为中景，可看到人类活动及建筑全貌；视距 150 ~ 200m 为远景，能看清群体建筑与大体量轮廓。

②视野：不同的建筑视角，适用于观赏不同体量、规模的建筑，由经验可知，54° 的水平视野范围，能较好地观赏整体建筑全貌；45° 仰角则是观赏建筑外部细节的最佳视角；27° 仰角既可以用于观赏建筑整体，也可以欣赏建筑的细部特征；相对而言，18° 仰角虽不能充分展现建筑细部，但却能够充分看清周边环境主体要素；11° 20′仰角适合于眺望城市建筑群的天际线轮廓（图 2-21）。

3）空间组织

运用空间序列的组合给人营造符合设计师心理预期的某种暗示，从而达到合乎场景预设的空间感受。渗透和借景是把两个或两个以上空间通过模糊局部空间边界的手法，形成多层次的视觉空间和相邻空间联系（图 2-22）。

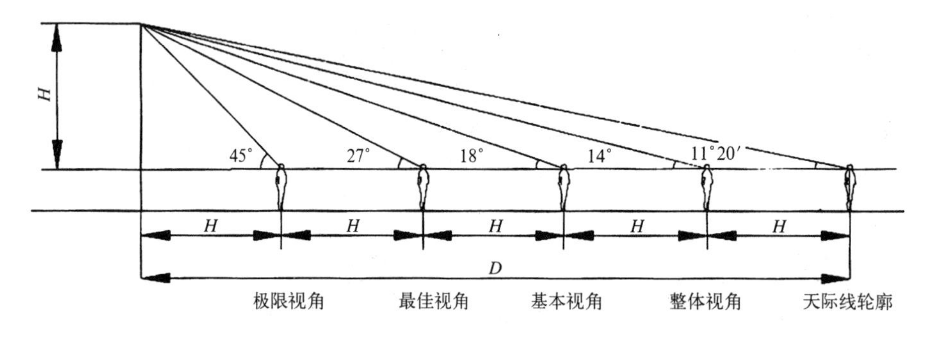

图 2-21　观赏建筑的仰角控制

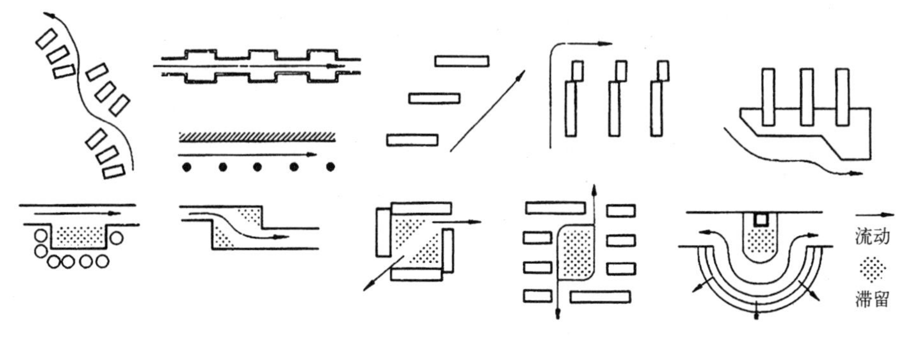

图 2-22　空间对行为的诱导

（5）道路组织

道路系统是由机动车道、非机动车道和人行专用道所构成的综合道路系统，它包括人车分流与并流两种形式。人车分流道路系统通常用于大型场地设计，人车混流道路系统运用于中小型场地设计。不同道路系统虽在功能和特征上存在差异，但在交通性、生活性上都应各司其职，构建高效、安全的道路交通系统。

在一般中小型场地中，机动车道分两级设置，居住小区道路分三级设置，用以联系场地内各建筑、绿地等组团，形成主次分明的交通系统。道路系统的布置需要综合考虑场地内外组织流线，并进行合理的场地分区布置及环境景观设置。并严格遵循国家规范规定要求。

2.2.5　场地交通组织

道路交通组织和功能布局是场地方案设计的重要环节，为场地的内外环境及各分区组织之间建立了合理、有效的交通联系，满足各种使用需求。

(1）场地出入口设置

1）出入口位置

城市场地出入口位置设置分多种情况，规范规定出入口位置设置于非道路交叉口的过街人行道、地铁口时距最边缘线不小于 5m；距离公共站台不小于 10m；地块距公园、学校、儿童及残疾人等建筑物的出入口不应小于 20m；特殊情况时，应严格遵循当地规划主管部门的规定执行。

2）交通组织

①尽端式道路指车流进入场地到达目的地后需要原路返回才能离开场地，场地道路成线性分布，交通流线起点、终点区分明确，不能形成环形的封闭回路。且尽端式道路大于 120m 时，应在尽端设置不小于 12m × 12m 的回车场地（图 2–23）。

②通过式道路指车行流线从场地出入口进入后可从另一端出入口或绕行至起点驶离场地，可双向行驶无需折返（图 2–24）。

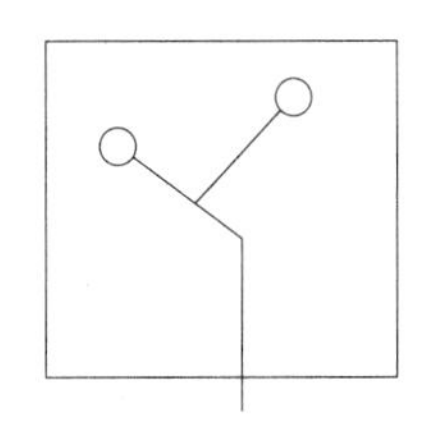

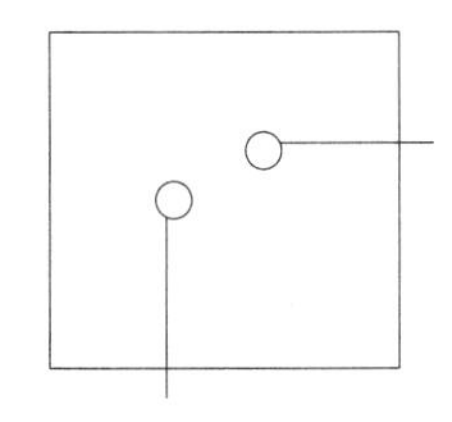

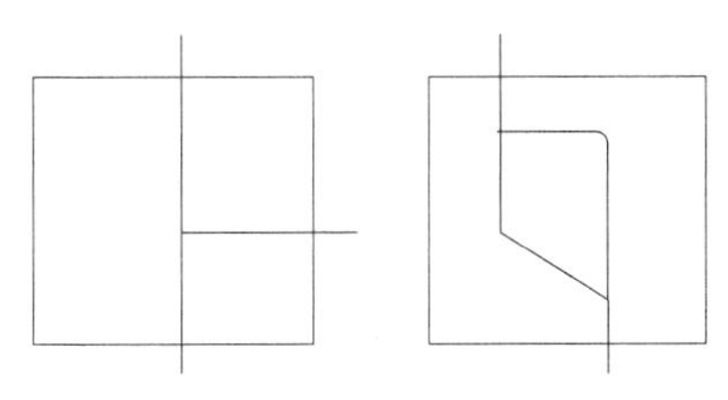

图 2–23（左）
尽端式流线结构
图 2–24（右）
通过式流线结构

(2）交通流线组织

1）分流式交通系统适用于人、车流量大且使用对象需求差异性大的大型公共建筑，通过适当的人车分流、设置专用车道等流线组织形式，提高通行效率、提升交通安全（图 2–25*a*）。

2）合流式交通系统适合用于小规模的，与周边道路交通条件联系有限的地块，并把不同类型交通流线合并于一套交通系统中（图 2–25*b*）。

3）复合式交通系统是以上两种交通组织的结合。

(3）停车系统组织

1）机动车停车场，分为地面停车场、组合式停车和独立式停车，其根据停车位排列方式又可分为平行式、倾斜式（倾角 30°、45°、60°）和垂直式，形式的选择最终需要依据停车场地的规模结合停车需求量来确定。因我国建筑规范中对车库、停车场设计标准规定得比较复杂，小型车位面积一般在 16m² 左右，多采用 2.5 ~ 2.7×5 ~ 6m 尺寸。依据《城市道路路内停车泊位设置规范》GA/T 850—2009、《车库建筑设计规范》JGJ 100—2015 等的规定，用地面积换算系数，微型汽车为 0.7，小轿车为 1.0，中型汽车为 2.0，大型汽车为 2.5，铰接汽车为 2.5，摩托车为 0.7（表 2–4）。

2）非机动车停车场，如自行车停车场的布置规模需符合《自行车停车位配建指标》，停车场地离目的地在 50 ~ 100m 内。其中布置形式有以下几种，按就近原则结合道路、广场等布置（图 2–26）。

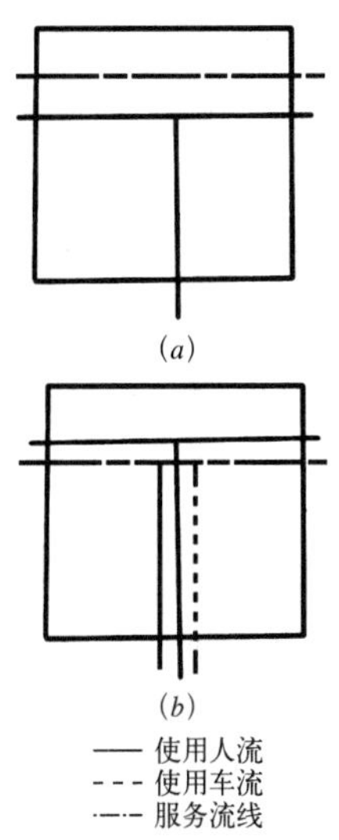

图 2–25　不同类型流线的组织形式
(*a*) 分流式；
(*b*) 合流式

停车场出入口设置 表2-4

停车数量（辆）	出入口数量（个）
小于 50 辆	1 个
50 ～ 300 辆	2 个
大于 300 辆	2 个，距离不小于 20m
大于 500 辆	3 个，宽度大于 7m

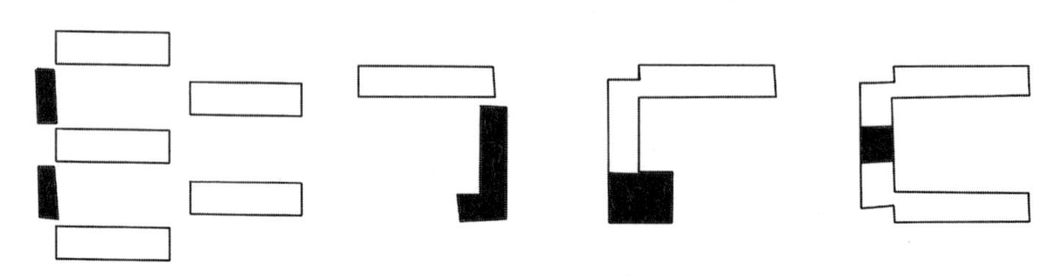

图 2-26 自行车库单独设置示意

2.3 场地竖向设计

2.3.1 概述

竖向设计是对基地内的构筑物、建筑物在垂直方向上的分层和标高设计，在满足自然形态设计和功能使用的同时，还需满足对于安全、经济、适用、美观等需求。

（1）基本任务

竖向设计主要用于对基地原有地形地貌的改造设计，使得基地现状更符合建设需要，合理的场地竖向设计，通常包含以下几个方面的内容：

1）标高设计，选取合适的场地布置形式，核定建筑室内外地坪、广场道路、活动场地以及地下室地面的标高及坡度；

2）给水排水设计，合理组织场地给水排水系统，保障场地内的泄洪沟、排水沟、截洪沟的详细设计；

3）土方量设计，土方量计算是场地竖向设计中建筑施工的关键内容，具体涉及对边坡与挡土墙等的土石方量进行预算。

（2）基本原则

1）功能布置，满足构、建筑物使用要求的同时，应方便上下交通组织联系，并符合生态环境和景观生态的设计需求。

2）空间形态，空间形态的营造需符合城市设计基本原则，塑造城市性格、建筑性格，建构适合当地文脉与行为特点的使用空间。

3）技术标准，遵循各项技术规范指标与施工做法，如规范中对于防水、防火、保温、隔热等的规定和处理方式，保证合理的建筑使用年限。

4）水文地质，善于运用地形地貌和水文地质因素，因地制宜地塑造场所个性与地方特色。尽量避免因工程建造产生的对于景观环境生态现状的改变。

(3) 基本条件

1) 场地与周边道路布置：熟悉场地内构筑物、建筑物、广场以及各类设施的详细平面布置状况，如建筑的平、立、剖面和总平面图布置；以及场地周边道路详细细节，如道路横、纵向剖面图、平面图等。

2) 地下水文地质资料：了解设计场地及周边地下地质与水文情况，探明土壤与岩石层的分布状况，保证地面道路排水通畅，设计标高要高于所在区域常年洪水位高度。

3) 地下管线管网布置：了解各类地下管线与管网（给水排水、通信、水电、燃气等管线）的布置情况，如预埋深度、预埋方向、布置位置等。

2.3.2 平坦场地的竖向设计

人为将地面修葺平整，使其满足设计平整地面的建筑布置要求。平坦场地主要采用平缓坡地的平坡形式（图 2–27）。

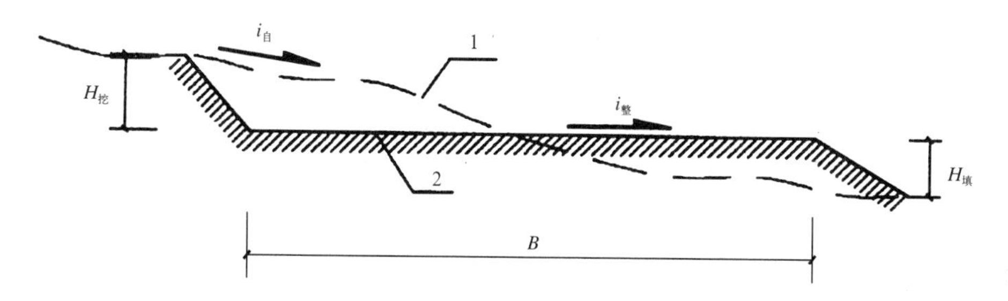

图 2–27 平坡式竖向布置

1—自然地面；
2—设计地面

(1) 地面形式

设计地面的形式和地形的平缓程度紧密相关，有单坡、双坡和多坡几种类型。依地形走势结合地表排水，有利于节约土方量、工程量并能有效节省施工时间。

无论采用何种坡地形式，为保证场地内雨水顺利排出，避免造成积水与雨涝的现象，结合不同地域的降水量情况，选用适宜的地面构造形式和铺地材料，有组织地将雨、污排水坡度控制在 0.5% ~ 6% 之间，宜为 0.5%，并且设计标高要超过常年洪水位最少 0.5m，反之需设有防洪措施（图 2–28）。

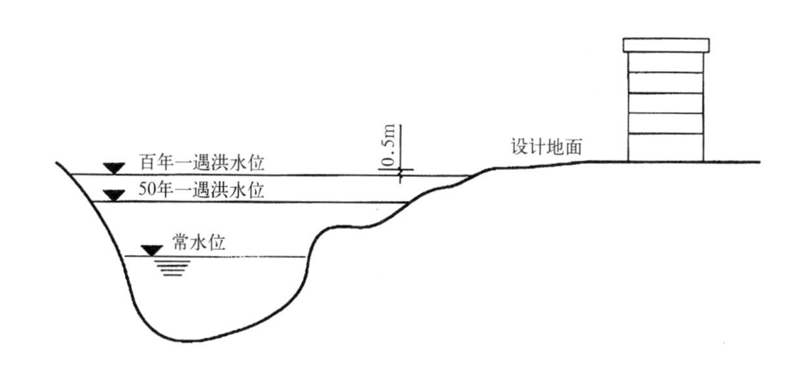

图 2–28 滨水场地设计地面的要求

（2）标高因素

当地面起伏程度平缓时，设计标高的数值通常以地块内自然地形标高的均值作为参照；场地地势较陡时，建筑师应最大程度地考虑地形地貌状况，结合地势变化尽可能少地改变原本自然形态，减少工程施工量。

设计标高数值受地下水位的深浅影响，直接决定了土地是否需开挖。浅地下水位不宜开挖土地，并节省了地下防水施工经费；地下水位较深时，可开挖土方，减少基础埋深。具体场地地形的修整方法，可依据不同场地环境现状决定。

（3）地面连接

建设场地与周边景观环境的有机结合体现于设计标高与自然地面交接处的处理上，它不仅关乎景观环境的完美展现，而且影响了场地的安全与稳定。

边坡是一段连续的斜坡面，它的稳定程度受坡度大小影响，通常用高宽比表示，并由地勘报告确定最终数值。而坡度的大小决定了土方的施工工程量（图 2–29、表 2–5）。

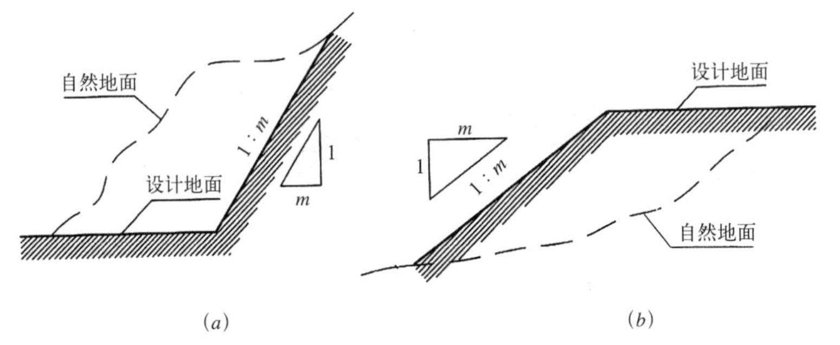

图 2–29　边坡坡度
（a）挖方边坡；
（b）填方边坡

填方边坡坡度允许值　　**表2–5**

填料类型	边坡最大高度（m）			边坡坡度（高宽比）		
黏性土	全部	上部	下部	全部	上部	下部
砾石土、粗砂、中砂	20	8	12	—	1 : 1.5	1 : 1.75
碎石土、卵石土	12	—	—	1 : 1.5	—	—
	20	12	8	—	1 : 1.5	1 : 1.75
不易风化的石头	8	—	—	1 : 1.3	—	—
	20	—	—	1 : 1.5	—	—

当设计地面同自然地形之间存在高度差，存在坍塌、滑动等不稳定因素，需设置挡土墙等加固措施。其形式可分为重力式、锚固式、薄壁式、垛式和加筋土式等。

当构筑物和建筑物位于边坡、挡土墙顶部位置时，地面道路管线及绿化用地等要满足一定的施工间距，以防止上部基础侧压力造成对边坡的结构损坏。

基础与边坡顶距离计算公式：$L=(H-h)/\tan\theta$

当边坡倾斜角度大于 45°，高度大于 8m 时，需要进行坡体稳定性验算，

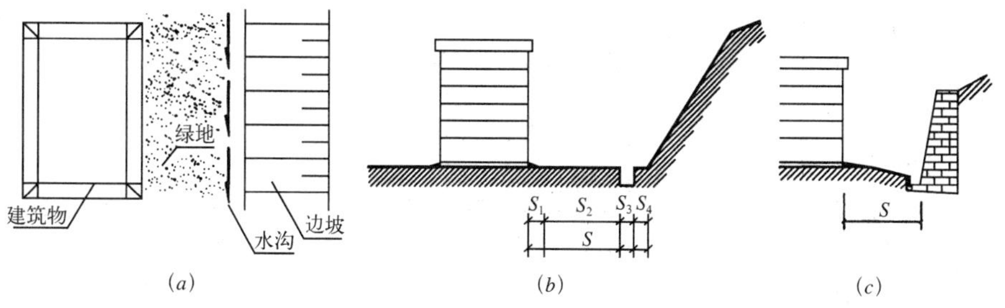

$S=S_1+S_2+S_3+S_4$（S_1——散水坡宽0.8～1.0m；S_2——根据管线埋设、采光、消防、绿化等要求确定；S_3——排水宽度0.6～1.5m；S_4——护坡道宽度，根据土质情况确定）

图 2–30 建筑物与坡脚的关系
(a) 平面图；
(b) 断面图（一）；
(c) 断面图（二）

如建筑物基础放置在原持力土层上，建筑外墙距边坡距离 S 大于散水宽 S_1 即可。如地块内土地高差不大于 2m，并且建筑处在挡土墙上时，可用作基础。建筑物、构筑物位于边坡或挡土墙底部，需满足与附属设施、道路管线和绿化等用地之间的施工间距，以及采光、通风、排水等规定（图 2–30）。

场地中的内边坡、挡土墙都会占用一定土地面积，为此在总体布局中需确保其在用地红线范围内，并和建筑物保持足够的安全距离，减去两者之间的水平距离即为建筑物的最终布置范围。

（4）设计标高

设计标高是指建筑室内主要空间的地面标高，建筑首层平面室内设计标高为 ±0.00，室外地面设计标高则是指散水坡脚处的标高。

在相对平坦的场地之中，建筑室内地坪标高由室外地形最高点加室内外最小高差决定；当建筑两端地形标高变化较大时，室内地坪标高取平均值加室内外最小高差确定，同时要做好排水沟的处理（表 2–6、图 2–31）。

当地块周围道路坡度较平缓，建筑朝向道路一侧设置出入口时，室内建筑地坪面标高为道路较高处标高，加室内外最小高差确定。

建筑物室外地坪的最小高差 **表2–6**

建筑类型	最小高差（m）
住宿、住宅	0.15 ~ 0.75
办公楼	0.50 ~ 0.60
学校、医院	0.30 ~ 0.90
重载仓库	0.15 ~ 0.30

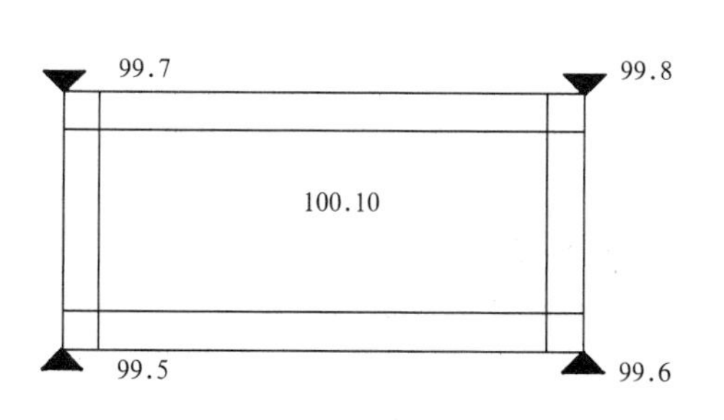

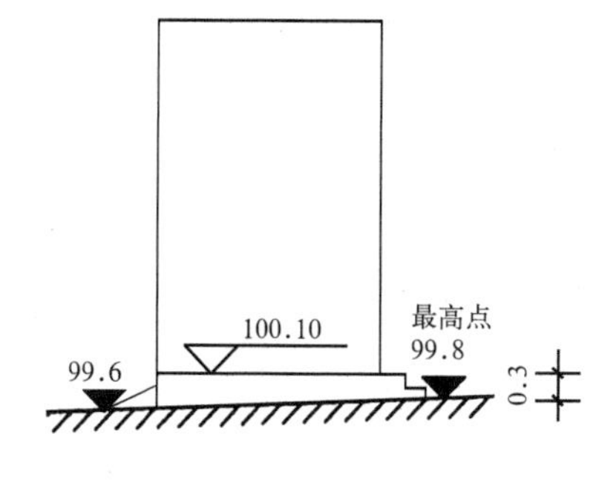

图 2–31 场地不平整时室内地坪标高

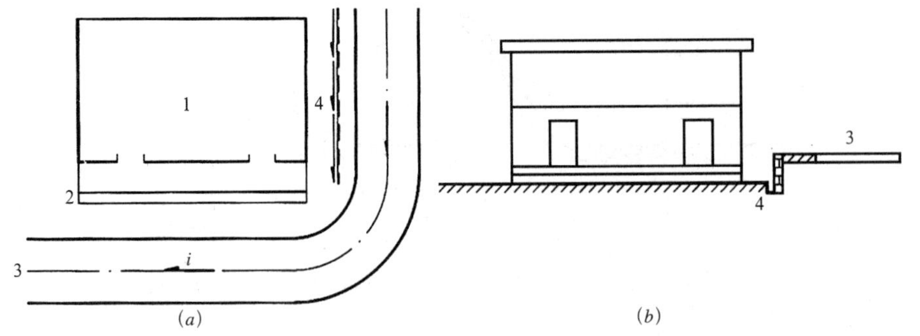

图 2-32　周边道路较高一侧出入口
(a) 平面图；
(b) 断面图
1-建筑物；2-踏步；
3-道路；4-水沟和挡土墙

当地块周围道路坡度较陡峭，建筑面向道路一侧通常不设出入口时，室内建筑地坪的标高，应依据地形标高推算，加室内外最小高差确定。合理的标高设计应正确处理建筑与周边道路的连接，必要时需设排水沟及挡土墙（图 2-32）。

2.3.3　坡地场地的竖向设计

（1）地面形式

1）设计地面是由多个不同标高且高差较大的平面相连组成，台阶的纵轴面宜平行于地形的等高线布置，减少土石方工程施工量，尽可能地避免建造在地质不佳的位置。

2）台阶宽度是指垂直于等高线方向的设计地面尺寸，其数值需综合参照功能、性质以及环境景观等多种因素确定；台阶高度由地形坡度及设计地面宽度之间的高差决定，它是建筑主体的竖向设计。在建筑设计中，台阶的高差处理方案通常可采用边坡、挡土墙以及两者相结合的方式。

3）步行交通系统的空间形式多种多样，主要分为直线、曲线、折线等，有时还会同室外场地及周边景观相结合。规范规定连续踏步的数量不超过 18 级，并设有中间休息平台，超过 40 级台阶，宜结合中间平台形成方向上的错位和转折，避免设计成直线式的疏散、步行形式；机动车交通体系，主干道纵坡小于 6%、次干道纵坡小于 8%、支路纵坡小于 9%，各级道路除了满足汽车的自由通行外还应满足消防等要求。

4）采用错层、掉层等方式来调整建筑基地面，从而适应地形变化。较为陡峭的地形在一定程度上制约了建筑在水平方向上的延伸性，但有利于垂直方向上的空间组合，为不同层高上设置多个出入口提供了可能，有利于合理组织水平和垂直方向上的交通流线。

台阶式建筑楼层平面的标注是以人的行为为准则，主出入口基面即首层，并往上依次类推第二层、第三层……往下类推负一层、负二层……但并非地下层，入口层及其上下需标注场地绝对标高（图 2-33）。

（2）地面连接

1）倾斜式接地形式：提高勒脚减少建筑底与自然地形的直接接触面积，从而只需要稍作地形修整，并在建筑内部统一标高。此形式适用于坡度较为缓和的坡地地形中，具体区间为垂直于等高线小于 8% 坡地和平行于等高线小于

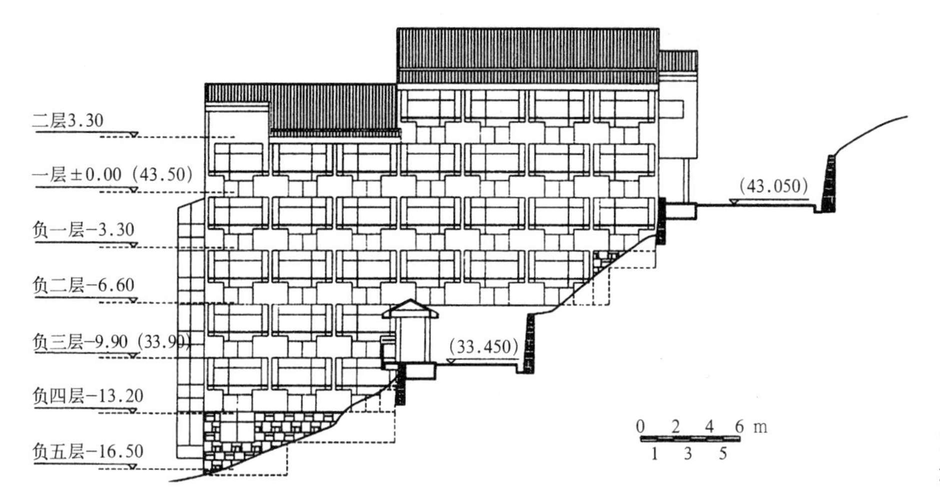

图 2-33　建筑层次标注方法

10% ~ 15% 坡地（图 2-34）。

2）阶梯式接地形式：合理运用错层使得建筑内部楼层形成不同标高，其优势在于适应地形高程变化，并能减少土石方工程量。主要适用范围为垂直于等高线小于 12% ~ 18% 坡地和平行于等高线小于 15% ~ 25% 坡地。目前错层大多通过楼梯的设置和组织来实现，错层的底面高差一般小于一层，能适应坡地的倾斜地形（图 2-35）。

掉层的设计手法适用于地形高差悬殊的情况，不同于错层，其建筑底面高差达到一层以上。适用范围为垂直于等高线小于 20% ~ 25% 坡地和平行于

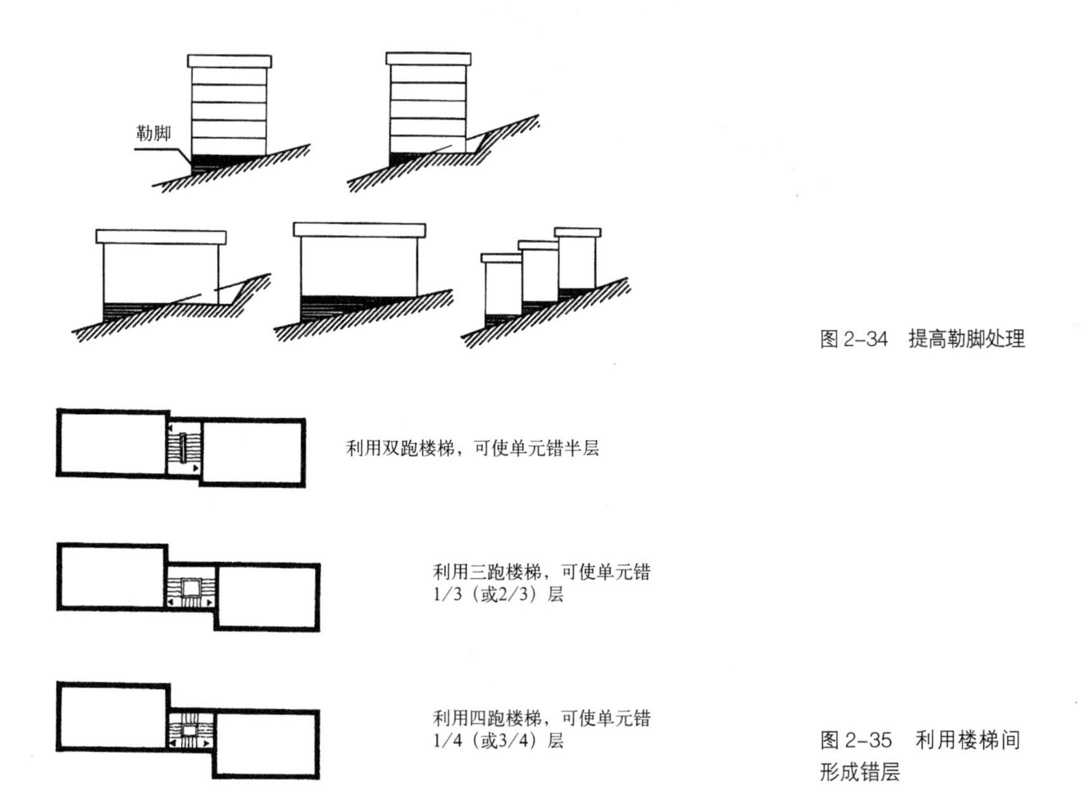

图 2-34　提高勒脚处理

图 2-35　利用楼梯间形成错层

等高线小于 45% ~ 65% 坡地。基本的空间组合样式有纵向掉层、横向掉层和局部掉层三种（图 2–36）。

纵、横向掉层是垂直于等高线布置，内部空间成阶梯状，并利用建筑侧面通风采光；局部掉层则更适用于苛刻的场地状况和复杂的建筑形体，其平面功能布局和使用较为特殊。

错叠形式是以建筑单元为基本单位，顺应地形坡度并沿水平方向每隔一定距离逐层或隔层错动、重叠，形成台阶状空间格局。它适用于垂直于等高线小于 50% ~ 80% 坡地。采用与坡地等高线正交或斜交的方式，在水平向距离错动、重叠 1 ~ 2 个开间，从而能更好地适应地形需要和满足功能布局要求（图 2–37）。

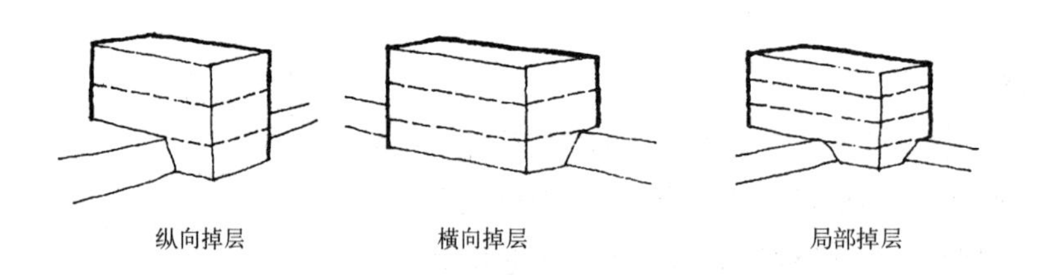

图 2–36　掉层的基本形式

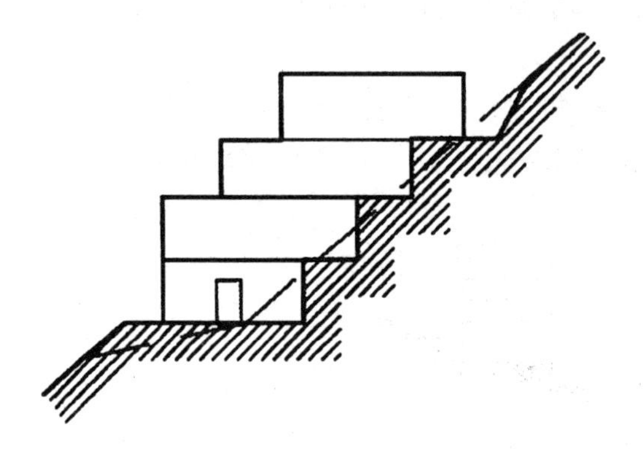
图 2–37　错叠处理

第三章
空间构成设计

3.1 建筑空间特性

建筑的空间特性在于它所使用的是一种将人包围在内的三维空间"语汇"。建筑艺术是由平面、立面围合起来的变化多样的"空""虚"，在于被围合后形成的满足人类各种行为所需的空间（图 3–1）。建筑的重点在于空间，"空间现象只有在建筑中才能成为现实、具体的东西，因此这就构成了建筑的特点"。

建筑空间的使用性质与组成类型繁多，概括起来，可以划分为主要使用空间、交通联系空间和辅助使用空间三个构成部分。设计过程中将全面研究这

图 3–1 生活庭院空间

三个部分的相互关系，就可以在辅助的关系里，分析得出空间组合的总体特点和规律性。在进行空间组合时运用三大空间的不同排列关系，能够组合出不同的方案，只有这样才能使设计思路有条不紊地进行。

3.2　主要使用空间

三维建筑空间可以通过建筑平面、立面、剖面表达出来，其中建筑平面比较集中地反映了建筑内部的功能关系，因此建筑设计往往从建筑平面设计入手。

3.2.1　平面功能要求

主要使用空间是指建筑内与主要使用功能最为息息相关的空间，如住宅内的起居室、卧室，博物馆内的陈列厅，电影院内的放映厅等。根据使用功能的不同，各个房间的平面设计要求也会随之而变。

从主要房间的功能需求出发，可以分为三类。

1）生活用房：如住宅中的起居室、卧室，旅馆中的客房等（图 3–2）。

2）工作学习用房：如各类建筑中的办公室、教室、实验室等（图 3–3）。

3）公共活动用房：如商场营业厅和观演建筑中的观众厅等（图 3–4）。

图 3–2　住宅起居室和宾馆客房

图 3–3　教室、会议室

图 3–4　商场营业厅、观演建筑会堂

（1）满足房间使用特点要求。随用途不同，不同房间会有不同的使用要求。设计中要考虑满足不同人群的差异性需要。如旅馆的居住者临时而流动性大，客房设计要考虑其使用要求。

（2）满足室内家具、设备数量要求。房间的使用功能不一样，其放置的家具和其他设备也不一样，家具如何摆放也需要经过设计，同时还必须满足家具使用所需的空间尺寸。

（3）满足采光通风要求。不同性质的房间会有不同的采光要求。在满足采光要求的前提下，还要考虑到通风，组织好穿堂风。

（4）满足室内交通要求。不同用途的房间，交通活动面积的差别也较大。

（5）满足结构布置要求。尽可能做到结构布置合理，施工便利。

（6）满足人们的审美要求。室内空间大小适宜，比例恰当，色彩协调，使人产生舒适、愉快等感受。

3.2.2 平面形状确定

平面形状的确定首先必须符合功能使用的要求，还应考虑室内空间观感、建筑整体形状、建筑周围环境等因素。通常使用中如果没有特殊要求，多采用矩形平面，便于人的活动和家具设备的布置，结构施工也较为便捷。

（1）使用功能的影响

建筑功能对空间的制约表现在合理的空间面积、形状、消防等措施，以及创造良好的采光、照明、通风等物理环境，同时从文化、心理需求出发，满足精神功能。

通常房间的形状以矩形为主，如住宅内的各类房间、办公室、旅馆客房等，以及观众厅、体育馆等各类大型公共空间。在使用中，为让观众听得清晰、看得清楚，在矩形平面之外，还可以选用钟形、扇形、六边形等（图 3–5）。

（2）地形朝向的影响

从古至今，日照和风向都是影响建筑物朝向的重要因素。太阳的位置和高度规律性的变化，形成了地球周而复始的四季循环。建筑设计中为了争取朝向或者为了适应地形的需要，可以采用灵活的平面形状。北半球国家有较好的

图 3–5　五角形建筑、椭圆形建筑

日照环境，建筑物的朝向一般是朝南或者南偏东、南偏西。哈西新区发展大厦为了使建筑最大面观赏景观，采用弧形平面形式，从而扩大了观景面（图 3–6）。

（3）立面造型的影响

平面与立面设计是建筑设计的不同部分，但从建筑的整体造型考虑，它们又是一个相互联系的整体。人们对于建筑的第一印象，一般取决于建筑的立面形象，立面设计的好看与否，关乎此建筑在人们心中的形象。相对于造型设计来说，立面设计的内容主要由两部分组成。

1）体块的设计，目的是为了体现出建筑的功能特点，同时也考虑建筑自身的具体使用要求，内部空间是什么样的，再做出体量方面的设计，这些部分考虑以后，做出的立面设计，基本上就使建筑的大概造型确定下来（图 3–7）。

2）体量的变形，这部分主要是建筑体形的每一个方面都再进行更细致的处理和描绘，让建筑的整个形象变得更加饱满、具体，同时经过理性的思考，决定组成立面各个部分的色彩、形状、材质选择、比例分割等，运用好韵律、虚实对比、节奏等一系列的构图手法和技巧，设计出优美、完整、能够体现时代特色的建筑立面（图 3–8）。

图 3–6（左）
哈西新区发展大厦
图 3–7（中）
建筑体块设计
图 3–8（右）
建筑体量变形

3.2.3 平面尺寸确定

影响房间平面尺寸的主要因素有房间内设备（含家具）的尺寸，使用者的人体尺寸，一定的交通面积。在满足使用功能的前提下，要尽量减少交通面积。主要房间平面尺寸的确定方法具体为以下几种。

1）排布计算法。排布计算法适用于使用人数较为确定的房间。综合考虑人体活动、交通面积等因素，对房间内家具进行排列布置，以此来确定房间的平面尺寸。

面积小、使用人数少的房间，如居室、客房、办公室、门诊室等，房间的平面尺寸主要根据家具的布置来确定，并要考虑结构的经济性。家具和使用人数成正比关系的房间，如中小学教室的一人一椅或两人一椅，影剧院的一人一座，通过排列计算确定房间尺寸。

2）分析计算法。对于使用人数与家具没有固定比例关系的房间，如营业厅、休息厅等，相关规范中往往会给出面积定额指标。设计中需要根据定额指标，辅以实际调研来确定人数，进而得出房间的平面尺寸。

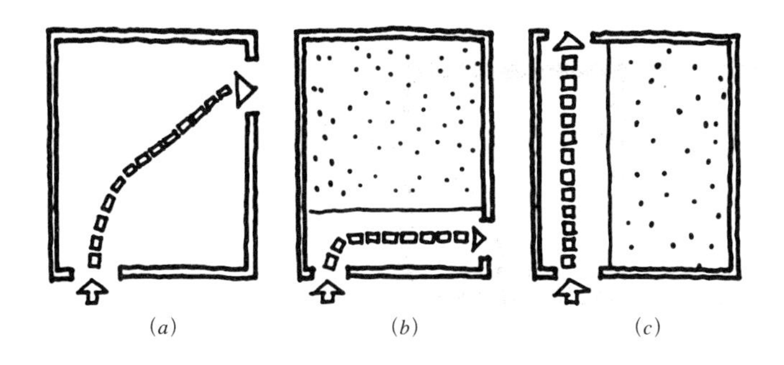

(a)　(b)　(c)

图 3-9　门的位置

（1）门的设置

房间门的设置不是随心所欲的结果，而是按照一定规则来进行设计的，如需要考虑房间门的数量、宽度以及位置和开启方向等要素。数量、宽度由房间的用途、大小、容纳人数以及搬运家具或设备的需要来决定。当室内人数不少于 50 人，或者房间面积大于 $50m^2$ 时，按防火要求必须设置两个或两个以上的门。

1）居住建筑：入户门宽 900mm、1200mm；房间门宽 900mm；厨房门宽 800mm；卫生间及储藏室门宽 700mm。

2）公共建筑：教室、会议室等门宽 1000 ~ 1200mm，门的位置和开启的方向应该能为室内布置家具提供便利，并且要尽量缩短交通路径，减少房间穿套（图 3-9）。

（2）窗的设置

决定窗的大小和位置的因素包括室内采光、通风、立面美观、建筑节能以及经济等诸多方面。

1）窗的大小。窗的大小需要综合考虑建筑的采光等级、节能要求、造型需要以及建造成本。通常建筑采光等级越高窗户越大；在寒冷地区，建筑节能要求越高窗户越小。

根据使用者工作要求的精细程度不同，从极精密到极粗糙，民用建筑采光等级可以分为Ⅰ、Ⅱ、Ⅲ、Ⅳ、Ⅴ，共五级。如绘图室的采光等级属于要求极精密的Ⅰ级。要求越精密的房间，其窗地比也越大。常用窗的采光等级见表 3-1。

2）窗的位置。开窗的位置选择直接关系到建筑通风的好坏，可以将窗户和门分别布置在相对的墙面上，位置也尽可能相对，以利形成穿堂风（图 3-10）。

建筑采光等级　　**表3-1**

建筑功能	采光等级	窗地比
设计室、绘图教室等	等级Ⅰ	1/4
览室、实验室等	等级Ⅱ	1/5
办公室、教室等	等级Ⅲ	1/6
起居室、卧室等	等级Ⅳ	1/8 ~ 1/7
走廊、楼梯间等	等级Ⅴ	1/10
仓库、储藏	等级Ⅴ	1/10

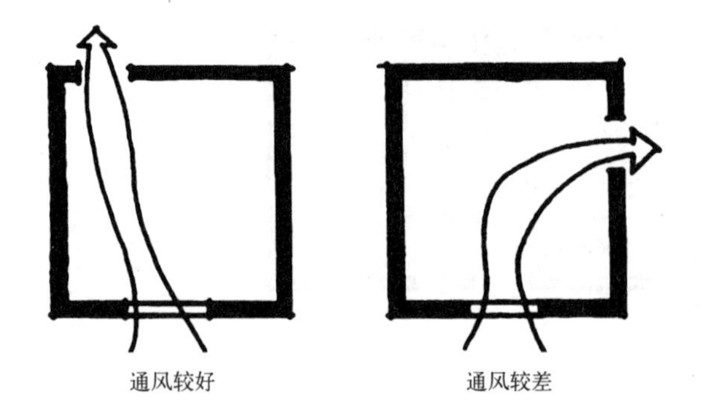

图 3-10　窗的位置

3.3　辅助使用空间

辅助使用空间在建筑内主要提供辅助服务功能，如住宅内的厨房、厕所，博物馆内的库房，电影院内的放映间以及一些设备用房等。辅助使用空间的设计原则和方法，同主要使用空间的设计原则和方法基本上是相同的。不同类型的主要房间会有不同的辅助房间，在设计中还需要注意以下问题。

（1）不与主要房间争夺标准

在不影响使用的前提下，各建筑标准可以适当放低。那些容易产生大量噪声或气味污染的辅助房间，其位置不宜与主要房间太近，应采取一定的技术措施，从而不干扰主要房间的使用。

（2）主次联系方便

辅助房间与主要房间的联系一定要方便。卫生间是建筑中必不可少的辅助使用空间，卫生间的设计需要考虑卫生防疫、设备管道布置等要求。住宅和公共建筑内的卫生间的设计要求各有侧重。

3.3.1　住宅卫生间

住宅卫生间的面积多为 4 ~ 8m^2，大面积住宅常设两个以上的卫生间，且均设有相应的防水、隔声和便于检修的措施。在条件允许的情况下，卫生间可以考虑干湿分离、公私分区设计（图 3–11）。

（1）水平布置要求。如果卫生间没有前室，则开启方向不能直接面对起居室或者厨房，且便于通风和换气。水平布置如对外开窗，则采用自然通风的形式，当条件不允许时也可以使用机械排风。

（2）竖向布置要求。卫生间的楼层下方，不能设置卧室、起居室和厨房。只有当楼层上下是一套住宅，且仅供一户人家使用时，卫生间的下方可以布置卧室、起居室和厨房。

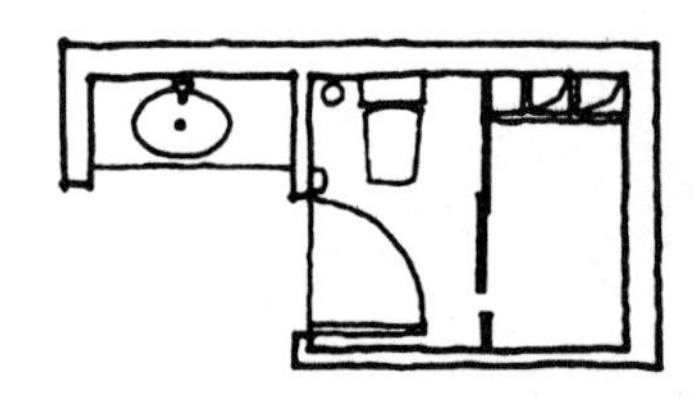
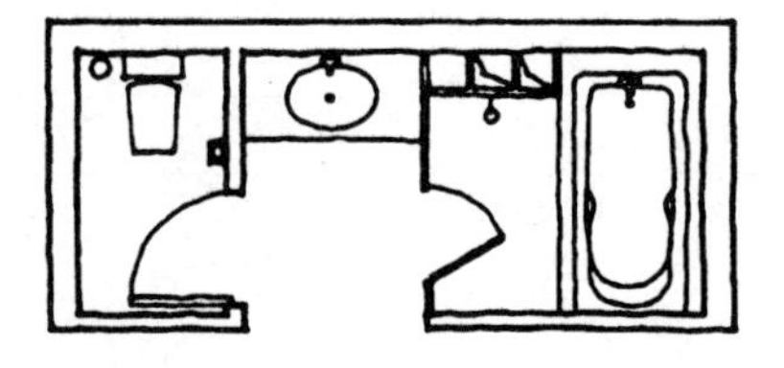

图 3–11　卫生间分区形式

3.3.2 公共卫生间

公共卫生间不应直接布置在餐厅、食品加工、变配电所等有严格的卫生要求或防潮要求的用房的直接上层，并且内设洗手盆，宜设置前室。

（1）在满足设备布置和人员活动的前提下，尽量紧凑布局、节约用地面积。

（2）公共建筑中的卫生间还需满足自然通风和天然采光。

（3）为节约管道，厕所和盥洗室可左右布置，或上下位置相对。

（4）卫生间位置既要易于发现，又要处在建筑整体平面中相对隐蔽的位置。

（5）要妥善解决卫生间的给水排水、消防防火问题。

3.4 交通联系空间

建筑的各个空间，如主次要使用功能之间，上下楼层之间，室内外环境之间等的空间联系，全都离不开交通空间的串联，交通联系空间是建筑的重要组成部分。建筑内部的交通联系空间可以分为三类，即水平交通空间、垂直交通空间和交通枢纽。交通联系空间的设计应该满足以下几点要求。首先，流线清晰，简单方便；其次，流线畅通，易于疏散；再者，采光、通风、照明等符合规范；最后，面积合适，节约空间。

3.4.1 水平交通空间

水平交通空间主要是用来联系同一标高楼层上的不同大小的使用空间，有时也附带有其他从属功能空间，包括过道、廊子等。

（1）过道

1）过道的宽度。根据人流畅通和建筑防火、安全疏散的需求，走道宽度应符合：单股人流宽度为 0.55 ～ 0.7m，双股人流通行宽度为 1.1 ～ 1.4m，根据可能产生的人流股数可以推算出走道的最小宽度（图 3–12）。公共建筑中，门扇开向走道的，走道宽度要加宽，无障碍走道要考虑轮椅的通行宽度，一辆轮椅通行的最小宽度为 0.9m，大型公共建筑的无障碍走道宽度应不小于 1.8m。

常用走道宽度：

① 教学楼：走道单面设教室时为 1.8 ～ 2.4m；走道双面设教室时为

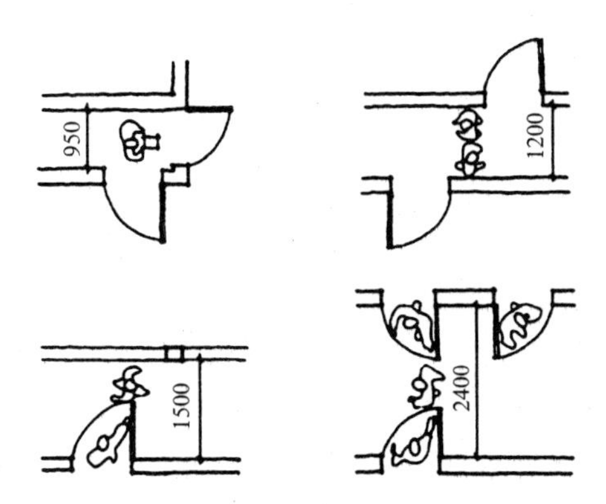

图 3–12 走道宽度

2.4 ～ 3.0m。

②办公楼：走道长度不超过 40m 时，单面走道的净宽不应小于 1.3m，中间走道的净宽不应小于 1.4m；走道长度超过 40m 时，单面走道的净宽不应小于 1.5m，中间走道的净宽不应小于 1.8m。

③门诊部单边候诊：2.1 ～ 2.7m；双边候诊：2.7 ～ 3.6m。

2）过道的长度。过道过长不但影响观感，不利使用，并会给防火等的处理带来诸多麻烦。在设计时其长度，应按防火规范规定，根据建筑物的性质、结构、类型、耐火等级等不同，应被合理控制，且过道最远端房间的出入口到安全出入口的距离，必须满足表 3–2 的规定。

直通疏散走道的房间疏散门至最近安全出口的直线距离（m） **表3–2**

名称			位于两个安全出口之间的疏散门			位于袋形走道两侧或尽端的疏散门		
			一、二级	三级	四级	一、二级	三级	四级
托儿所、幼儿园、老年人照料设施			25	20	15	20	15	10
歌舞娱乐放映游艺场所			25	20	15	9	—	—
医疗建筑	单、多层		35	30	25	20	15	10
	高层	病房部分	24	—	—	12	—	—
		其他部分	30	—	—	15	—	—
教学建筑	单、多层		35	30	25	22	20	10
	高层		30	—	—	15	—	—
高层旅馆、展览建筑			30	—	—	15	—	—
其他建筑	单、多层		40	35	25	22	20	15
	高层		40	—	—	20	—	—

注：1. 建筑内开向敞开式外廊的房间疏散门至最近安全出口的直线距离可按本表的规定增加 5m。

2. 直通疏散走道的房间疏散门至最近敞开楼梯间的直线距离，当房间位于两个楼梯间之间时，应按本表的规定减少 5m；当房间位于袋形走道两侧或尽端时，应按本表的规定减少 2m。

3. 建筑物内全部设置自动喷水灭火系统时，其安全疏散距离可按本表的规定增加 25%。

3）过道的采光、通风。大量中小型民用建筑中的过道，通常都利用自然通风和采光。单面过道比中间过道的自然通风和采光效果要好很多。中间过道的通风和采光需额外考虑和设计，可在过道尽头开口，利用楼梯间或者门厅透进光线，过道两边还可以设置一些开敞、半开敞空间来增加采光。

在满足上述各种功能要求和空间艺术要求的前提下力求减少过道的面积和长度，使得主要使用空间组合更为紧凑，提高经济效益。尽量增加进深、减小开间；把过道的尽端空间加大并使用空间；在过道的端部安装楼梯灯辅助采光。

（2）廊子

我们把过道的一侧或两侧空旷空间称之为廊。当建筑分散布局或地形变化较大时，往往用廊子将建筑各部分空间联系起来，并与绿化、庭院紧密结合，创造生动活泼的建筑空间。连廊可以是开敞的，也可以是封闭的，当连廊结合地形设置时，需结合地形设置台阶或坡道（图 3–13）。

开敞式连廊

封闭式连廊

图 3-13　连廊样式

3.4.2　垂直交通空间

（1）楼梯

楼梯是建筑中最常用的垂直交通联系设施。首先，设计中应考虑使用人群的类型和数量，再确定其形式和位置；其次，要根据相关的防火规范，在满足规范的基础上，确定楼梯的数量和宽度；最后，从使用对象和使用场所出发，采用适宜的楼梯坡度。

在规范中，民用建筑中的楼梯按其使用性质可以分为主要楼梯、次要楼梯、辅助楼梯和防火楼梯。主要楼梯是联系建筑的主要使用部分，供主要人流使用。所以它应位于主要人流附近或直接布置在主门厅内，成为视线的焦点，起到及时分散人流的作用，同时也可增加大厅的气氛。次要楼梯所服务的人流量相对减少，其位置亦不如主要楼梯那么明显，而辅助楼梯仅作为联系建筑物中某些局部空间之用，防火楼梯是为满足防火疏散需要而设置的，一般布置在建筑物的端部，常做成简易式开敞楼梯。

楼梯通常均由梯段、平台及栏杆三部分组成。从人性化角度设计梯段，应在 15 步左右即需加设休息平台，这样可以使行人不易疲劳。规范规定最多不能超过 18 步，也不宜少于 3 步以保证安全。楼梯按梯段布置特点通常出现以下几种形式。

1）直跑楼梯通常用于层高低于 3m 的建筑中，此类型的楼梯构造简单，构件种类少，因此在中小型民用建筑和住宅建筑中广泛采用。在大中型公共建筑中，因建筑层高较高，踏步总数超过 18 步，需要在楼梯的中间增加休息平台。根据人流路线布置以及建筑室内空间所需，不同的位置可采取不同的处理手法，营造出不同的效果（图 3-14）。

2）双跑楼梯空间紧凑、应用广泛，人流的起止点在同一垂直位置，便于各层进行统一空间组织。构件简单，规格较少，一般多见于中小型民用建筑中。它可做成等跑式和长、短梯段的不等跑式，当采用不等跑楼梯形式布置在大厅一侧时，可使厅内空间畅通，获得视线宽广、气氛开朗的效果，亦可在大空间局部夹层中设置开敞式双跑楼梯，以减轻人们上楼时的疲劳感（图 3-15）。

3）三跑楼梯有对称和非对称之分，对称的三跑楼梯营造的气氛较严肃，大都在办公、博览等建筑中采用。不对称的三跑楼梯适宜于布置在较方正的空间中或配合电梯布置（图 3-16）。

4）剪刀式楼梯通常用于人流量大而连续的公共建筑中，其空间利用充分。

图 3–14（左上）
直跑楼梯
图 3–15（右上）
双跑楼梯
图 3–16（左下）
三跑楼梯
图 3–17（右下）
剪刀楼梯

如北京西单商场和郑州紫荆山百货大楼中均采用这种楼梯作为顾客上下的主要交通联系（图 3–17）。

此外，直跑形式也常用于联系其他次要空间的辅助楼梯和防火楼梯。有时为使直跑楼梯的起止点更迎合主要人流的流线方向，将梯段弯曲而成弧形，即弧形楼梯，它常常布置在主门厅内，使室内空间更加生动而舒展。但这种楼梯需采用现浇钢筋混凝土结构，施工比较麻烦（图 3–18）。

（2）坡道

坡道作为人流疏散之用，其最大的优点是安全、快速，因此在需解决大量人流集中疏散的交通性及观演建筑中常常采用坡道。如北京火车站中旅客的出站地道和某些观众厅的疏散通道。此外，在有些建筑中为便于车辆上下，往往设置坡道，如多层车库。医院建筑中没有电梯设备时，可采用坡道来转移病人。如果是人员密集的场合，坡道要平缓一些，并且要增加防滑措施（图 3–19）。

（3）电梯

在层数较多的建筑物中，或某些特殊需要的建筑内，除楼梯外尚需设置电梯，以满足垂直运输的需要。在设计的过程中应注意以下几点。

1）设置电梯的同时还必须设辅助楼梯，以供在电梯出现问题或发生火灾等情况时使用。

2）当建筑为不足 7 层的住宅建筑，或建筑高度小于 24m 以下的公共建筑时，电梯和楼梯的作用几乎是一样重要的，这时可将电梯和楼梯靠近布置，以便相互协调使用。

图 3-18（左）
弧形楼梯
图 3-19（右）
坡道

3）在住宅建筑 7 层以上或公共建筑总高大于 24m 的建筑中，电梯成为主要的垂直交通工具。若建筑物规模较大，电梯数量较多时，可将电梯成组、成排地集中布置在电梯厅中。一般电梯并列长度为 3 ～ 4 部，故每组电梯的数量都宜不超过 8 部。

4）每层的电梯口外面，都要留出相应的候梯空间，也就是交通面积，方便人群进出，以免造成拥堵。

5）电梯间应该位于建筑物中交通联系的核心地位。而兼作观景和景点的透明电梯，则以视觉效果为考虑的主要因素。

6）在进行电梯间设计时，必须根据所选用的电梯出厂标准样本进行具体考虑。

（4）自动扶梯

自动扶梯由若干单独的踏步组成。在一些人员密集、交通频繁的永久性大型公共建筑中，对交通的要求比较高，由于自动扶梯可以连续不断地运输人员、货物，所以很适合在此类建筑中使用，如火车站、地铁、大型百货商店、购物中心及展览馆等。每台自动扶梯可以正向、反向运行，也就是可以上升或者下降。在扶梯不运行的时候，也可以当作普通的楼梯，临时进行使用（图 3-20）。

自动扶梯的位置须醒目且易被发现，两端的空间应该比较宽敞，尽量不要面对墙壁和死角，通常设置在大厅的中间位置。一方面可减少人们上、下楼梯或进出电梯时的拥挤和疲劳；另一方面自动扶梯本身在大厅中亦起到装饰作用；同时又可使乘客在上、下扶梯时能全面观赏整个大厅的情况。特别是在商业性建筑中，顾客能对厅中陈列品一览无余，达到向群众宣传商品的效果。

图 3-20　自动扶梯

在公共建筑中，除了要有自动扶梯，同时也要布置普通的电梯和楼梯，作为辅助的垂直交通方式。

3.4.3 枢纽交通空间

在建筑中，考虑到人流的集散、方向的转换、各种交通工具的连接等需要设计出入口、过厅、中庭等空间，发挥交通纽带与空间过渡的作用。

（1）出入口

作为联系建筑内部空间和外环境空间的重要纽带，建筑出入口自然也成为空间设计的重要组成部分。一般情况下，建筑物的主要出入口都设计在建筑的主轴线上。

出入口部分主要是由门厅、门廊以及附属空间组成，出入口的数量是根据建筑物的使用性质、功能流线进行设置的。如旅馆、商店和演出性建筑等具有大量人流的公共建筑，常将旅客、顾客、观众等人流与工作人员出入口分别设置，以便管理。医院门诊部里的急诊、儿科、传染科等为了避免其相互感染，亦尽量各自设单独的出入口。影剧院往往设置 1 ～ 2 个入口和多个出口。当建筑的使用人数大于 100 人时，至少设置两个安全出入口。

（2）门廊

门廊是建筑物内外空间的过渡，能遮阳、避风雨，满足观感和使用上的要求。从建筑处理上可分为敞开式和封闭式，按位置可分全凹式门廊、半凹半凸式门廊、全凸式门廊（图 3–21 ～图 3–23）。

1）敞开式门廊可处理成凸出建筑物的凸门廊和凹入建筑物的凹门廊。它是外部空间向室内的过渡和内部空间向室外的继续和延伸，通常为门前突出的，有顶盖、有廊台的通道空间，由门斗、雨罩、雨篷等组成。门廊设计充分反映建筑的主体风格，在办公楼、图书馆等要求造型庄重的建筑中，常将入口对称布局。

2）封闭式门廊常在寒冷地区采用，亦同样可处理成凸出式或凹入式。主要起防寒作用，故亦称门斗。入口处设有两道门，在两道门之间设缓冲地带，

图 3–21（左）开敞式门廊
图 3–22（右）封闭式门廊

使冷空气不直接影响内部，但同时也要考虑到夏季时能使人们走最短的路线。

（3）门厅

门厅是出入口的主要组成部分。它的作用有接纳人群和疏散分配人群，同时它还需要依据建筑的性质，来设计一定的辅助用房。如行政办公建筑的门厅内应设有传达问讯室或接待室等；医院的门厅为接待病人、办理挂号、交费、取药等手续的场所；旅馆的门厅是接待旅客、办理手续、等候及休息、会客的空间；而演出性建筑中的门厅常兼设售票及供观众等候、休息之用。因此，建筑门厅设计中的流线组织是一项极为重要的内容，门厅内的各个组成部分的位置，应该与使用人的交通流线相协调，尽量避免流线的重合，这样各个部分才能够有相对独立的使用空间。为了让门厅可以及时、高效地分配人流，在门厅平面设计和空间处理上，要追求较高的导向感，让人身处其中，方向明确。

门厅的大小是要依据建筑的使用功能、规模、质量要求而决定的。门厅大小要达到其类型所规定的指标，如电影院门厅按每一座位 0.15m^2 计算、剧院为每一座位 0.2 ~ 0.3m^2、旅馆为每床 0.3 ~ 0.45m^2、中小学为每座 0.06 ~ 0.08m^2、门诊部每人为 0.8m^2（按全日门诊人次的 10% ~ 15% 为同时集中的人数估算）。面积指标中门厅大小的确定，仅能满足使用要求所需要的空间大小，至于空间的形状、布局尚需根据建筑物的性质和所需达到的特定观感，作进一步的设计。

门厅的布局通常有两类，对称布置和非对称布置。其中，对称布置的门厅布局通常是以中轴线布置的方法来表示空间的方向感。通过主轴、次轴进行区分，表示人流方向的主要性与次要性。当需强调门厅空间主轴线的重要性时，常将联系人流的主要楼梯或自动扶梯等交通空间设置在主轴上，以显示其强烈的空间导向性。如西安行政中心，整体平面围绕大厅呈对称式布局展开，办公空间沿横向轴线依次排列，竖向轴线直通会议室和报告厅。两条垂直的轴线结合功能分区进行组织，形成了分区明确、导向性较强的交通系统（图 3-24）。

图 3-23（左）
封闭式门廊
图 3-24（右）
西安市行政中心

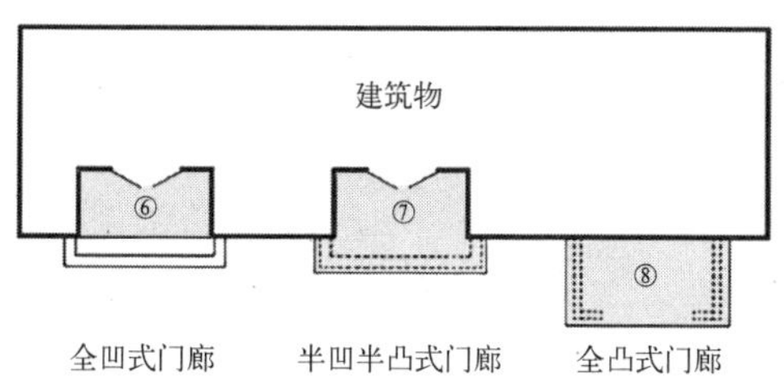

3.5 建筑平面组合

建筑平面组合设计的主要任务有：

(1) 依据建筑物的使用和卫生等要求，合理布置建筑的各组成部分，考虑相互之间的关系。

(2) 合理组织建筑内部、内外之间的交通流线，实现便捷、高效、安全的要求。

(3) 满足材料使用、结构布置、施工方法的合理性，符合建筑的相关标准，美观性也要有。

(4) 符合总体规划的要求，注意基地的外部环境，综合考虑，设计好平面，注意节约用地和生态环境保护等问题。

3.5.1 合理功能分区

建筑的各功能组成在实际使用过程中千差万别，设计要求也各不相同。在设计时，不仅要考虑到不同空间的使用性质和过程，而且要按照建筑的功能不同来进行区分，做到分区布置、联系方便。

(1) 主与辅的关系

任何建筑都由主要使用空间、辅助使用空间或附属使用空间所组成。如学校教学楼中教室、实验室等房间是主要使用部分，满足日常教学使用，其他如管理用房、办公室、贮藏室、厕所等，都属于辅助使用部分（图 3–25）；住宅建筑中，起居室、卧室是主要房间，厨房、浴厕、贮藏室等属于附属使用部分。

这两大部分在建筑的布局中应该要有明晰的分区，防止造成互相干扰，并且客房和公共活动用房应该设置在基地内比较好的地段，让它们能够获得较好的朝向、采光、通风等条件。其次再考虑辅助使用空间的位置。不能出现想要进入主要使用空间之前还得先经过辅助空间的情况。比如在一些住宅设计中，想要进入起居室，却先要经过厨房，这种设计是不合理的。

(2) 内与外的关系

建筑中各使用空间的内外关系并不相同，有的空间与外界联系更为紧密，对外的使用性更强，外界可以直接利用，如营业厅、展厅、报告厅等；有些空间对内的使用性较强，主要供内部工作人员使用，如仓库、办公室等。在进行平面组合的时候，也要考虑空间的内外关系，合理进行分区。

通常情况下，对外性强的房间人员比较密集，需要有较好的交通条件，靠近建筑的入口或设置独立出入口；对内性强的房间则尽量位于不显眼的位置，不会占据建筑里的主要空间。考虑到其主要是内部使用，因此要避免与公共流线交叉。

(3) 动与静的关系

建筑中有的用房是需要安静的环境的，比如用来学习、休闲、工作、休息的房间，但是有的用房在使用的过程中会比较喧闹，产生噪声，比如一些娱乐用房、机器生产用房等，所以这两类用房要有适当的分隔。在建筑设计中，尤其是一些公共建筑设计，经常会遇到需要分隔安静和喧闹的空间，也就是做到动静分离。在平面组合中，合理确定各个房间的位置。比如学校类建筑，分为教学活动用房、行政办公用房和生活后勤用房等几部分，教学类用房和办公类用房既要有所区分，避免干扰，又要有所联系，方便教师和学生使用；教学类用房里也有动静的区分，比如比较吵闹的活动室、音乐教室等，就要与普通的教室分隔开。

（4）清与污的关系

清与污的问题，在医院建筑设计中最为明显（图 3–26），除了后勤附属用房因为有污染物的存在而要与病房区进行隔离之外，病房区也分为传染病区和非传染病区，它们之间也要进行隔离，并且传染病区的位置一定要在下风向。另外，同位素科室因为有放射性物质的存在，所以最好独立设置在某个位置，与其他诊疗室分开。建筑内部交通流线按其使用性质可分为以下几种类型。

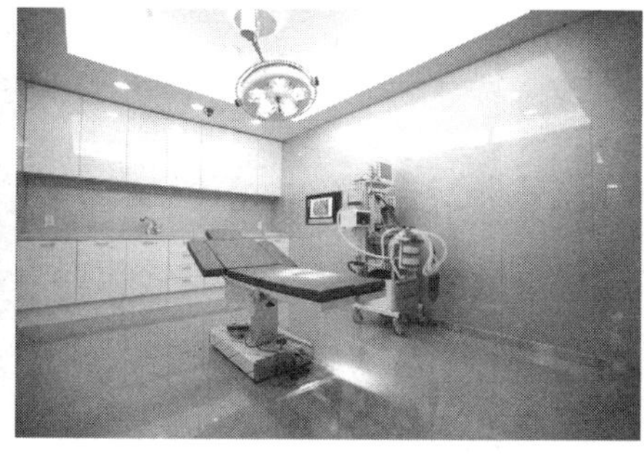

图 3–25（左）学校教学楼
图 3–26（右）医院手术室

1）公共交通流线中，不同的使用人群组成了不同的流线，这些都要分别设计，使他们能够互不干扰，同时有序地进行；

2）内部工作流线，也就是建筑内部工作人员的交通流线，在一些大型公建中，也包括摄影、摄像、记者等工作人员的流线；

3）辅助供应交通流线，在不同的建筑中的具体功能不同，如食堂中厨房工作人员的服务以及食物运送流线，车站中的行李流线，医院建筑中的药物器械等服务供应流线，商店建筑中的货物供应流线，图书馆建筑中的书籍运送流线。

不同性质的流线应该分开，避免互相干扰。在建筑设计中对于交通流线的组织，首先要分清主要使用人员流线和内部工作人员、后勤供应流线，这两类流线要避免交叉；另外，在主要使用人员的流线中，还要把人员类别进行区分；此外，最好要区分进出建筑的人流，避免出现拥堵和交叉的情况。

3.5.2 平面组合方式

建筑平面的组合方式设计，需要充分熟悉平面的各个部分的使用特点。在这一基础上，进一步分析细化建筑功能、经济技术指标、艺术方面的要求，结合总体规划、基地附近的环境等各种条件，把建筑平面的各部分组成一个有机的整体。

（1）通道式

房间之间通过走廊来联系，这种组合方式的特点是建筑的使用空间与交通空间之间的分隔比较简单、明确，房间各自比较独立；用走廊连接，房间之间也能互相有联系；走廊的长短是随着房间数量而改变，平面形式比较灵活。通道式组合适用于各个房间既要相对独立，又能保持适当的联系的各类建筑。比如旅馆、宿舍、教学楼、办公楼等。

1）内廊式组合是把房间布置在走廊的两侧，这种组合方式使得平面更加紧凑，但是这会导致有一侧的房间朝向不好，走廊内的通风采光效果差，这是这种组合方式的缺点（图 3–27）。

2）外廊式组合是仅把房间布置在走廊的单独一侧，外廊可以是敞开式的也可以是封闭式的，具有很好的适应性（图 3–28）。

3）连廊式组合是把几个散落的体块用连廊连接到一起，成为一个整体，通常作为整体来考虑设计（图 3–29）。

图 3–27（左）内廊式组合
图 3–28（中）外廊式组合
图 3–29（右）连廊式组合

（2）穿套式

各个房间相互之间穿通，直接连接在一起，交通的面积同样也是使用的面积，二者是一起的，这种组合方式称之为穿套式组合。优点是，每个房间之间的联系比较简单快捷。穿套式又包括以下几种组合形式：

1）串联式组合：将房间通过串通的组合方式，把房屋的交通面积和使用面积两者融为一体，使用便捷，房间的连续性比较强，也无需单独分隔使用房间。人流方向单一、简捷明确，但活动路线不够灵活。通常在展览馆、车站、浴室等建筑类型中主要采用串联式组合（图 3–30）。

2）放射式组合：以一个枢纽空间作为联系中心，向两个或两个以上方向延伸，衔接布置房间。这个联系中心，可以是专门为人群提供集散的交通大厅，或者是能够联系其他房间的主要房间。这种组合方式布局更加紧凑，使用灵活，每个房间可以单独使用，房间之间联系也比较方便。缺点是平面的路线不够明晰，人群在其中的方向性不强，容易流线交叉（图 3–31）。

（3）大厅式

当在人群密集的大体量空间中举行某些特定活动时，可采用大厅式组合方式。这种组合方式的中心通常是一个面积较大、使用人数较多、多功能的大

图 3-30（左）
串联式组合
图 3-31（中）
放射式组合
图 3-32（右）
中庭院落

厅，再有一些其他辅助用房。

（4）单元式

单元式是通过垂直交通空间，如楼梯间或电梯间，来联系其他功能空间，最后成为一个独立的单元，或是联系密切的功能房间成群出现，形成各自独立的单元。特点是每个单元自身的平面集中紧凑，单元之间能够独立存在，不互相打扰。

（5）庭院式

功能围绕中间布置成一圈，中心自然而然空出了空间，也就是庭院。庭院的平面形式各异，可组合成三合院、四合院；功能上也多种多样，可作景观绿化、活动场地、交通空间等之用，形成一个庭院或多个庭院（图 3-32）。

（6）混合式

混合式组合是综合使用上述大厅式、单元式、庭院式等多种方式，局部以某一方式为主，在建筑的另一处采用其他方式，如图 3-33 所示的建筑采用了放射式和串联式结合的方式。

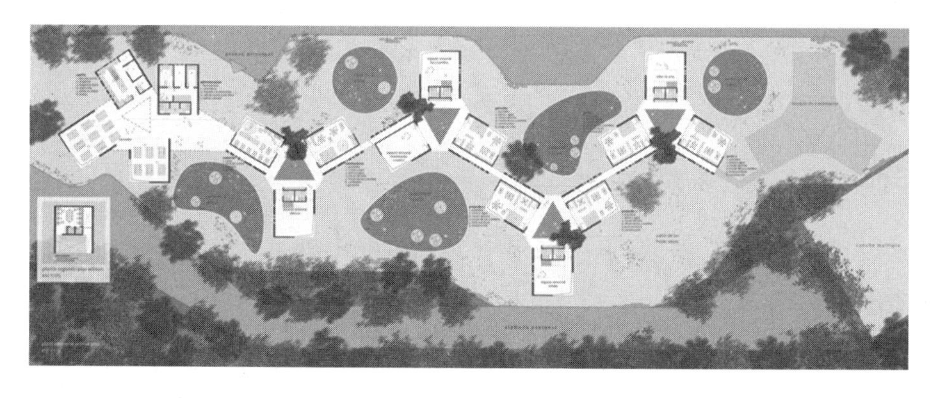

图 3-33　混合式

3.5.3　集中式组合

集中式组合是指在一个中心空间周围布置多个其他空间，是交通空间占比非常小的组合方式。当主导空间是室内空间时可称为“大厅式”，当主导空间为室外空间时则可称为“庭院式”。在集中式空间组合中，流线一般为主导空间服务，或者将主导空间作为流线的起始点和终结点。这种空间组合常用于影剧院、交通建筑以及某些文化建筑中。

3.5.4 流线式组合

流线式组合空间没有主次之分，各个空间都具有自身独立性，并按流线次序先后展开的组合方式。按照各空间之间的交通联系特点，又可以分为走廊式、串联式和放射式。

（1）走廊式的每个使用空间是相互独立、互不影响的，并使用走廊连接。这种方式非常适用于学校、医院、宿舍等建筑。走廊式组合又可分为内廊式、外廊式、连廊式三种。

（2）串联式即各个使用空间按照功能要求一个接一个地互相串联，一般需要穿过一个内部使用空间到达另一个使用空间，与走廊式不同的是，没有明显的交通空间。这种空间组合节约了交通面积，同时，各空间之间的联系比较紧密，有明确的方向性；缺点是各个空间独立性不够，流线不够灵活。串联式组合较常用于博物馆、展览馆等文化展示建筑。

（3）放射式是由一个处于中心位置的使用空间通过交通空间呈放射性状态发展到其他空间的组合方式。这种组合方式能最大限度地使内部空间与外部环境相接触，空间之间的流线比较清晰，它与集中式组合的向心型平面的区别就是，放射式组合属于外向型平面，处于中心位置的空间并不一定是主导空间，可能只是过渡缓冲空间。放射式组合较多用于展览馆、宾馆或对日照要求不高的地区的公寓楼等。

3.5.5 单元式组合

先将若干个关系紧密的内部使用空间组合成独立单元，然后再将这些单元组合成一栋建筑的组合方式。这种组合方式中的各个单元有很强的独立性和私密性，但是单元内部空间的关系密切。单元式组合常用于幼儿园和公寓住宅中，在任何建筑形式中都不会单一运用一种平面空间组合方式，必定是多种组合方式的综合运用。

3.6 建筑空间组合

建筑是由许多空间组合而成的，包括内部空间和外部空间，这些空间相互作用、相互影响、关系密切。在掌握单一空间组合形式基本知识的前提下，理解并掌握建筑内部空间组合设计方法对顺利完成一幢建筑物的设计有很大帮助。

3.6.1 建筑空间组合原则

建筑空间组合是建筑设计中的一个重要环节，必须遵循一定的原则才能达到比较满意的效果。基本原则如下。

（1）与基地周边环境相协调

建筑是在一定的基地基础上建造的，建筑要和基地的环境相协调统一。基地大小、形状、地形、地貌、原有建筑、道路、绿化、公共设施等环境条件

图 3-34　盖蒂中心

对建筑空间组合起制约作用。同样功能、规模的建筑，由于所处基地环境不同，会出现不同的空间组合。盖蒂中心作为博物馆综合体充分与地形及自然环境结合，人们在观览内部展品的同时能够欣赏外部景色（图 3-34）。

（2）功能分区明确

为实现某一功能而相互组合在一起的若干空间会形成一个相对独立的功能区，一幢建筑往往有若干个功能区，如大学校园的食堂一般可以分为餐厅、厨房制作等。各功能区由若干房间组成，在内部空间组合设计上，应使各功能分区明确，以减少干扰，方便使用。

（3）流线组织简捷、明确

交通流线组织是建筑空间组合中十分重要的内容，流线的组织布置方式在很大程度上决定了建筑的空间布局和基本体形。所谓简捷，就是距离短，转折少；所谓明确，就是使不同的使用人员能很快辨别并进入各自的交通路线，避免人流混杂，譬如学校医院门诊部设计就需要使学生能快捷、明确地前往不同的科室进行医治。

（4）内部使用环境质量良好

为了提升建筑的内部环境质量，建筑设计应该考虑空间的通风、日照、卫生等设计要求，达到相应的标准。譬如学校建筑的学生宿舍设计就必须考虑使超过半数以上的宿舍能够获得足够的日照，不同建筑性质对环境质量的要求不同。

（5）空间布局紧凑、有特色

在满足使用要求的前提下，建筑的各个空间之间的组合应该仔细考虑辅助用房的面积，减少交通空间所占的比例，使空间布局更紧凑。

（6）满足消防等规范要求

建筑内部空间组合应符合建筑层数、高度、面积等的消防方面的规定，此类规定在建筑设计中的影响至关重要。

3.6.2　建筑空间组合方式

建筑空间组合包括两个方面：平面组合和竖向组合，它们之间相互影响，所以设计时应统一考虑。由单一空间构成的建筑非常少见，更多的还是由不同空间组合而成的建筑，建筑内部空间通过不同的组合方式来满足各种建筑类型的不同功能要求或不同建筑形式要求。

（1）包含指一个大空间内部包含一个小空间。两者比较容易融合，但是小空间不能与外界环境直接产生联系（图 3–35）。

（2）相邻指一条公共边界分隔两个空间。这是最常见的类型，两者之间的空间关系可以互相交流，也可以互不关联，这取决于公共边界的表达形式（图 3–36）。

图 3–35（左）
空间包含关系
图 3–36（右）
空间相邻关系

（3）重叠指两个空间之间有部分区域重叠，其中重叠部分的空间可以为两个空间共享，也可以与其中一个空间合并成为其一部分，还可以自成一体，起到衔接两个空间的作用（图 3–37）。

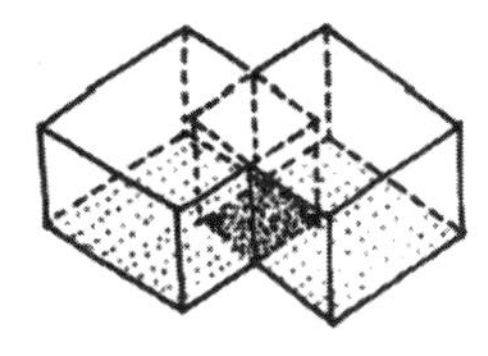

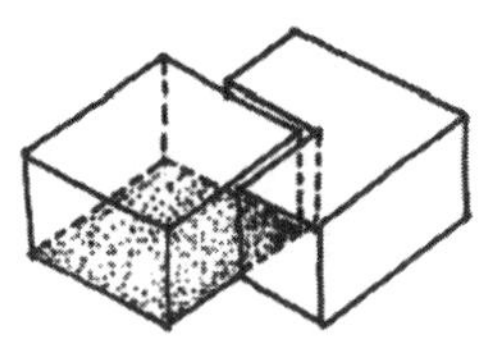

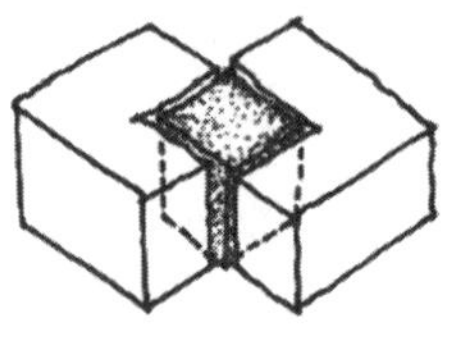

图 3–37　空间重叠关系

（4）连接指两个或多个空间采用过渡空间进行联系。各空间因其自身特点，即功能、形状、位置等不同，决定了过渡空间的特性（图 3–38）。

一栋典型的建筑物必定是由若干不同特点、不同功能、不同重要性的内部空间组合而成的，不同的内部空间组合方式不同，具体包括平面组合方式和竖向组合方式。

3.6.3　建筑空间组合手法

多个空间之间组合所运用到的具体的处理方法或艺术表现手法，以及建筑内部的整体空间集群将会产生的最终效果。

图 3-38　空间连接关系

（1）分隔与围透

每个空间不同的特点、功能和环境效果等，到最后都是需要利用空间分隔来实现的，这种分隔通常可以分为绝对分隔和相对分隔两大类。

1）绝对分隔。顾名思义就是指用墙体等实体界面分隔空间。这种分隔手法直观、简单，使得室内空间较安静，私密性好。同时，实体界面也可以采取半分隔方式，比如砌半高墙、墙上开窗洞等，这样既界定了不同的空间，又可满足某些特定需要，避免空间之间的零交流，不同高度的分隔使人有不同的心理感受，同时影响着人的活动（图 3-39）。

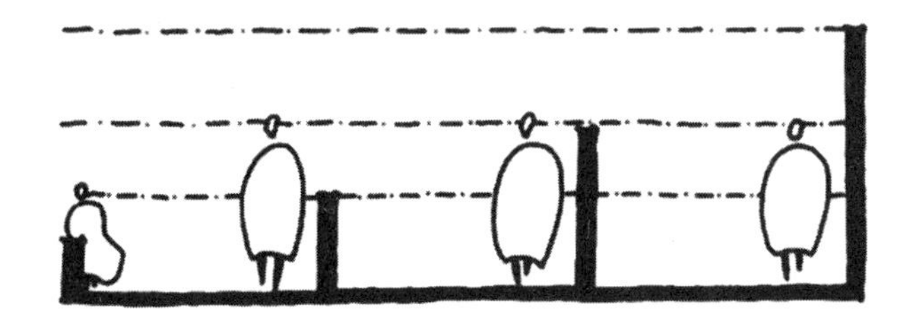

图 3-39　不同隔断的空间感受

2）相对分隔。采用相对分隔来界定空间，又可称为心理暗示，这种界定方法虽然没有绝对分隔那么直接和明确，但是通过象征性同样也能达到区分两个不同空间的目的，并且比前者更具有艺术性和趣味性。可分为以下几种方法：

①空间的标高或层高的不同；

②空间的大小或形状的不同；

③线形物体的分隔，通过一排间隔并不紧密的柱子来分隔两个空间，这样可使两个空间具有一定的空间连续性和视觉延续性（图 3-40）；

④空间表面材料的色彩与质感的不同；

⑤具体实物的分隔，比如通过家具、花卉、摆设等具体实物来界定两个空间，这种界定方法具有灵活性和可变性（图 3-41）。

更进一步来说，其实空间之间的关系都可以用“围”和“透”来概括，

图 3-40（左）线性空间分隔
图 3-41（右）家具围合分隔

不论是内部空间，还是内部空间和外部环境之间。绝对分隔可以总结为"围"，相对分隔就可以称之为"透"。"围"的空间使人感觉封闭、沉闷，但是它有良好的独立性和私密性，给人一种安全感。"透"的空间则让人心情畅快、通透，但它同样也有不足之处，比如私密性不够。所以，在建筑空间组合中，应该针对建筑类型、空间的实际功能、结构形式、位置朝向来决定是以"围"为主还是以"透"为主。

（2）对比与变化

两个相邻空间可以通过呈现出比较明显的差异变化来体现各自的特点，让人从一个空间进入另一个空间时产生强烈的感官刺激变化来获得某种效果。

1）高低对比：若由低矮空间进入高大空间，通过对比，后者就更加雄伟，反之同理（图 3–42）。

2）虚实对比：由相对封闭的围合空间进入到开敞通透的空间，则会使人有豁然开朗的感觉，进一步引申，可以表现为明暗的对比（图 3–43）。

3）形状对比：两个空间形状的对比既可表现为地面轮廓的对比，也可以表现为墙面形式的对比，以此打破空间的单调感（图 3–44）。

图 3-42（左）高低对比
图 3-43（中）虚实对比
图 3-44（右）形状对比

（3）重复与再现

重复与对比两种艺术表现手法相对应，相同形式的空间重复连续地出现能够表现出一种韵律感、节奏感和统一感。但如果这种重复的手法使用过多，则容易让人觉得单调，产生审美疲劳。

再现是重复表现手法中的一种，它还包括相同形式的空间分散于建筑的不同部位，中间以其他形式的空间相连接，起到强调相似空间的作用（图 3–45）。

（4）引导与暗示

建筑中包含各种主要空间与交通空间，但流线还需要一定的引导和暗示

图 3-45（左）
宁波帮博物馆
图 3-46（右）
中国矿业大学博物馆

才能实现当初的设计走向，如楼梯、台阶、坡道等很容易让人联想到竖向空间流线，通过地面、顶棚的特殊设计，来引导人流行进的方向，比如狭长的交通空间能够吸引人群往前行进，适当增加一些门窗洞口，会给人存在一定的空间的心理暗示等（图 3-46）。

（5）衔接与过渡

两个相邻的空间之间的连接，如果是直接相连的，会比较突兀和死板，也可能会让这两个空间之间模糊不清，这时过渡空间就显得尤为重要了。过渡空间本身没有具体的功能要求，所以设计要自然、不违和，也可以把过渡空间和门廊、楼梯等结合起来起到衔接作用。

（6）延伸与借景

在分隔两个空间的时候，需要保持它们之间一定的联通关系，这样在空间之间就能够相互渗透，产生互相借景的效果，这样能够增加空间的层次感。

3.7 建筑外部空间

"外部空间就是从大自然中依据一定的法则提取出来的空间，只是不同于浩瀚无边的自然界而已。外部空间是人为地、有目的地创造出来一种外部环境，是自然空间中注入了更多涵义的一种空间。"——芦原义信《外部空间设计》

3.7.1 建筑单体及群体组合

建筑不是孤立存在的，而是与环境或其他建筑组合形成的统一整体。建筑群体就是由相互联系的单体建筑组成的整体，也是建筑外部空间单元组合而成的相互关联的整体。

建筑设计一般包括总体设计和单体设计两个方面。外部空间的组合形式的关键在于设计过程中要随时处理好总体与单体之间的关系，即总体与单体、外部与内部、平面与空间的互动关系。

单体处于总体之中，两者相互联系。总体设计从全局出发，考虑室内外空间的关系，使得建筑的内部功能与外部环境相协调。建筑单体设计则是局部矛盾的处理，是在总体布局原则的指导下进行的设计，与总体环境布局相互制约。因此，建筑设计通常从总体布局入手，在充分考虑外部环境的基础上对建筑单体进行空间的组合，进而对总体布局进行调整，从而形成隶属于环境的建筑单体。由理查德·迈耶设计的盖蒂中心博物馆建筑群与自然环境通过庭院有机融合，并且建筑群的外观石材选用粗面的石灰石，与周围环境形成呼应，使得建筑像从建筑中生长出来的。

3.7.2 外部空间组合形式

外部空间指的是建筑或建筑小品等围合成的封闭的空间，或是由建筑围合形成的半开敞的空间，而这开敞式的空间通常都是和外界的自然空间连在一起，没有明确的分界线。因此，外部空间主要是根据空间的围合程度来进行确定的，如果周围都是用建筑物围合出的空间，有着明确的形式和范围，人们身处其中很明显能感受到空间的形状和大小，且与自然空间的分界线也比较明显；当围合面减少时，相对应的空间的封闭性也减弱，如果只剩下一个面，空间就不再封闭，这时就由建筑围合的空间转变为空间包围建筑，该外部空间与自然空间融为一体。但是由于建筑的存在，即使一个面也能对空间形成一定程度的限定作用，它不可避免地改变了空间和环境。外部空间不以建筑物来围合，仅通过地面的处理，同样可以产生空间感，从而赋予空间以建筑的属性。

建筑群体的组合所形成的外部空间属于图与底的关系，外部空间的组合同样是建筑群体的组合，这种组合应能够使得各建筑物的形体可以彼此呼应，互相起到制约的作用，并且形成的室外空间既具有统一性又具有联系性。同时，也可以让建筑的内外部空间相互渗透、穿插，自然地融合在一起，这样创造出的建筑群体空间组合才是具有特色的。

（1）对称式空间组合

对称式建筑群体空间组合，轴线位置基本都是群体中最重要的建筑，通常是以连续的几个主要建筑作为轴线，轴线两侧采用对称或基本对称的形式布置其他次要的建筑小品、道路、绿化园林等；另一种是，建筑小品、道路、绿化等的位置是中轴线，在这个轴线的两边再比较对称地放置建筑，这样得到的空间组合是相对宽敞、开阔的。

1）群体中的建筑物，不论是主要建筑还是辅助建筑，它们之间没有严格的功能制约关系，所以只要是能够不影响建筑单体本身的功能性质，在考虑群体组合要求的情况下，可以灵活布置建筑的位置、朝向，灵活设计建筑的形体。所以，这种组合形式不适用于那些功能要求限制严格的建筑群体，而对于那些对限制要求不高的建筑群体，可以采用这种对称的布局，来营造严谨的空间气氛（图 3–47）。

2）建筑群体空间组合采用对称式，可以产生庄严肃穆、井然有序的氛围，同时也具有统一、协调、平衡的效果。虽然在某种程度上有些呆板和机械，但对那些希望获得庄严气氛的政治性强的建筑群来说可以取得良好的效果（图 3–48）。

图 3-47（左上）
对称式群体建筑（一）
图 3-48（右上）
对称式群体建筑（二）
图 3-49（左下）
对称式公园广场
图 3-50（右下）
对称式道路灯饰

3）对称式空间组合不仅仅指的是建筑群体的布置是对称或基本对称，而是道路、绿化、路灯、建筑小品等也都是对称布置的，这样就加强了建筑群体空间的对称性（图 3-49、图 3-50）。

4）对称式建筑组合所围合的空间，既能够得到四周比较封闭的建筑空间，也能够得到比较开敞的大的建筑空间。围合的空间结果主要是根据建筑群体的功能性质、建筑数量和规模来决定的。

根据上述特点，对于纪念性强的、政治性突出的建筑群体，较适合对称式组合形式。行政办公、学校建筑群体以及展览性建筑群体组合，也常采用这种对称式空间组合。

（2）自由式空间组合

自由式空间组合，也叫不对称式空间组合，这种组合方式的特点如下：

1）建筑群体中各个建筑物可根据各种不同的条件来自由、灵活布局。

2）根据功能要求布置各个建筑，其位置、形状、朝向的选择比对称式布局更加多样灵活。并且各建筑物之间，可以运用柱廊、长廊、花墙等连接起来，得到丰富多变的建筑空间。

3）根据地形的曲直来自然地布置建筑，融入自然环境，形成灵活多变、利用自然、与自然十分和谐的建筑空间（图 3-51）。

正是由于上述特点，这种自由式空间组合在各种建筑群体组合中，大量被采用，并获得良好的效果。

图 3-51（左）
旧金山九曲花街
图 3-52（右）
苏州高博软件学院

苏州高博软件学院的建筑群体组合采用了自由组合的形式，主要是多种功能空间的不足结合不规则的地形进行设计，从而形成了较为自由的且适应周围地形环境的建筑群体布局（图 3–52）。

（3）庭院式空间组合

院落的空间组合灵活多变，地形的连绵能适应且合理划分水系，功能要求的满足也不难实现，隔离又联系的空间组合十分有趣味性。廊道、高差、空花墙等小品的组合手法，与周边环境互相呼应、互相对话，具有生命的群体组合由此产生。

建筑规模较大的群体，要求平面功能合理，又要依据地形环境合理展开，各部分联系还要紧凑。只是分散布置或集中布置都不能使功能和室内外空间的处理更好地融合，在环境处理上要具体问题具体分析，院落的布置方式使内外空间相融是合理的。院落的空间组合可以使各部分相对独立，又通过连廊等形式相连，使建筑群内部的联系得到保证。院落的布置十分灵活，根据功能和艺术需求，大小、高低可自由变化，院落的层叠左右可移，台地大小的充分利用使建筑的基底和地形相适应。这种布置形式不仅可以符合建筑功能和实际施工经济技术的要求，而且灵活变化的空间构图，也能够提升建筑的艺术气氛。

绩溪博物馆位于安徽省黄山市，因此建筑总体设计采用徽派建筑的天井式和庭院式布局，通过庭院式大小不同的庭院和多个天井共同作用使各功能组合在集中式的建筑群体中（图 3–53）。

图 3-53　绩溪博物馆

（4）综合式空间组合

当建筑群功能复杂繁多，或受

其他要求和因素限制，上述的组合方式不能很好地解决问题时，在这种情况下，运用两种或两种以上的空间组合手法是有必要的。多种手法相结合的处理方式更加灵活，严谨的对称布局，建筑物自由灵活的布置都可以营造，和自然有机的结合，建筑空间的层次感得以体现。所以功能复杂和地形处理困难的建筑群，往往采用这种空间组合方式。

3.7.3 外部空间的处理手法

建筑外部空间设计是比较复杂的问题。每个建筑物的功能属性各异，在地形条件的限制和气候环境的制约下，建筑形体的组合要具体问题具体分析，建筑群体的个性才能凸显，即千变万化、各具特色。

（1）群体组合中求得统一

建筑群的种类，其所处的周边状况，建筑师所要表达的观点都能左右建筑的个性，但如果只有个性无共性，各行其是则不可能构成完美的群体设计。所以应把握建筑群体组合最基础的原则，把整体的统一性的考虑放在首位。

1）对称统一

从古至今，对称所表达的统一感十分强烈，营造严肃的氛围，在体现秩序感的同时，局部的变化也十分丰富。所以对称的手法在组合群体中的运用如果得当，整体效果就会和谐统一，但把对称手法运用得惊艳却很难。历史上有很多杰出的建筑群采用了对称的布局，从而形成了一组严谨、统一的整体。在我国的古建筑群规划中，利用对称手法的很多，许多建筑都成功地实现统一的效果。一个建筑群的规划，在一条中轴线的左右进行相对对称的组合排列，不论规模大小，秩序感很容易建立起来，在中轴线的尽头再强调一下主体，整体的效果会更加凸显。在建筑的群体设计中，以对称求统一的这一传统手法，至今仍在采用，许多公共建筑，特别是行政办公建筑、学校建筑等群体建筑组合常采用对称的布局形式以达到统一（图 3–54、图 3–55）。

2）向心统一

在外国建筑发展的历程中，以广场中心为中心点顺势排列建筑的形式最为常见，以某个中心来围绕布置，向心的空间就由此围合而成，建筑群体作为一个整体，秩序感会更加强烈。古今中外，很多建筑的群体组合为了达到统一，

图 3–54（左）
斯坦福大学
图 3–55（右）
美国国会

都采用了这种手法（图 3–56）。

3）形体统一

建筑师在进行群体组合的设计中，各建筑物如果在形体上有某些相通的元素，这些元素越是系统，各类建筑物之间的呼应关系也更明显，和谐统一的效果进一步达到（图 3–57）。

4）风格统一

建筑群的整体风格是每个单体之间相互作用的综合体现。群体形式如果各不相同，共同因素缺失，毋庸置疑，群体的完整统一性就会大打折扣。所以建筑师在进行建筑群体设计时，建筑个体形式在一定的情况下可以有变化，但风格却要统一，具有寓于个体之中的共性特征，从而使各建筑之间产生某种内在的联系，相互呼应而达到统一（图 3–58）。

图 3–56（左）向心统一
图 3–57（中）形体统一
图 3–58（右）风格统一

(2) 外部空间对比与变化

在建筑群外部空间组合中，空间的尺度、比例、开闭以及其他元素之间的对比融合，能够使组合不再单调，能够增加趣味，变化的效果也很明显。在进行对比处理的同时，要灵活多变地处理各种限制因素，达到独具特色、统一和谐的效果。在我国古典庭院中，利用空间的对比与变化的手法最为普遍，并取得了良好的效果。

(3) 外部空间渗透与层次

在建筑群体组合中，外部空间的处理在建筑物廊道、门窗等元素和自然界山水湖石的影响下，空间合理地被分隔成若干部分，这些分隔又相互联系，通过各种空间处理手法适当连通，这样建筑外部空间和自然环境相互融合、渗透，空间的层次感得以体现。在群体组合中有如下几种常用的空间层次处理手法：

1）门洞、景框的复制能把空间分割开来，分成内外两个层次，使人们能感受到空间的过渡，空间之间互相渗透，层次感增加。

2）敞廊的运用十分多见，起到连接作用，又能和环境互相渗透、融合。

3）建筑物的底层架空，把环境间接引导到庭院或建筑中，人和环境得以对话。由于结构和技术的发展，近代建筑或高层建筑，往往把底层处理成为透空的形式，从而使建筑物两侧的空间相互渗透、统一（图 3–59）。

(4) 外部空间的序列组织

在建筑群外部空间构成中，由多个空间进行组合时，先后顺序的处理很

图 3–59　空间渗透

有讲究。空间的功能要求是主要因素，和人的功能需求、精神追求紧密相关，在整个序列中，人所在环境的空间动态和外部空间的和谐营造应形成一个整体，让人充分体会到艺术感染力。外部空间的序列组织是带有全局性的问题，它关系到整体布局时要如何进行群体组合。通常采用的手法是先将空间收缩然后开敞，随着顺序前进然后再收缩，再开敞，引出高潮的到来后再收缩，最后到尾声，整个序列组织结束。

建筑群体是由各个单体建筑有机组合的。建筑外部空间的自由组合形成了建筑群体空间，整体的相互关联，与人的感觉之间能产生各种各样的联系、对话，从而产生对建筑外部环境的整体印象。建筑群体空间中的文化特性，在各单元的共性元素和群体中有机的空间组合关系中能体现出来。任何建筑都不能脱离环境独自存在，需和环境关系密切。古今中外的建筑师对建筑的选址都很注重，追求建筑与环境的有机统一（图 3–60）。

图 3–60　空间序列

第四章

建筑造型设计

4.1 建筑造型的定义

建筑造型有广义和狭义之分。狭义指建筑物内部空间与外部空间的表现形式能被人直接感受到的物化状态，其中包括形式、质感、立面、色彩，这些因素能给体验者直观的感受，产生复杂的心理变化，并给予建筑主观和客观的评价。广义指在设计过程中，建筑师从宏观规划到细部处理的想法、概念应用并融入建筑中，其中包括造价、材料、功能等客观因素，也包括文脉、历史、环境、空间等主观因素，最后通过建筑表达出来（图 4–1）。

建筑造型从设计最初就要从宏观考虑、整体把握，和建筑的各个要素相融合，具有显著的空间特征和环境特征，从而使体验者从建筑的尺度感、韵律感、力量感等方面去感受建筑。“坚固、实用、美观”是每个建筑师必须遵守的准则。建筑师在设计过程中就要让造型兼顾功能、造价等各个方面，不断推敲，最后体现建筑物功能最优化。

图 4–1　美国电报公司大楼

事实上，建筑师在设计建筑时要权衡艺术、技术和价值取向的融合，使建筑能作为一个整体最佳地表达建筑师的设计意向。同时，建筑师在满足建筑功能需求的基础上，要思索内部空间及外部造型给体验者带来的感受，让使用者能身临其境地体验建筑的独特艺术感染力，包括文化品位和环境设计等，最终把建筑造型各个方面所要体现的内容最佳地呈现出来。因此，建筑造型要基于力学、美学和自然这三原则。

4.1.1 力学原则

建筑的发展伴随着人们在物质和精神方面追求的提高、科技的飞跃发展、时代的不断变迁在不断地变化。人们需要建筑既满足居住、体验功能方面的舒适度，也要满足精神和审美的需求。如今呆板的结构设计已经无法满足人们的空间体验感和精神上与建筑的对话。随着科学技术的进步，结构设计在不断地发展，从未停滞。

结构设计需要运用力学原理和其他学科相结合，把建筑造型设计和结构构件相互拼接的力量感或受弯构件的柔美感相融合，发挥形、美、神等优点，达到建筑造型设计意向的最佳形式。

如建筑大师，比如罗杰斯等人利用了两端出挑的外伸梁受均布荷载的弯矩图，同时根据钢结构抗拉抗压性能，借鉴了建筑结构的弯矩图（图 4–2）。

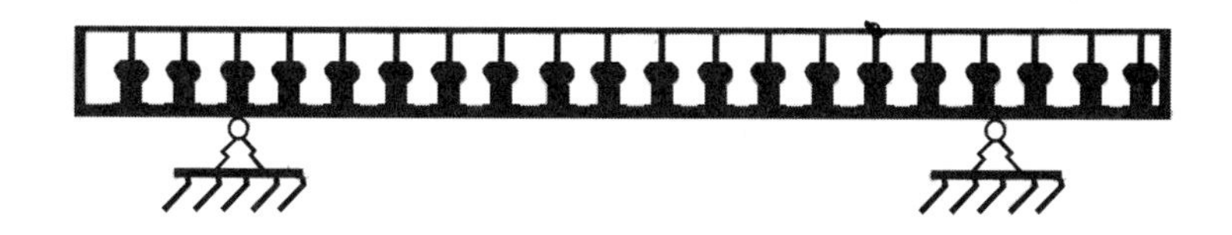

图 4–2　蓬皮杜艺术中心主体结构受力简图

弯矩图显示，弯矩为零的点在桁架末断快要靠近柱子的位置，并不在柱子上。这实际上是为了降低跨中弯矩值，两端出挑的外伸梁的跨中弯矩比简支梁小。沃伦式桁架承担主跨中较大的弯矩，把沃伦式桁架放置在零弯矩点处；依据结构受力图用变截面钢梁做剩余部分。因为钢结构的抗压、抗拉强度相当，以结构受力图作为参考来进行建筑设计，能有效地展现材料的力学性能，进一步把力学运用在结构中的美展现出来，使造型与受力相统一（图 4–3）。

因为一部分创新的设计构思是以复杂的结构设计为支撑的，在建筑设计和建筑史的研究中，把不同时期、不同地点独特的材料、构件和结构设计一并带入研究之中，能深入解析前人们的设计方法，站在巨人的肩膀上，为自己的建筑设计方法进行思考积累。建筑材料和力学经过建筑师合理的运用呈现在建筑造型之中，不仅仅是承重构件的体现，也增添了材料的质感、秩序感，带来了视觉上的空间层次和独特感受，成为一种新潮的艺术审美。一个建筑的造型可以做到十分卓越，令人惊叹，但功能的使用要求不能得到满足，结构的处理不结合实际情况，只为了造型拼出一腔热血而不顾其他，这是不值得提倡的。故宫、金字塔、罗马角斗场等，都兼备了令人震撼的外部造型和具有内涵的内部空间。人们可以从建筑外部直观感受到造型带来的震撼、历史洗礼带来的痕迹，从内部感受场所的精神、空间光影的变化。经得起考验的建筑一定会满足建筑功能、技术、艺术三个要素完美的结合。

图 4–3（左）
蓬皮杜艺术中心
图 4–4（右）
悉尼歌剧院

建筑造型美是由建筑师和结构工程师一起合作协调产生的，悉尼歌剧院设计的过程与经验就是这方面的一个经典实例。建筑造型美离不开结构系统的物质支持，其载体是结构与材料，就像人的外表气质美离不开支撑身体的骨架一样。如果人们把建筑造型美都归功于建筑师一人的创作，那是一种误解；而把结构工程师剔除在造型美的缔造者行列之外，更是一种曲解。只有建筑师与结构工程师合作密切，一起为建筑造型美出谋划策，这种美才能表现得更完整、更持久、更震撼（图 4–4）。

建筑结构的选型应当考虑材料的实用性，并着眼于正确表达力学概念与结构原理的合理性。很多建筑工程因用料最省、造价最低而著名，这些工程的做法引人深思。从希腊、古罗马、埃及和中国的古建筑中就可以发现古人的追求在建筑造型和结构、选材的相配备上，建筑造型与建筑结构的统一在不同的时期有不同的诠释。

古代建筑的功能、结构与造型之间的融合也相当出色，具有明显的地域特色和民族色彩，比如中国的建筑群故宫，它使用了雀替、斗栱、额枋等不同位置的木构件，露明的结构表现出我国古建筑应有的气质和中国五千年文明底蕴的源远流长；在卫城迈锡尼狮子门的建造过程中，匠人们在过梁的处理上，用一块三角形雕刻有两个狮子围绕一棵柱子，象征王权的石雕板代替大型石块，因质量很轻，造型也轻巧灵便，同时也减轻了过梁上的荷载。石雕板在过梁上的处理，结构得当，使造型更加美观，它实现了建筑造型与建筑结构的统一（图 4–5）。

随着社会的发展、科技的进步、材料的选用和施工技术在实践中的不断提高，以及力学的研究更加深入，建筑设计师的想象力得到更好的发挥，造型和功能的实用性结合得越来越好。国内外大量造型独特的建筑在近年涌现出来，建筑造型和建筑功能结合很好的建筑也越来越多，其中中国北京奥运主体育馆鸟巢就十分出众，它的主体是钢结构框架编织而成的“鸟巢”外形，整体结构空间形成像马鞍的椭圆形，结构和建筑浑然天成，具有较强的视觉冲击力，空间结构新颖，有很强的空间体验感，体现了功能与艺术的完美融合。在一定程度上，对建筑力学的研究并不断进步，运用在结构当中，建筑造型的多样性不断增多，也越来越美观（图 4–6）。

图 4-5（左）
迈锡尼卫城的狮子门
图 4-6（右）
北京奥运主体育馆鸟巢

4.1.2 美学原则

建筑美学经历了漫长的过程，它的每次变化呈螺旋上升的趋势，和当时社会的经济水平、科学技术发展息息相关。真正美的建筑造型和艺术，同社会的发展紧密结合，是人类不懈努力、勇于创新的必然结果。同时，建筑美学的发展也具有曲折性，建筑材料、物理等方面的限制与发展在客观上影响着建筑美学的发展，人类思想的多样性、可变性和历史文化发展的结合在主观上对建筑美学起着重要的作用。

建筑发展的客观因素和不同历史时期人们对美不同的定义与要求都对建筑美学的发展产生影响。对建筑美学的研究，有狭义和广义之分。狭义的是指单体建筑的造型与空间、环境之间协调的关系；广义的是指建筑宏观的历史走向，总体的建筑风格在当时的历史时期给建筑审美带来的影响。前者只是单独地对建筑单体造型进行评判，但后者要把建筑放到环境当中去，从整体的角度去看，以城市规划的角度去把握整体的建筑风格与肌理，具有一定的继承性。

（1）对比与协调

对比与协调是一对矛盾范畴，同时在变化中保持一致。协调是把许多不同事物的元素内在相同点串联起来，把不同的元素进行整合，寻找不同元素的内在联系，进行整体把握，如明清中国故宫建筑的群体设计。对比是许多不同事物的元素异中求异，把事物中差别较大的两个元素整合在一起，起着衬托的作用，形成强烈的对比，留给人深刻的记忆。贝聿铭大师的卢浮宫扩建工程设计，巧妙地避开了因新旧建筑文化差异的冲撞和场地局限的困扰，将扩建的大部分体量放置在卢浮宫地下，与地面金字塔的部分从各方面有呼应有对比（图 4-7）。由法国建筑师保罗・安德鲁主持并设计的国家大剧院，建筑屋面呈半椭圆形，材料是钛合金属，有两个三角形切面的玻璃幕墙在前后两侧。国家大剧院和周围环境的碰撞，让它显得十分抢眼，庞大的椭圆状外形如同天外来客在宽广的长安街上。大剧院造型构思新奇、前卫、新颖，是传统结合现代、浪漫结合现实的成果（图 4-8）。在建筑设计中，对色彩的处理也需要协调与对比。在色彩中对于邻近的色彩，比如青与紫、红与橙等，对于它们的处理是进行调和，体现层次的变化，其他的方面比如深浅和对比色也要处理好，在视觉上形成对比差。

图 4-7（左）
卢浮宫金字塔
图 4-8（右）
国家大剧院

（2）对称与均衡

对称有中轴对称和中心对称之分。中心对称是在完全对称的基础上，在方向、位置上有些许的变化，形成差异，增加亮点。对称在建筑设计上是常遵循的美学法则，这也是遵循大自然的美学规律。比如，人体的各个对称的器官，各种生物的组成等，小到细胞，大到宇宙的变化，因此对称的事物在人的眼中有一种静态、稳定美。所以中国古建筑群的规划、单体的设计绝大部分都是对称的，有的少部分设计则是因地制宜，在群体设计中多以建筑物主轴线中轴对称，现代有的建筑仍以对称作为其基本格局设计。2010 年上海世博会中国馆的造型整体上是对称构图（图 4-9）。

更进一步讲，对称的变化得到的另一个结果是均衡，建筑师在进行建筑设计时，均衡这个概念要贯穿始终。均衡的特征是在进行群体设计或立面设计中，轴线两侧的要素不需要完全的等同，只是在视觉上，两侧的要素要达到均衡的效果，形成视觉上的均衡，和对称相比要灵活、跳跃。对称中的均衡从另一个角度来说就是要有呼应，有时一侧布置一个大体量，另一侧布置几个小体量，或其他建筑景观小品，呼应比均衡更为随性，但实际操作更困难，这样虽然一大一小、一高一低、一虚一实，看似形体大小有差异，但相互照应得十分合理。均衡中心是设计师应当着重设计的一个点。所以通常情况下，可以在均衡中心加上一个强调重点，比如在合适的位置拔高一部分形体，起到统领的作用。杠杆平衡原理是均衡的第二个原则，就是可以用靠近中心较为重要的大体量来平衡远离中心较为次要的小体量。

（3）统一与多样

整齐统一就是整齐划一，约恩 · 伍重设计的悉尼歌剧院，就是纯粹的形式美，让人感受一种整齐的韵律。一个规则的小建筑在广场里是不起眼的，但一整排规则的小建筑会给人留下深刻的记忆，由此看出整齐能使比较小的个体单位构成一个宏观的整体。一般整齐统一是有一定范围的，超出这个范围，形体造型就发生了质的变化。分组统一就是每组的统一形态是需要保持的，差异性在组之间是需要保持的。分组数目不用太多，要有统一性，组和组的内容不统一，整齐统一的反面就会出现，就毫无秩序可言，因此分组要适当。整齐统

图 4-9（左）
上海世博会中国馆
图 4-10（右）
统一与多样

一分组也不应太少，所涵盖的范围也不应太大，否则会单调，走向另一个对立面。一个建筑群体应当有一种控制要素也是整齐统一原则的体现，控制要素就是从形成形体美的各种关系元素或立面上的视觉元素某个方面入手，为了达到统一整体的建筑造型效果，某些变化形态会反复出现。这个基本原理包括对称、变化、均衡、协调、对比、节奏、比例等要素（图 4–10）。

建筑师在前期规划设计过程中不能单纯考虑某一构图法则，应把其他的设计法则也融合其中。比例的合理舒适是多样统一的体现。比例是指事物的局部与局部或整体与局部之间的位置数量关系。一个完整的建筑，空间、形体各部分的比例关系应该是协调的。比例不协调就会产生畸形的空间或造型，给使用者不舒适的感觉。比例关系协调匀称，建筑的各部分给人的感觉也会舒适。畸形是丑，匀称是美。但各部分间的比例没有确切的准则，需要建筑师去反复不断地推敲。在数学上，黄金分割法则众所周知，即大小（长宽）比例相当于大小二者之和与大者之间的比例，这个比率就叫黄金比例，公式是 $a:b=(a+b):a$，比值为 1：1.618，大约五比三。报纸书籍的出版大都采用这种比例。但一个黄金分割不能概括所有，比例的探讨是相当复杂的，比如重复分割、数比分割等，但是美的比例是多样的，在建筑设计中，建筑师需要从整体到细节不断推敲把握。

（4）韵律与节奏

韵律与节奏是指一种形体的某个元素或一种运动秩序的重复规律。加拿大的卡洛斯·奥特先生设计的温州大剧院是具有明显的韵律与节奏的。1/3 的拍子为强弱弱、强弱弱的节奏，2/4 的拍子表现出强、弱、强、弱。这些音强度要素的重复是有规律的。同样，在建筑形象中，韵律与节奏也能表现得出，例如用 Ⅰ 和 Ⅱ 这两种手法创作建筑造型，最后形态可以是 Ⅰ、Ⅱ，Ⅰ、Ⅱ 有规则的排列，也可以是 Ⅰ、Ⅱ、Ⅱ，Ⅰ、Ⅱ、Ⅱ 有变化的组合。简单的重复不是节奏的特点，其特点是相互组合的要素有规律的变化。节奏中的韵律感在现代建筑设计的运用中表现得很明显，就是把各种视觉元素根据建筑师的构想进行组合排列，就像音乐家对音符和节奏的起伏高低、大小变化和韵律节奏进行组合，形成优美的曲调（图 4–11）。

图 4-11（左）
韵律与节奏
图 4-12（右）
流水别墅

4.1.3 建筑造型的自然原则

建筑造型美要融于自然，形成和谐的景象，而不是和自然形成对立面。建筑形态美的展现要使建筑与环境完美融合，把大自然的环境作为考虑因素，两者相融，寻找自然界中的美，找到灵感并运用到建筑中去。赖特的流水别墅提取了自然环境中美的元素并精巧地和建筑外部形态相融合，四季不同的自然美都在别墅中释放出来，把建筑完全消隐到山林当中，改变了人们对住宅的基本形式和表现状态。别墅的各层都用延伸的水泥板进行水平交错的放置，错落有致、有规律错落地相互交叉，在不同的季节里都能和自然融为一体，没有喧宾夺主，完全消隐在大自然中。赖特流水别墅的精巧设计使人们意识到住宅在满足功能的基本需求外也能追求和自然融合的美，让人产生精神上的共鸣。山岩和流水二者融为一体的精妙构思好比二者原就是属于大自然的一部分，犹如在自然中生长、巧夺天工的作品，赞美之词溢于言表（图 4–12）。

（1）自然元素的运用

点、线、面是建筑设计中最基本的要素。赖特的约翰逊公司总部是其设计中最新奇、也最特别的建筑，犹如来自未来世界，立面设计中运用流线型线条组成横向构图。约翰逊公司总部在室内设计中，立柱好比一把把蘑菇伞支撑在建筑顶部，运用圆形和直线使内部空间更加灵动。支撑的立柱从上到下由粗变细，在屋顶顶端紧紧贴住，重复整齐排列的巨大圆点，点与线的组合与搭接，在视觉上更富有冲击感，使人犹如置身于童话世界中。赖特晚年才建造的纽约古根海姆美术馆，也是现代新主义的一个经典建筑。总体设计把线要素作为构图要素。在造型上用弧线勾勒出盘旋而上的圆形。漩涡形层层叠加而上，如同盘绕向上的蛇身。建筑屋面设计运用了圆的元素，宛如天工的图案透过阳光映射，对称设计的精美窗格是运用均匀直线整合而成。把弧线设计应用到内部形态中，通过仰视或俯视，空间构架的强烈感，烘托出深邃无穷的意味。但是评论者们认为它只能是赖特建筑的一座纪念碑，属于赖特自己的风格，并不合适用来当成美术馆。其他的评论家认为古根海姆美术馆就是一件艺术品，和其他艺术品展现出来的光辉遥相呼应。古根海姆美术馆有强烈的视觉冲击效果，整体设计是成功的，完美再现艺术形态（图 4–13）。

图 4-13　美国古根海姆美术馆

图 4-14　约翰逊公司总部

纽约古根海姆美术馆和约翰逊公司总部，是赖特中期以及晚年后设计的建筑。建筑内部能体现自然环境的特性，所以建筑内部与自然进行融合设计十分成功。两个作品都在线形和圆形的处理上运用流动的方式进行设计，达到线和面交融恰到好处的效果，营造出流动的空间。外部造型是它们不同的地方，都是流线型设计，但也有不同之处，纽约古根海姆美术馆的外部造型和内部空间的设计都是流动的，采用流线型设计，弧线是主角，没有直线；约翰逊公司总部设计是直线为主、点为辅，在转角处做成曲线。总之，赖特的设计手法是让建筑融于自然、回归自然，流线型的设计手法把有机建筑形态充分表达出来（图 4–14）。

（2）有机形态的运用

有机形态是指依据大自然中存在的自然法则获得自身的平衡力，平滑的曲线象征着生命的动态。全球各地古根海姆分馆造型夺人眼球，由赖特设计的古根海姆美术馆是有机建筑的代表，立陶宛古根海姆博物馆是扎哈·哈迪德设计的，此作品被人们看成“谜一样”的建筑，建筑采用流线型设计，延续了有机建筑风格，充分考虑到场馆周围环境、地形地貌，设计的水系和绿化带有机

图 4–15　立陶宛古根海姆美术馆

结合，建筑与水系结合为一体，符合现代经济信息高速发展的走向。场馆内的设计，运用点和体二者互相交叉错落，使立陶宛古根海姆博物馆焕发出动人的魅力（图 4–15）。立陶宛古根海姆博物馆和赖特设计的古根海姆美术馆各有千秋。内部线形灵动，外观设计引领时代潮流，大胆考虑光影的特点。两个建筑都是有机形态建筑的经典示范。

著名画家霍加斯认为最美的线形是波动的曲线，古代数学家柏拉图认为是圆和直线。从赖特的创作作品中可见，建筑与大自然环境的融合很巧妙、自然，周围的环境和轻盈、简洁的线条对建筑进行独特的修饰，使建筑更加生动，他认为应根据自然的有机形态进行设计，建筑和环境应互相融合。赖特把自然界中对有机生命体的观察和对有机自然的思考应用到他的建筑作品中。赖特成功地诠释了有机建筑，自然形态需遵守自然规律，设计是通过持续观察自然、不断实践进而创作出来。在建筑设计中把自然环境的基本要素融入建筑设计中，设计出的“有机建筑”更能融进自然生态环境。

4.2　建筑形体与建筑的功能

4.2.1　建筑形体的空间营造

从古至今许多建筑师都在建筑形体的造诣上不断探索，建筑物的外部造型能反映结构形式和内部空间。外部空间的处理，大部分建筑师主要靠形体去营造，需要内外空间综合考虑。但现代建筑构件越来越薄，内部空间的外部表现一般都是外部形体。

建筑形体应当是合乎逻辑的内部空间的追求，不应该脱离内部空间，把它当作目标来追求。成功的建筑设计功能和形体相匹配、整体统一，建筑功能特点能被形体间接反映出来。不同公共建筑都有独自的建筑性格，功能不同外部造型自然也不同，给人的体量感也不同。如居住建筑的立面大部分采用三段式，营造出亲切怡人的气氛及适于人居住的尺度，不同户型的形体的多样化给人不同的选择。

（1）主从分明、有机结合

大部分建筑体形的营造都是采用几何形体尺度的考量、组合、削减。这些要素在功能结构合理的基础上，把建筑有机结合起来，产生统一完整的作品。国外现代建筑在形体的设计上各有千秋，虽和传统的建筑形式大不相同，但都是遵循整体统一的原则。由此看出，和谐统一的整体使得各要素不能各自为营，需要主从分明。所以对于建筑造型，应在保证永恒不变的原则的基础上勇于创新。

（2）造型的变化与对比

形体组合大体上有三类变化，如方向对比、形体对比、直曲对比。在方向对比上指建筑体量的各要素具有一定的方向性，如通过不同的长、宽、高的尺度及比例对比来求得变化，可以改变各要素的方向感；形体上的变化可以利用各要素在形状方面的差异进行对比；巧妙地利用直和曲的对比，改善形体在建筑中的变化，使体量组合更加和谐（图 4–16）。

图 4–16
对比与变化

（3）凹凸和虚实的应用

凹凸、虚实在构成建筑形体中是相得益彰、相辅相成的。实的部分使整个建筑铿锵有力，虚的部分则使建筑有渗透感、神秘感。并把两者各自的特点进行对比陪衬，巧妙地结合在一起。建筑物的外观经过建筑师反复推敲，虚实结合，层次有序，整个建筑才能有整体感。在建筑的形体和立面处理中，虚和实缺一不可（图 4–17）。

4.2.2 建筑形体的组合方法

以独特的方式、方法给人感情上渲染和头脑上启迪的建筑堪称是成功的。在国内外建筑史的发展历程中，建筑形式也随着时代的变迁不断变化，几何形式处理的侧重点不断改变。抽象的建筑思想可以寄托在抽象的几何形体中，“加法”和“减法”是在体形组合上常运用到的方法。

（1）加法组合

简单而言，就是把简单的几何形体拼在一起，具有直观性是常用的手法。在组合方式上分并列式和穿插式两种；在形态表达上，有不同几何体的组合，

图 4–17
凹凸与虚实

图 4-18（左）
并列式
图 4-19（右）
穿插式

也有相似或相同几何体的组合。并列组合是互不干扰地把两个及两个以上的几何形体并列组合在一起，每个基本几何形体仍保持完整的原形，但整体有些松散感，这种组合形体之间相对独立，互不影响。穿插组合是互相交错的两个或两个以上的几何形体形式上咬合在一起，给人一种形体之间紧密结合的感觉，这种组合形体之间虽相互干扰，组合之间却十分有趣（图 4–18、图 4–19）。

加法组合在平面、竖向剖面上理智、自然地按照原定设想的功能序列规则排布在草图上，按照不同功能的面积大小画圈圈并进行功能上合理的排列，就是"功能泡泡图"。在建筑师在早期成长的阶段，这样的草图必不可少，对基本功的训练有一定的好处。当各部分功能空间的体量关系大致确定后，造型在建筑师的头脑中也基本形成，就是使用各种手法组合形体构成更整体、美观，符合建筑性格，用精简的造型语言表达出来。

（2）减法组合

减法是在较大的几何体上用切削、挖空、打散、分裂等手法削减建筑原有的体量，形成一个新的建筑形式。切削手法是将几何形体用规则或不规则的面切削掉一部分。挖空手法简单而言就是在几何形体中挖洞（图 4–20、图 4–21）。

减法与加法是相对的。从建筑师的思考过程中看，加法看似比减法更直接，但执行起来比减法难。意大利建筑史教授布鲁诺·赛维提出四维分解法，在《现代建筑语言》中，时间作为其中的一个要素，方盒子的房间就能分离成六个自由的平面——四面墙、顶棚、地板。布鲁诺·赛维合乎逻辑地设想了由平面构成空间向由曲线及自由形式构成空间的发展，这是最早荷兰风格派的理论。另外，点、线、面这几个要素尽可能以独立、清楚的形式出现，这是"平面构成

图 4-20（左）
切削
图 4-21（右）
挖空

理论”所重视的。以各要素之间的构成（凹凸、穿插、对比等）来传达其艺术表现力。“原型”的消失和新的组合方式的创立可以通过将原有的建筑形体进行分解，分解后的各构件通过一种偶然的方式进行重组。在赛维的构成理论和整个理论体系中，创作过程中减法的运用很成熟。再看重组的过程中，构件之间的关系根据其本身形态、空间的占有和相互之间的变化，从而表达出不同的语言，如严肃、跳跃、活泼和秩序等。

建筑作品把造型元素，如院、厅、廊等空间构成元素和墙、板、柱、门窗等实体结构元素重新表达为新的形式，并通过简练的建筑语言概括。格式塔心理学经验中的整体由知觉活动组织，虽然通过手法使局部残缺得到处理，但形象的整体趋向完整，人们在观察事物的时候，下意识会“视觉简化”，人的视觉思维仍会将它构成“完形”，物体的整体印象会更好地得到记忆。因此，蕴涵信息的精彩丰富之处就能通过局部的残缺表达出来。例如，传统的阳台由栏板和栏杆构成，如果栏板换成曲面，栏杆换成曲线，方向在有所变化，在进行一些穿插和分离，各种充满想象力的组合都会呈现。“实体要素由于其易获得性而变得不那么重要，各实体要素之间的组合关系自然取代了实体要素而居首位。”构成理论将推动建筑造型艺术向前推进，这种审美逐步被大众所接受，成为现代建筑艺术的一个发展前景。运用减法的信息，可以给予我们很多的启发。当代各个建筑流派受到减法影响，并且各种科学技术在人、建筑、环境中的应用得到深入的研究，都可以看到减法的身影。在进行造型设计，进行建筑形体组合时，应是多种手法并用，才能得到多样统一的效果，形体才能更富于变化（图4—22）。

图 4-22　建筑完形理论

4.2.3　建筑形体的功能要求

建筑的发展是一种复杂矛盾运动。各种矛盾因素贯穿于建筑的发展历程中，建筑师需要深刻认识错综复杂交织在一起的矛盾，才能做出深刻的设计。

（1）功能与使用要求

空间本身虽然看不见摸不着，但是具有使用价值，建筑形体同样具有艺术价值。采用工程结构方法，运用各种物质的材料，这些都是手段。人们对于建筑的使用要求，有它具体的目的和需求，这就是功能在建筑设计中的基础性作用。各类建筑的形式互不相同，由于功能的要求使每类建筑有其独特的性格，在形式上也是千变万化的。由于社会的不断进步，人们的需求不断提高，不同功能需求和类型的建筑也相继出现在人们面前。在满足人需要的同时也要满足整个社会的各种需要。

为此，建筑的形式和功能必定存在某种必然联系。所谓建筑形式主要是指它内部空间的表达和外部体形的展示，内部空间是外部空间形成的基础，外部体形也能间接反映内部空间的构成。探寻功能和空间之间的内在联系，最终要去研究单个房间的本质。

只有功能和空间的匹配才能满足使用者的要求，所以功能对于空间形式的规定性尤为重要。一座完整的建筑，各部分的功能是协调的，单个房间的安排也要处理得当。但功能对于空间形式的规定性和灵活性并存，因为空间的表达是多样性的。建筑功能设计的合理性，要依存于一种抽象、符合当时时代背景的绝对标准。

此外，应用发展的眼光看待建筑功能问题，建筑是随社会的发展而变化的，它应满足人们生活的基本需求，但各种要求又无时无刻都在发生变化，不是静止的、一成不变的。最终结果是新的空间形式对旧的空间形式的否定，功能的发展与变化是推进建筑设计发展的原动力。功能在建筑中处于支配地位。同时，空间形式的反作用也是很重要的，一种新的空间形式的出现，可能使新的功能需求得以满足，也可能促进另一种功能形式的出现。从古至今，建筑由低级向高级发展，包含了形式和功能两个建筑发展环节，这两个环节在否定和统一中相互作用，推动建筑事业的进步。

美国国家美术馆东馆的设计，贝聿铭用一条对角线把梯形建筑体量分成两个三角形。东南部是直角三角形，为研究中心和行政管理机构用房。西北部体量较大，以这部分作展览馆，呈等腰三角形，底边朝西馆。三个角上突起断面为平行四边形的四棱柱体。对角线上的两部分只在第四层相通。这种分割手法使建筑整体看起来为一个整体，虽然两个部分在体量形体上区别明显。展览馆和研究中心的入口造型是设计在一个进深比较大的长方形凹框中。入口开阔、引人注目，它的中轴线和西馆的中轴线在一条直线上，两栋建筑相互呼应，加强了两者之间的联系。划分这两个入口的是一个棱边朝外的三棱柱体，使两个入口既分又合，若隐若现的棱线，清晰透彻的阴影，形成虚实结合的表达。展览馆入口北侧的大型铜雕与建筑紧密结合，从位置、立意和形象上讲，锦上添花（图 4–23）。

（2）审美和精神要求

巨大的影响之所以能在人的精神上产生，主要是供人居住或使用的建筑能在精神上和人对话。因此，人们对于建筑精神方面的需求也是必不可少的。个别建筑类型如纪念碑、神庙、凯旋门，其形式取决于精神需求，而物质功能方面的要求较少。选择对称的形式，能营造雄伟、庄严的气氛，简单来说就是人们对于建筑的精神要求。

如仓库、堆站等这一类建筑和人的日常使用功能不是太紧密，与上面所描述的情况相反。这些建筑，其形式基本上取决于功能需求，精神方面的需求则很少。但一般的公共建筑和居住建筑在物质、精神上都要达到一定的要求，建

图 4–23　美国国家美术馆东馆

筑师在这两方面上都可以展现自己的能力，使这两方面协调与融合（图 4–24）。

空间体量由物质功能所决定，处在建筑设计的支配地位。一般的建筑都具有一定的艺术特性。普通建筑的原则是经济、实用、美观，建筑师的职责就是合理地处理好空间和功能、形体和秩序、整体和细部相融合的关系，使建筑总体符合对比与微差、统一与变化、均衡与稳定等基本原则。建筑师创造出的具有艺术性的建筑一定符合于形式美规律，但是符合形式美规律的作品不一定具有传统意义上的艺术性。所以艺术性和形式美属于两种不同的范畴。建筑艺术不能再现生活但能反映生活，最终表现出来的手段都需要依托于一定的空间、体量，这就是建筑艺术独特于其他艺术的方面，是一种抽象、象征性的艺术。一般情况下，运用比较抽象的几何体形来表现建筑师的思想，运用线、面、体各部分比例的分配、均衡的变化、对称的严谨、色彩的运用、质感的提升、韵律的统一和变化而烘托出一种理想中的艺术气氛，诸如肃穆、雄伟、开朗、幽雅、压抑、沉闷、神秘、惊恐、亲切、自然等。

立意总是要先于艺术，但依据建筑的特性，精神要求必须与功能需求相适应。建筑的个性就是建筑物的性格特征。每一座建筑都具有自己独特的形式和特点，因为每座建筑的功能性质不同，环境和地形的限制，设计者独特的构思和解决问题方法的不同。从现代建筑发展的规律来看，建筑形式还应和地域特征、时代背景相挂钩，有民族、时代风格的特性。

从另一个方面说，在建筑设计领域中个人风格是作者赋予建筑某种烙印的特征形式。国内外历史的长河中，统治者都善于用宗教来巩固他们的政治统治，宗教氛围的渲染需要宗教建筑的维持。宗教建筑在某些时期是需要为统治阶级服务的，需要反映统治阶级的意识形态。这表明建筑艺术和其他艺术一样，保护着经济基础，也是社会经济基础的反映，因而它成为上层建筑的一个组成部分。

中国古典木结构建筑，如宫殿的群体组合强调中轴对称的表现形式，王者居中、至高无上的皇权被体现出来。所以两千多年来的中国建筑形式的发展，主要是屋顶和一些构件造型的变化（图 4–25）。现代主义的开拓者勒·柯布西耶晚年设计的作品——朗香教堂，生动的表现形式和浪漫富有想象力的设计构思使后来无数建筑师赞叹、敬仰（图4—26）。

(3) 物质与技术手段

某种形式空间的形成需要结构力学的支撑和技术条件的发展为基础，我们的主观愿望不能凌驾于其上。由此可见，空间形式与造型的矛盾，在一定程度上讲是空间与工程技术的矛盾，结构也占很大一部分因素。功能是建筑首要的满足因素，有很强的自发性，带动其他因素的延伸。工程结构的发展，有一部分是功能需求推动的结果。在一定情况下，结构的发展随着社会的进步，相对独立性也很强。结构的发展一方面取决于施工技术的进步和结构理论基础学科的支撑，另一方面取决于材料科学的发展。

新的结构形式和体系同样推动建筑向前发展。新结构内在的和谐统一需要协调，需遵循结构力学的规律，在新的基础上要求新的材料和新的结构方法统一。传统的建筑形式需要扬弃，以积极的态度来对待建筑设计螺旋式上升的发展。新出现的材料与结构需要经过一定的实践，才能实现和建筑形式在一定程度上的完美融合。在国外的一些建筑实践活动中，意大利建筑师奈尔维的作品罗马奥林匹克体育中心，展示了谋求新结构和新形式之间的统一性。但是建筑的地域风格特征和民族特点需要去尊重，所以结构的作用不能过于片面夸大，不能认为结构决定建筑的一切，结构的合理就能代表建筑的美（图4—27）。

4.3 限制条件下的建筑造型设计

在建筑设计初期，建筑师对限制条件的认知以及各种因素的分析，对建

图4–24（左上）
工业仓储用房
图4–25（右上）
故宫鸟瞰图
图4–26（左下）
朗香教堂
图4–27（右下）
罗马奥林匹克小体育馆

筑发展走向的探索都会体现一个建筑师的能力，建筑造型设计很大程度上由此决定。建筑师对限制条件的深刻理解和整体把握，在一定条件下决定了建筑设计最终结果的成功与否，建筑造型设计受到客观条件的制约。因为建筑设计的创造活动是在各种制约下进行的，最终建筑师在设计中解决各类问题之后，找到一种平衡的状态，最终形态也会表现出来。成功的建筑案例中，大部分建筑师都是对限制条件反复思考并加以利用，并把限制条件变成有利条件，融入自己的手法和构思，最终达到设计期望。建筑方案设计的限制条件客观和主观并存，包括甲方的需求、地理位置和周边环境的状态等，在遵行硬性规定的基础上，发挥设计才能。

4.3.1 业主需求造型

业主需求造型通常是业主在设计之前和建筑师协商所提出的，建筑的造型设计与业主的关系密切相关。在整个建筑设计过程中，建筑师与甲方之间需要紧密沟通，大部分建筑师需要根据业主的需求来主导和完善整个设计过程，在整个过程中双方需要友好协商，最终完成一个好的建筑。

（1）不同类型业主分析

无论是法律的约束，还是从职业道德的角度去分析，设计的参与者都应有权力在设计过程中发出自己的声音。因此，扮演业主角色的人很多，包括甲方、使用者、管理者和受建筑影响的周边人群等。

在考察不同类型人群广义构成的过程中，能总结出他们对建筑造型设计的不同看法和需求：

1）开发者也是直接业主，大部分情况下是指拥有土地产权或使用权的人，他们是整个工程的所有者，对建筑设计的主导思路在整体上有相当多的主导权，他们对项目提出的要求有：建筑的性质用途、设计构想、经济成本、风格造型、成本资源和利益输出及后期发展等。

2）管理者指工程项目的经营或物业管理人员，他们从管理建筑的各方面或人员管理的便捷性出发，在后续管理上会提出一些要求和意见，比如管理制度的规定、经营方式的处理、设备是否运行正常、各方面的流线是否会流畅等方面。

3）使用者就是建筑落地后使用这栋建筑的人，良好的功能和舒适的空间体验是使用者的第一准则，他们会在这些方面有一定的要求，比如功能的舒适和多样性、建筑空间和室内外造型的处理、和其他建筑相比的独特性等方面。

4）群众指建筑落地并投入使用后，有形或无形受到其影响的人，可能是有利影响，也有可能是不利影响，这些影响可分为群众心理的变化，周边环境的改变，给当地文化、民土风情带来的影响等。

5）政府职能部门，作为行政者，需要依法对建筑的建设和使用方面进行监督和管理，包括的部门很多，其中对建筑提出的要求和监管的方面有交通安全管理、规划控制要求、市政基础设施、消防人防要求等。

不同角色的扮演者在不同情况下有双重身份。在一些项目中，甲方、后期的经营者和使用者是同一类人，在复杂的大型公建或居住建筑中，因为在它建造过程中和建成之后会在各个方面带来很多影响，业主委员会的形式就会出现，整个委员会最终会达成一致的意见，最终他们的诉求以合力的形式影响整个设计进程。

（2）业主与建筑师的关系

业主与建筑师之间的关系是相互依存、相互合作的。在确定建筑师后，业主通过建筑师来完成自己的预想、价值目标，建筑设计过程中要不断和业主协商，其作品的最终结果要得到业主的认可。在建筑师的创作过程中，两者的关系可以用以下几点来描述。

1）业主在建筑师创作过程中对其进行干预，但在一般情况下，干预和要求要在一定的建筑设计的规律内，其中包括经济条件的允许、设计周期的长短、使用功能的合理性、体量造型的美观、艺术倾向的趋势等各方面。建筑师在条件允许的情况下，要满足业主合理的要求，大部分业主在一般情况下都希望合理的投入资金得到相应的回报。

2）许多建筑设计师都希望自己的作品能完全体现出自己的设计构思，在这种情况下，和业主的利益可能产生冲突，为此采用协商方式解决矛盾是建筑师义不容辞的责任。在设计过程中，建筑师关于艺术创造个性有两面性，需要被建筑师合理地把握，同时需要被正确地理解。建筑师可以通过协商，阐述自己的思想，说服并让业主理解建筑师建筑设计的理念，两者最终达成一致，完成“坚固、实用、美观”的建筑作品。

3）业主与建筑师之间良好合作关系的维持，在整个设计过程中尤为重要。这种关系的维持需要双方不断地沟通、理解、协商和交流。

4.3.2 条件环境分析

从空间角度分类，建筑所处的环境可以分为宏观、中观和微观环境。宏观环境是指把建筑置于城市层面，从规划的角度看其是否符合地域文化特征；中观环境指建筑周边的城市肌理、路况等环境状况；微观环境是指建筑物所在基地内环境景观的布置和周边环境的状态，它们会给建筑设计本身带来有利或不利的影响，包括地形地貌特征和一些原有现状条件等。

在类型上分类，可分为自然环境、人工环境和人文环境。自然环境囊括的东西有很多，包括地理区位、地形地貌、气候状况、地质条件、水文状态、资源利用和植被覆盖等；人工环境涵盖了建筑基地附近的路况信息和周边基础设施是否完善的情况、经济投入、材料的运用、景观的搭配等，人应该对自然合理地改造；在精神意义上的环境形态就是人文环境，其中包括一定时期内的社会基本制度、历史传承、大众情怀、文化习俗、民族心理和建筑氛围等。

（1）宏观环境和造型设计

城市设计中包含的元素有城市规划中的路网结构关系、城市纹路肌理特征、历史沉淀下来的街道空间意向等。建筑师在进行造型设计之初应充分考虑建筑和周边环境的呼应关系，有的可以在设计过程中激发构思、进行更加完善的调整。但是不同的地方，建筑环境的形成在不同的历史时期有不同的特点。风格特征不同的建筑文化，在时间的积累、文化的沉淀、物质水平的不断提高的背景下，不同国家和地区的建筑造型设计，必不可少地要和地域特征相联系。当地建筑的传统造型和材料取用，独特的施工方法，再加上城市肌理和背景文化，都能激发建筑师的设计潜力，形成更完善的构思（图 4–28）。

（2）中观环境和造型设计

建筑建成后，在很长的一段时期内都会固定在某一地点，建筑师在设计之初就需要考虑建筑与周边环境的融合。一个地块内，如果规划师或建筑师考虑周到，建筑融于环境，久而久之就会形成这个地区的独特气场。一般情况下，建筑造型的设计要考虑城市肌理，要和其相匹配。每个建筑师在进行设计时，都会有自己独特的喜好、思想和语言，各种元素融会贯通，建筑师独特的思想就会在建筑上加以体现。街道的空间感、质感、韵律、秩序感，并辅以绿化和小品的点缀，一个完整的设计就会产生，建筑造型设计的前提要求或限制条件，为总体设计的确定和室内外空间开放闭合的需求、层次提供了基础（图 4–29）。

（3）微观环境和造型设计

因地制宜是从古至今都需要遵循的建筑设计规律，巧妙地运用好环境中的有利因素，使其成为设计中的亮点，并将不利因素降到最低，有可能的话把不利因素转化为有利因素。

1）地形。设计之初首先要充分观察理解地形，结合并顺应地形，充分利用地形的独特性，使建筑的造型和地形及周边环境充分结合起来。如果基地内有水景（或临近水景），可以作为有利因素，充分运用。为了获取好的水景，建筑的主要朝向应朝向水景。就外部因素对建筑设计而言，起决定作用的是景观朝向，把这个景观元素运用好，结合特定情景和环境进行对话的建筑一定会有独特的一面（图 4–30）。

2）气候。建筑造型在很大程度上也受到气候影响，比如南半球与北半

图 4–28（左）
城市路网影响城市肌理
图 4–29（右）
城市广场影响建筑形体

图 4-30（左）
因地制宜
图 4-31（右）
耐候性建筑

球的生存环境不同，欧洲与亚洲在气候上的差异。我国幅员辽阔，横纵向跨度很大，气候分区明显，共计有夏热冬暖、夏热冬冷、温和地区、寒冷地区、严寒地区五个热工设计分区。我国南方夏季炎热，北方冬季寒冷，导致了南北方的建筑在空间造型、建筑材料、建造方式上存在很大差异，如北京四合院是围合式布局，室内和庭院都比较宽大，能获得充足采光。南方傣族吊脚楼楼室高出地面若干米，潮气不易上升到室内，水也淹不到楼室上，具有防潮、通风、防虫等特点。除此之外，建筑师在进行设计时，也应考虑风、雨、雪等因素对建筑造型的影响（图 4–31），如我国东部与西部由于海拔、降雨量等差异，气候的变化也很大，为此江南传统民居多采用坡屋顶的形式，便于夏季雨水排流，而西藏碉房多为平屋顶，可作晒台，建筑墙体下厚上薄，外形下大上小。

3）技术。在建筑设计中结构的选型、材料的选用和表皮的表现等都与建筑技术息息相关，建筑技术可以影响建筑设计的方方面面，比如建造手段的选用、建筑材料的取舍、施工工艺的运用等。

①结构形式的选用与思考。随着现代建筑形式的发展，结构可以选用的类型也有很多种，砖混结构和框架结构是常用的形式。砖混结构建筑是墙体承重，在造型的完善上附加构件起支撑作用，和以前的雕饰艺术有同样的性质，整体是依赖结构的支撑，细部仰仗雕饰的精细。框架结构建筑是梁柱承重，立面上设计可以较为自由、灵活些，体量也可以更加丰富，在施工中，建筑表皮可以与结构相脱离，在造型处理上变化的多样性更能体现出来，不同的风格特征也能更容易地表现出来（图 4–32）。

②材料材质的取舍。现代主义大师勒·柯布西耶曾把表皮、体量和平面作为三个部分。建筑师用表皮把空间和体量包裹起来，对于大多数建筑而言，这些是建立在平面构图的基础上，材料和材质的选用是一个重要的环节。表皮在形式上可以分为重表皮和轻表皮。轻表皮是可以和结构分离的，装饰的灵活性很强，但技术性的运用也很强，装饰和功能作用并存。轻表皮的运用大多表现在建筑的立面形式所表达造型的形成，对于不同玻璃材料的运用，辅助的附件也能起到相当可观的作用（如进风百叶和呼吸幕墙）。幕墙的形成组成了面的元素，二层隐性表皮的横线条是幕墙显现出的楼板。幕墙材料的选用，增强

图 4-32（左）
建筑形式选择
图 4-33（右）
建筑表皮取舍

了横向感的视觉体验；块状面线条的表现，铝是很好的选材；传统的装饰感可以通过片木得到更好的强调（图 4-33）。

建筑设计师要综合考虑各种限制因素，充分利用对建筑造型有影响的限制因素，利用它们之间相互制约的关系，最大程度上把限制条件转变为有利条件，巧妙地利用。

4.4 现代建筑形体塑造的基本方法

建筑物的外部形体，不能凭空产生，建筑设计师完全随心所欲地做设计是不存在的。现代建筑形体塑造中带有普遍性和一般性的问题。所谓普遍性、一般性问题，就是不论哪一种类型的建筑都必须遵循多样统一的体量组合与立面处理。

4.4.1 主从分明、有机结合

建筑大都是由一些基本的几何形体整合而成，不论它体形怎样复杂。一个有机的整体都是由这些基础要素组成，但要在功能、结构合理的基础上，完整统一的效果才能被呈现。

杂乱无序和完整统一是矛盾的。秩序感的建立是体量组合的基础要求，完整统一的整合需要建筑设计师深入的思考。众所周知体量属于空间范畴，它是空间在平面和立面上的组合关系的呈现，体量组合的完整性在平面设计中需要有条理性与秩序感。柯布西耶在《走向新建筑》一书的提纲中就表达出“最根本的是平面布局”，“平面布局的杂乱就是缺乏意志，缺乏条理的表现”等论断，可以看出是他长期进行建筑实践并积累总结经验的结果。

主从关系的处理在传统构图理论中被十分看重，组成整体的各部分要素之间主从分明是基础，如果建筑师对待处理各要素的手法平均用力，做出来的建筑则毫无生气，一个统一的整体就不能被创造出。国内外的传统建筑，对称形式的建筑居多，主从关系也较明显。传统的对称形式的建筑，中央部分占的分量很足，两翼则起衬托烘托作用，把建筑重要功能的部分安置在总体构图的中央，以此来突出中央，整个建筑的设计重心就会向中间移动，从而起到支配两翼的效果。立面上可以用很多手法来突出主体，在体量组合中，中央部分都是设计重点，大部分都是较大或较高的体量占主体地位，少数特殊形状的建筑通过削减两翼从而加强中央。

主从分明的构图在不对称的建筑中也同样适用。与对称组合中的体量组合相反，在不对称建筑构图中，各要素间需要统一均衡，有时候很容易把构图重心偏于一侧。突出建筑主体的方法和处理对称形式大同小异，基本手法也是对建筑的主体部分进行更加深入的设计，加大它的体量或以特殊的形状突出主体部分等，使建筑的整个构图主从分明（图4–34）。

主从关系确定后，主从之间良好的连接处理也是很考验建筑师功底的，在一些功能多样、体块穿插组合复杂的建筑中，要通过各种手法巧妙地把各个要素串联成一个有机的整体，就是“有机结合”。有机结合是指在整个构图过程中，以及组成整体的各要素之间，通过一种相互依存、制约的状态，不经“刻意”设计雕琢的秩序感。

在讨论主从分明和有机结合问题时，总离不开这样一个前提，即整体是由若干个小体量结合在一起的。国外某些新建筑，传统六面体的空间概念在空间组织上被打破了，进而发展成为在一个大的空间内自由、灵活地分隔空间，反映在外部体量上和传统形式很不相同。传统的形式比较适合于用“组合”的概念去理解，但对于某些新建筑来讲，则适用于以“挖除”多余部分的概念去理解。“组合”中有相加的含义，“挖除”则有相减的含义。

可以看出，建筑师用相加的手法设计出建筑的整体，若干的部分是可以被分解的，主从的差别在各要素之间可以被呈现出。用削减、切割等方式改变体块，通过前后、阴影、虚实等形式突出主从间对比，可以丰富其空间层次与形式，保证其完整性，实现用相减的方法形成整体。现代国外许多新建筑，在传统的建筑形式上加以改进，形体组合手法上的运用和理解也各有千秋，但完整统一的根本原则被广泛遵循。

4.4.2 体量组合中的变化与对比

内部空间质量的好坏能从体量上反映，大部分大体量的建筑，其功能都是复杂多样的，内部空间的差异性也很强，在外部体量的空间组合上表现得也很明显。建筑师要利用好各元素差异性的对比，以求多种形式的变化，避免单调。

体量对比组合在三个方面能够体现，即方向、形状、直与曲之间的对比。首先是方向上的对比，也是最常见到的，每个体量的基本元素之间的关系，比如长、宽、高之间的比例不同，在三维上都有各自的方向性，因此方向性之间的对比，各组成元素的方向可以交替变化，在对比上求变化，在变化中求发展。大部分建筑的方向性，通过三个向量之间的变换进行对比。在笛卡尔坐标系中，这三个向量分别为：与 X 轴平行；与 Z 轴平行；与 Y 轴平行，前两者给人横向的视觉感，后者给人竖向的视觉感，灵活多变地在各体量方向性上进行探讨深入，可以呈现良好的效果。

建筑的形体构成大部分是通过形状各异的体量整合而成，将可以利用的各要素在形状方面的差异性进行对比以求得变化。相较于方向性的不同，形状之间的差异经常让人更加注重，形状规则的建筑形式被人们所习惯接受，独特的围合形式常常会带给人们眼前一亮的感觉。建筑设计工作者应该知道，特殊形式的内部空间决定了特殊形状的体量，但是建筑内部空间采用某种特殊的形状，其成功与否还要依附于功能。功能的合理性是建筑设计的基础，建筑师在进行体量推敲时应找到功能和造型间均衡的合理点。显而易见，形状各异的体量整合而成的建筑造型很多情况下会吸引人的眼球，但秩序性则可能因为互相之间关系协调而很难达到完整统一的效果，需要建筑师有很深厚的建筑设计功底。所以，对于体量组合的整合变化，建筑师应更加深入推敲各部分体量的比例，研究各体量之间的衔接关系。

建筑师在进行体量推敲时，常运用直线与曲线的对比手法。普通体量大部分是由平面围合而成的，面面相交线是直线；特殊的体量在一些部分由曲面结合而成，面面相交是曲线。两种不同的性格特征在这两种线形中能体现出来，直线能给人的感觉是直接有力，其特点是刚劲、肯定；曲线是具有运动感和跳跃感的，其特点是柔和、活泼。因此，建筑师在推敲体量，整合其关系时，直线与曲线的对比如果能运用得当，建筑形体更能给人视觉冲击（图 4–35 ~ 图 4–37）。

图 4–34（左上）
主从有序、有机结合
图 4–35（右上）
上直下曲
图 4–36（左下）
曲直相交
图 4–37（右下）
外曲内直

4.4.3 稳定与均衡的考虑

图 4–38 西安大雁塔

黑格尔在其创作的《美学》中，把建筑比喻成“笨重的物质堆”，因为在黑格尔所处的时代，大部分建筑是用大块石头堆砌的，看起来十分笨重，这样建筑形体能给人安全感。在这种观念下，稳定与均衡就显得十分重要。

稳定，例如埃及的金字塔，是下大上小的正方锥体；或是我国西安的大雁塔，整体的立面造型是由下向上收分的，层层叠缩的阶梯状营造出雄伟、稳定的感觉（图 4–38）。西方古典园林建筑的营建，大多情况下也是遵守这种原则的。

但是在建筑发展的长河中，没有哪一个问题像“稳定”那样，随着技术的发展，以致使某些现代的建筑师把以往确认为不稳定的概念当作一种目标来追求。他们一反常态，或者运用大尺度悬挑；或者运用底层架空的形式，把巨大的体量支撑在细细的柱子上；或者索性采用上大下小的形式，干脆把金字塔倒转过来。由此可知，在一定时期内，技术条件的发展能影响人的审美观念的改变。在古代，由于采用砖石结构的方法来建造建筑，因而理所当然地应当遵循金字塔式的稳定原则。可是今天，科学技术飞速发展，传统观念所约束的想象力逐渐被放开。如底层架空的形式，既遵守力学的规律，也会使人产生安全的围合之感，对于这样的建筑形体人们已经欣然接受；也有少数建筑似乎在有意识地追求一种不安全的新奇感（图 4–39）。

建筑师在进行体量组合时，也应重视建筑均衡的原则。建筑体量是由具有重量感的建筑材料砌筑或搭接创造出来的，达不到均衡的原则，就会在视觉上给人畸形、失调等不舒适感。著名的国内外建筑的形成，均衡的原则是大部分建筑师在进行建筑创作时都应当去考虑的。

建筑师在整合传统建筑体量的时候，均衡的原则有两大类：

（1）对称形式的均衡，给人庄严之感，严谨、肃穆。

（2）不对称形式的均衡，给人活泼之感，灵活、轻巧。

建筑师在建筑设计时考虑建筑的均衡性，需要全面地考虑建筑的功能需

图 4–39 不均衡感与力学完美结合

求、建筑性格以及城市肌理、地域特征等。

大多国内外传统形式的建筑都可以用对称、不对称均衡的道理来阐述，现代新形式建筑有的则不能用其来表示。例如，贝聿铭设计的美国国家艺术博物馆东馆，用传统的均衡原则，看似不均衡，但设计师用的手法更加精深、巧妙。均衡都有一个相对性，对称或不对称的传统建筑，一般情况下都有一条强烈的轴线作为参照线，均衡中心的表达就由其来表现，所谓均衡就是对它来讲的。现在的一些建筑现象，传统均衡的空间组合被它们抛弃，轴线的概念被淡化，中心失去了均衡的原则就被打破了。另一方面，在传统的立面处理上，均衡的原则被表达得淋漓尽致，正立面表现得尤为突出，这在感觉上就是静态方面的均衡。建筑师从各个方面出发，希望在视觉上创造出运动的连续性，在这个过程中遵从均衡的原则。这种设计手法，把立面设计和平面设计结合起来，从宏观上来探讨，这就是建筑师所考虑的三维空间的动态平衡。一般情况下均衡的状态都有一个中心点作为参照，大部分国内外传统建筑的均衡中心点在立面的表现上居多，而现代的新建筑均衡的表现在空间上运用居多，显而易见，后者的处理比前者的考虑要全面得多。因此，建筑师在对建筑体量进行整合研究时，如果只从建筑的某个立面表现来用均衡的原则进行判断，最终的整体效果往往很差，通过建模的手段全面地探讨均衡原则在建筑各个方面的应用，这种方法产生的效果较好。

4.4.4 外轮廓线的处理

建筑形体给人的第一反应就是建筑物整体的外轮廓线，能给人留下深刻的印象。最突出的是，当人们距离建筑较远时，有时在晨曦初照、黄昏日落、雨天阴沉、雾天朦胧和逆光等条件的影响下，建筑物的外轮廓线在视觉上更有冲击感，因为建筑的构件和内外空间在天气的影响下变得凹凸曲折，整体给人相对模糊之感，外轮廓线的视觉冲击更为显著。所以，建筑师在体量及立面设计的考量上，应把城市的整体轮廓线和单体建筑外轮廓对城市整体的影响考虑进来（图 4–40）。

在我国古代，传统建筑屋顶形式的造型和组合变化十分多样。屋顶的形式不同，外轮廓线也不同，曲线的应用也掺杂其中，转折关键部位的仙人、走兽、兽吻起到强调作用，外轮廓线的表现给在远处观察的体验者一种视觉盛宴。

类似于中国传统建筑的手法，在古希腊的建筑中也不乏先例。在古希腊神庙的建筑设计中，立面山花上的正中和两端部分也有坐兽和雕饰的装饰，这和我国古代建筑中的仙人、走兽所起的作用极为相似，如果说是巧合，毋宁说是给建筑的外轮廓带来相应的变化。

在我国建筑发展的历史进程中，匠人们的营造思维和智慧，是值得思考和借鉴的。如北京的火车站、民族文化宫、中国美术馆等建筑，外轮廓线的处理，大体上是沿用传统的形式。但是由于人们审美要求的变化，日趋简洁的建

图 4-40　中西传统建筑外立面

筑形式逐渐被人们接受，轮廓线的变化只通过处理细部装饰的手法的可能性几乎不可能。所以，从宏观的角度推敲建筑物的外轮廓线才是正确的方法。在现代建筑中，建筑师应该通过研究建筑物体量的整合推敲整体轮廓线变化，过度地在繁琐的细节上沉浸是不可取的。

所谓“国际式”建筑风格出现以后，形体上看起来由不同方盒子组成的建筑物如雨后春笋般出现，因此建筑的外轮廓线就看起来利索简洁，和古代建筑相比，缺乏曲折起伏的变化，但近现代的建筑设计对外轮廓线的处理也很重要。同时，由方盒子组成的建筑体形，处理得不好，往往使人感觉单调乏味，处理得巧妙，则可以获得良好的效果。这表明现代建筑在宏观表现上，形体的处理，轮廓的表达，看似比较简单，建筑师在设计上可以通过体量的整合与推敲使轮廓线的大环境下更有秩序协调感。以某些高层建筑为例，主体结构的设置可以用一个火柴盒子来比喻，建筑师经常运用的手法是在建筑屋顶上做局部凸起的部分，可以是符合功能的电梯机房或其他公共设施的附属房间，这对打破轮廓线的单调感起到很好的作用（图 4–41）。

4.4.5　尺度与比例的思考

建筑师无论是在建筑的宏观考虑上还是局部的考察上，都应融合建筑功能、结构材料和艺术审美，从而推敲出符合建筑的大小和尺寸。

图 4-41　“国际式”建筑风格

建筑整体的比例关系在整个设计的过程中应先考虑处理好。简单来说就是从体量整合的角度深入研究建筑在三维空间和各元素之间的比例关系。建筑师对于内部空间的表达是对体量考量的诠释，对内部空间形式和尺寸的把握离不开功能的要求，因此建筑物基本体量比例关系的完善离不开和功能的结合，建筑师要把功能和形式整体结合去对待设计。建筑基本体量的比例关系受到功能制约，如某些大空间建筑如体育馆、影剧院等，它直接反映了建筑的内部空间，而内部空间三维参数的功能要求都具有比较确定的尺寸，比例关系基本被固定在总体的设计上。在这种情况下，建筑师随意地改变这种比例关系是不太可能的，但可以运用设计手法把空间进行灵活的组合，如人民大会堂由于功能需要，建筑规模较大，高度也要考虑与故宫的整体高度相匹配，建筑的整体造型比例应该是偏瘦长的，但是建筑师把立面划分成若干份来设计，从视觉效果上化整为零，从视觉上把建筑的比例关系进行调整，使建筑立面比例的舒适度得到了改善。其他如拉长或缩短建筑物的长度；提高或降低建筑物的层数；把"一"字形平面改变为"Π"字形平面等，都可以改变基本体量的比例关系。

建筑师在推敲建筑三维空间的体量组合关系时，对内部空间分割与整合的处理是不可忽视的。内部空间的分割对体量局部与整体的关系起很重要的作用，最后展现出的整体比例效果受分割的影响，如三维参数一样的体块，在第一块上用竖向分割；在另一块上，用横向分割，那么前者给人的感觉是高一些、短一些，后者给人的感觉是低一些、长一些，建筑物的整体比例关系的完善可以利用墙面分割的手法来解决问题。

建筑师在考量内部空间比例分割时，应抓住大的关系。首先要掌握好建筑物内部空间大的比例关系，如前期内部空间的比例关系处理不当，会很大程度上影响外部造型，后期细部处理得再好也白费功夫。

建筑各构件的比例关系是相对的，构件之间的比例调整与变化需要相互协调。如一个长方形大小、形状不变，通常来讲比例就确定下来，相对度量关系也就确定下来。绝对度量的关系就是尺度，作为不确定的因素而存在，大小可随意改变，其尺度感是无从显示的。但经过建筑师用建筑手法进行处理，体验者就可以从中体会到某种度量的"信息"。

在建筑尺度的处理上，许多要素都需要推敲。在众多要素中，窗台的尺度造型如果处理得当，就能为建筑物的整体比例协调增添不少色彩，在一般情况下，窗台高度在一米左右，这是明确的，它就像一根参考线，整体的大小可以通过它"量"出来。但是窗户的尺寸就可以灵活多变了，处在不同的层高上，大小的变化在一定的规范内可以依据建筑师的设计思路进行调整，窗户这种不确定因素很灵活。比如建筑师在立面处理中经常会遇到这样的情形，一幢建筑物部分层高很低，部分层高很高，处理不当的话，其结果是使建筑整体效果比例不协调。这种问题的出现，在部分情况下是窗的尺寸、位置考虑不当造成的。建筑师在进行设计时，应根据功能和整体效果的需求，对不同形式窗的采用进行挑选，各不相同的建筑整体尺度感才能够正确显示（图 4–42）。

图 4–42　建筑门窗尺度与比例

建筑的细部处理在整体视觉效果上起到很好的作用。建筑师在进行设计时，最忌讳的是把一些原有的细部要素按比例放大，对传统的雕饰、纹样的样式一定要尊重，有些传统的尺寸比例概念已经在人们的潜意识中形成固定的审美模式，一旦不经深入思考而去修改，不正确的尺度感就会让人感觉到不舒适。如 1949 年后建造的某些大型公共建筑，本来的意图是想获得一种夸张的尺度感，但是许多细部又是传统纹样的放大，结果是事与愿违，反而不见得大。

4.4.6 虚实与凹凸的处理

建筑形体在构成的过程中，凹、凸的处理及变化，相互依存，互为衬托。如窗是虚的部分，建筑物内部的空间及结构可以通过它若隐若现地渗透出来，建筑师如果把窗的效果处理好，会给体验者轻巧、通透、玲珑的感受。墙、垛、柱等在建筑当中充当实的部分，作为建筑构架中不可缺少的构件，起支撑作用，结构美也能从视觉当中表现出来。建筑师在对建筑的形体造型和立面效果的处理中，虚实的光影和造型变化是必不可少的。实的部分是建筑铿锵有力的部分；虚的部分是建筑柔软轻灵的部分。建筑师如果把凹、凸和虚、实在建筑整体上处理得当，它们之间就能相互陪衬、相互对话，建筑物才是一个有机的整体，是一个秩序和谐的作品（图 4–43）。

虚和实的变化是灵活的，在不同的建筑中，占比视具体情况而定。结构的选型、功能的需求和审美的要求对虚实的处理产生影响。古代传统砖石结构门窗开口的尺寸受结构的限制，实的部分占大多数。近代结构逐渐多样化，以最普遍的框架结构为例，其进一步突破了传统结构的限制，窗户的尺寸可以在很大程度上进行调整，位置可以更加自由灵便。为建筑虚、实的关系处理创造更加广阔的基础。现在幕墙玻璃在高层建筑中被大量应用，结构上运用简单的框架结构就可把高百米左右达到几十层的高层建筑在半空中支撑起来，虚的表达展现得淋漓尽致。

从功能方面讲，有些建筑由于不宜大面积开窗，因而虚的部分占的比重相对少一点。如博物馆、电影院、仓库等公建对采光的需求不是很高，整体窗的比重就占得很小。大多数建筑由于采光要求都必须开窗，因而虚的部分所占的比重就不免要大一些，它们或者以虚为主，或者虚实相当。

建筑师在对建筑造型和立面进行设计时，对比变化的应用必不可少，虚、实双方应和谐统一。因此，建筑师在前期考虑功能划分时，就应考虑建筑虚实部分的处理，有些部分虚为主，有些部分实为主，虚、实相融，虚中有实，实中有虚。最后，整体的构图效果虚、实有序，局部上虚、实的对比也有亮点可寻（图 4–44）。

建筑师对虚、实之间巧妙地相互穿插对建筑的光影效果起到很强烈的作用。比如实的部分透着虚的部分，虚的部分中插入实的片段；或在大部分虚的部分中用实来点缀，若干实的部分被有意识地分配。虚、实两部分融合、穿插的情景，在整体构图上形成美好的画面。

图 4-43（左）
建筑凹凸处理
图 4-44（中）
建筑虚实处理
图 4-45（右）
建筑光影处理

建筑师在设计时把虚、实与凹、凸等关系一起结合来思考，巧妙地用手法把它们连接在一起，虚实的对比取得光影的效果，凹凸的变化对建筑的造型丰富起重要的作用，建筑的体量感就能凸显出来。另外，在建筑造型的处理上，向外凸起或向内凹入的部分，在阳光的照射下光影的变化十分突出，烘托出某种神秘的气氛（图 4–45）。

国外某些建筑在虚实、凹凸关系的处理上，两者之间的对比十分强烈，某些高层建筑运用架空的手法，使底层有一定的安全感，也提供了一定的开敞空间，作为公共空间，上下之间的虚实给体验者不同的感受。比如在一些旅馆的设计中，连续挑阳台的运用和带形窗的连通，整个建筑虚实、凹凸等元素表现得很清晰，对比感强。有的展览性建筑，运用片墙的手法将建筑围合起来，把片墙的某些部分挖空，使参观者可以透过片墙感受到基地内部的氛围。

建筑物体积感的加强可以通过建筑师巧妙处理建筑的凹凸关系达到。建立在砖石结构基础上的西方古典建筑，墙壁厚得惊人，从外观上看必然具有很强的体积感。近现代建筑则不然，由于材料的强度和保温性能空前提高，一般墙体的厚度会减薄许多，如果不深入思考处理，墙体自身厚度的真实性，势必使人感到单薄。因此，某些国外的建筑设计师通常利用建筑的凹凸关系来表达建筑物的体积感。手法多种多样，最常用的是把门、窗开口的设置深挖到外墙的面以内，里面的纵深感和层次感得以体现，增加了墙的厚重感。

4.4.7 墙面和窗的组织

不论建筑规模的大与小，通常一幢建筑立面上有许多窗洞。如果窗洞都是奇形怪状、又杂乱地分布在墙面上，就会形成混乱不堪的构图。但是，只是重复一种开窗形式，会造成呆板和无趣的场面，这些情况都应该被避免。墙面的处理要综合考虑墙、垛、柱、窗洞、槛墙等各种要素，经过调整，设计出有条理、有变化、有秩序的建筑立面，韵律感和独特性相统一，立面整体的和谐统一性也会体现出来（图 4–46）。

建筑师不能孤立地进行墙面处理，其中层高的变化、室内空间层次的划分、结构的选型对墙面的处理结果起到很大的作用。在进行墙面处理时，充分利用内在要素的规律性是必要的，在造型的美观和结构的处理上要达到统一。功能要和结构相统一，承重结构的样式需要去探索，如柱网和承重墙在纵横两个方向上有规律的布置，为有秩序感、韵律感的墙面效果打下了基础。

图 4-46　建筑窗墙处理

建筑师在对墙面进行处理时，最常用的方法就是用完全均匀的手法排列窗洞。很多建筑由于开间、进深和层高都遵循一定的模数规律，结构网络的整齐一律的规划布置也比较多，窗洞在大多数情况下排列得整齐、均匀。用这种手法来处理墙面，常常给人单调的感觉，在处理手法运用得当的情况下，如把窗的处理和墙面上其他的构成要素有机结合起来，也会呈现良好的效果。有些建筑开间虽然相同，但为了功能灵活多变，层高是变化的，在这种建筑特性下，大小之间的变换组合可以更灵活些，比如一个大窗与若干小窗的排列组合可以使立面效果更富有特点。这不仅反映了内部空间和结构特点，而且又具有优美的韵律感。北京火车站两翼部分的墙面处理就是一个比较典型的例子。在这里大窗和小窗的比例关系是按 1 ： 4 安排的，在一定情况下能反映出建筑性格，又不失建筑的真正尺度。

另外，窗洞双排成对的排列方式也能达到良好的效果。如某些办公建筑的立面处理，窗洞的位置偏于开间的一侧，这样布置的话，每两个开间可以组成一组，立面上的效果就会丰富，窗洞就会重复出现两两成对的形式，韵律感的表现也很强。

有些建筑师在运用墙面处理的手法上，并不过分强调单个窗洞的变化，而把几何组织和方向感的推敲作为整个墙面的设计重心，从整体来考虑，韵律感也能得到很好的表现。如有些建筑竖向感较为强烈，在尽量缩小立柱间距的情况下，做到上下连通，此时窗户和槛墙尽可能地在立柱内侧，凸出的立柱可以在竖向感的表达上加强。有些建筑强调横向感。这种建筑立面的处理手法是连成带状的窗洞，在尽可能缩小立柱截面的情况下，强调横向感；或者对横向连通的遮阳板与带形窗槛墙在水平方向上进行虚实对比，加强横向感。竖向感的强调，给人挺拔、俊秀的感觉，让人兴奋；横向感的强调，给人亲切、宁定的感受。综合运用这两种处理手法，韵律感的跳跃与交融就会表达得十分清晰。在我国南方，为了遮挡日照，降低室内温度，在窗外纵、横方向都设置遮阳板，韵律感的表达十分强烈（图 4—47、图 4—48）。

墙面的处理和开窗形式的变化极其多样，这里很难尽述。特别是国外某些新建筑，突破常用的手法而极力追求新奇的凹凸、光影、虚实等的对比和变化，国外建筑师这种敢于创新的精神，对于我们是很有启发的。

图 4-47（左）
横向长窗
图 4-48（右）
竖向长窗

4.4.8 色彩、质感的处理

直接影响视觉艺术效果的因素，可以从三个方面进行考量，即形、色、质。建筑师在建筑设计中，空间与体量的推敲组合是形，而表面和立面的处理是色与质。设计者往往对形的研究比较深入，在形体体量组合基本确定之后，才对色与质进行处理，所以现在许多建筑在色与质的处理上不太重视，最后建筑的整体效果不是太理想。

在建筑的色彩处理上，强调和对比是互相对立的范畴。从西方古典建筑的角度来看，因为砖石结构的缘故，朴素淡雅的色彩居多，调和的作用很明显；在我国古建筑中，屋顶的形式大部分是木构架的，在色彩的处理上十分大胆，色彩亮丽，对比感比较强烈。强烈的对比会让人产生兴奋的感觉，调和会给人平和的感受。

灰色常被人称为“万全的颜色”，任何颜色都可以与它相调和。过度使会使设计在色彩方面趋于平庸。在《阳光与阴影》一书中美国的建筑师马瑟布劳亚曾指出：“黑与白的矛盾可以用灰的色调解决，虽然很容易，但我不满意。天空的雾气迷蒙不是阳光与阴影的统一，黑白的对比也是需要的”。从马瑟布劳亚的话不只适用于对色彩的处理，但对色彩的处理进行描述是很恰当的。在色彩处理与应用上，我国在对古建筑的处理手法上大部分是从对比中寻找统一。例如，传统江南民居的屋顶经常是粉墙青瓦的做法，在色彩处理上，色彩的韵律感和对比性是耐人寻味的。

我国古代建筑匠人对色彩处理的思想、精髓，是现代建筑师应当学习的，盲目地模仿、抄袭是不可取的。我国传统建筑的对比与色彩的处理和现代新形式的建筑之间相比，前者大面积地运用低明度的色彩，明快的氛围很难被渲染出来。1949 年后许多大型公建的建成，在色彩处理上对传统的手法进行了改进，但整体的色调以白、米黄等浅色调居多。从其他方面来说，现代建筑和传统建筑的色彩处理有异曲同工之妙（图 4-49）。建筑师用不同的色调来改进、突出建筑的性格特征，可以加强对比统一性；也可以通过对色彩的运用，使其交融穿插，最终起到调和的作用，色彩间的呼应也会更加强烈。

建筑色彩和建筑材料的关系十分密切，我国古典建筑以金碧辉煌和色彩瑰丽而见称，当然离不开琉璃和油漆彩画的运用。1949 年后新建的大型公共建筑，除琉璃外还运用了大理石、面砖、水磨石等新的建筑材料。但总的来讲我国当前的

图 4–49（左）城市建筑色彩
图 4–50（右）建筑材料质感

建筑材料工业还是比较落后的，还不能提供优质而色泽多样的建筑及装修材料。这在某种程度上确实影响到建筑的色彩、质感效果。不过我们也不应当以此为借口而放松对色彩的研究。在一般情况下，建筑师如果能对建筑材料深入地研究和推敲，同样可以达到令人满意的效果。现代许多住宅和公建，使用的大多是钢筋混凝土、砖石、抹灰等常见材料，建筑师通过色彩和质感的巧妙组合与变通、融合和交织，使人们眼前呈现律动之感（图 4—50）。

材料表面包含色彩和质感两种属性，在一般情况下两者要一起讨论。但色彩和质感属于两种不同的范畴。色相之间、明度之间和纯度之间的对比是色彩的变化和差异；在糙细之间、刚柔之间和纹理之间的对比是质感的变化和差异的体现。建筑师在进行设计时，对色彩和质感的敏感度需要提高，最终达到自己的设计目标。

现代建筑大师赖特对于各种材料的运用，质感的对比，都有十分深刻的理解。他熟悉各种材料的性能，善于按照各自的特性把它们组合成为一个整体并合体地赋予形式。赖特在他的设计中，经常运用粗糙的石头来进行建筑设计。建筑外立面经常用没有经过打造的木材等天然材料的对比效果来表现大自然的美，同时再辅以混凝土、钢等现代建筑常用的材料，人工材料和天然材料巧妙的融合，整个建筑会更加有情趣和特色。在他的众多设计中"流水别墅"和"西塔里埃森"都是运用材料质感对比而取得成就的范例。

对于质感的处理，可以利用材料本身所固有的特点达到某种效果。另外，建筑师用人工的方法也可以创造出独特的质感效果。比如美国建筑师鲁道夫常用带有竖楞，像"灯芯绒"式的混凝土来建造墙面，用人工的方法创造出质感，从而达到装饰建筑的效果，实现另一种趣味感。

建筑材料可以直接影响和限制质感的效果。在古代，人们大多运用天然材料并通过加工来营造建筑，在有限的范围内进行选择，在质感的处理上具有局限性。随着时代的发展，每当一种新材料出现，在质感的处理上就会存在一种新的可能。到目前为止，建筑材料的更新越来越快，质感的处理也更加多样化，随着新的建筑材料的不断出现，不同类型的建筑可以采用各种不同物理性质的材料，在外观造型上也更加吸引人的眼球。如镜面玻璃作为建筑表皮一经面市其闪闪发光的特性就非常吸引眼球，许多建筑师对这种新材料极力推崇，崭新的建筑形象就此诞生。据此人们甚至根据建筑奇特的质感“光亮”而把这些建筑师当作一个学派——“光亮派”来看待。这表明质感所具有的巨大表现力，同时也说明材料对于建筑创作所起的巨大推动作用，由此看来材料工业在迅速发展的同时，对质感的运用来增强建筑的表现力，具有十分广阔的前景（图 4–51）。

图 4–51　建筑“光亮派”

4.4.9　装饰与细部的处理

装饰在建筑设计中所占的分量，在不同的时期有不同的观点和说法。就算处在一个时代里，每个建筑师的教育经历、思考方式、偏好不同，做出来的设计自然而然也不同。19 世纪时，建筑理论家拉斯金在《建筑七灯》中指出装饰是区别建筑与构筑物的主要因素。可是在他之后的建筑师则指出建筑美的基础在于处理建筑的理性，把表面外加的装饰废弃，认为其是不必要的。美国著名的建筑师赖特却不这么认为，不仅在作品中利用装饰效果，并认为“当它（指装饰）能够加强浪漫效果时，可以采用”。事实上，关于装饰在建筑中的地位和作用的争论，直到今天仍然没有终止。在国外所谓的后现代建筑师，虽然观点、风格不尽相同，但对于装饰都表现出不同程度的兴趣。

不同的时代的争论都在不断反复进行，装饰在建筑中的地位和作用也逐渐出现。从总的发展趋势看，空间、体量和形体的组合和运用是建筑主要的艺术表现力；比例关系的匀称是运用在整体与局部之间的手法；色彩与质感的整体处理效果，只是沉醉于繁琐的细部装饰是不可取的。但用适当的装饰来增加艺术表现力，烘托氛围有时也能起到点睛的效果，装饰也应和建筑的各个方面有机地结合起来，成为建筑真正的一部分。

从建筑的整体来看，装饰属于建筑的细部处理环节。建筑师要从全局出发考虑装饰，它既从属于整体，是整体的一个部分，也是独立于整体的装饰，即便单独看很完美，也会产生负面的效果，本身越独特，就越不和谐，就会大大破坏建筑的整体统一性。建筑师对于装饰的处理，就是为了实现建筑整体的和谐统一，就装饰的样式来说，比如雕刻、绘画、纹样、线条等需要仔细考虑；对于装饰的构图、凹凸、色彩和质感也是必不可少的考虑因素（图 4–52、图 4–53）。

装饰在结合建筑物的功能性质和性格特征的情况下，达到其象征意义，例如毛主席纪念堂中所使用的向日葵、万年青、松柏、花环等，都可以借助其象征意义而突出建筑物的性格，但这并不是说凡装饰必须具有象征意义。牵强附会地用装饰作象征，反而会弄巧成拙、甚至使人产生厌恶的情绪。

装饰纹样的表达，包括图案设计，和建筑的发展一样，继承与创新两者间的抉择值得思考。装饰纹样在我国传统建筑中不断发展，给后辈们留下了十分宝贵、丰富的资源，中华人民共和国成立后新建的许多大型公共建筑都不同

图 4-52（左）
建筑石雕
图 4-53（右）
建筑彩画

程度地从中吸收了有益营养。但是应当看到如果原封不动地搬用，必然会与新的建筑风格格格不入。为此，还必须在原有的基础上推陈出新，大胆地创造出既能在时代的特征上作出反应，也能和新的建筑形式相统一的装饰风格。

合理的尺度感是十分必要的，在各种纹样的装饰处理上，极端的处理手法都会有损正常的尺度感，达不到整体统一的效果。所谓“过于”主要是对人们习以为常的传统形式而言的，比如卷草和回纹的图案，在传统建筑中都有一个尺度范围，超出这个范围，如同低劣的舞台布景中所经常出现的情况那样，就不免使人感到惊讶。尺度处理还因材料不同而异，相同的材料，如果是木雕应当处理得纤细一点；如果是石雕则应当处理的粗壮一些。再就是要考虑到近看和远看的效果，从近处看的装饰应当处理得精细一些；远处看的装饰处理需要看起来粗壮一些，要考虑到近看或远看得效果（图 4—54、图 4—55）。

丰富多彩的建筑装饰形式，除了装饰造型，如雕塑、壁画、纹理等之外，其他的如线条装饰、网格窗、漏墙等装饰形式也都有很强的修饰意义，所有各部分都应认真地推敲研究，最终达到整体协调。

图 4-54（左）
建筑木雕
图 4-55（右）
建筑砖雕

第二篇　公共建筑设计

第五章
托儿所、幼儿园建筑方案设计

随着时代的高速发展，社会经济生活全面进步，人们对儿童的生活给予了越来越多的关注，更多的幼儿园采用更前卫的管理方式、服务设施为儿童创造更加便捷舒适的生活环境。就建筑师而言，如何在新要求下设计幼儿园，是新时期需要充分考究的新课题。托儿所、幼儿园建筑专供六岁以下的婴幼儿使用，因此在空间、功能、组合、外观、细节等各个方面都有其独特的需求。所以，应该根据婴幼儿教学、成长的需要，精心设计，为婴幼儿提供精致、安全、舒适的成长空间。

5.1 前期分析

5.1.1 需求分析

托儿所、幼儿园的任务：婴幼儿时期身心的健康成长，关系到人一生的发展，托儿所、幼儿园又是对婴幼儿教育抚养的基础。托儿所主要针对三岁前的乳婴儿，为其提供健康的成长环境，通过科学的方式，不断提高婴幼儿身体素质、心理素质，促进其健康成长；幼儿园供 3 ～ 6 岁的幼儿群体使用，根据幼儿成长的规律，采用科学的方法，保证幼儿德智体美全面发展。

(1) 德育：品德是人立足社会的根本，培养幼儿爱国爱党，诚信友善，助人为乐，与人为善的良好品德，使幼儿能更好地立足未来的学习生活，不惧困难，宠辱不惊，团结友善，更加阳光地成长。

(2) 智育：智育是幼儿不断完善自我，不断进步的不竭动力，培养提高幼儿的注意力、观察力、分析力、想象力、交流能力、求知欲和学习能力，为将来的学习进步打下良好的基础。

(3) 体育：体质的健康成长是幼儿全面发展的基础，保证幼儿成长必要的营养补充，保证幼儿身体健康发育生长。不断增强体质，使幼儿在未来的学习生活中拥有良好的身体本钱。

（4）美育：美育对幼儿全面健康成长起促进作用，多方面培养幼儿对于音乐、美术、舞蹈等兴趣爱好，培养幼儿的美感和审美能力。

通过科学健康的方法促进幼儿德智体美全面发展，培养幼儿独立自信、开拓创新、锐意进取的精神，为幼儿在未来更好地适应社会生活的发展打下坚实的基础。

5.1.2 设计要点

（1）掌握婴幼儿生长发育特征

幼儿成长的特点和需求对幼儿建筑的设计提出了全面的设计要求（表5-1）。在安全、卫生、舒适等各方面都有比其他建筑更高的要求，而且为满足幼儿生理、心理、行为的特殊需求更需要加强儿童化的装饰布置。

（2）满足婴幼儿生长发育要求

乳婴儿需要大量的睡眠休息时间，每天需睡眠 14 ~ 20h，睡眠更是占据了乳儿一天除吃奶之外的所有时间。乳婴儿的睡眠时间会随着年龄的增长而逐渐缩减，身体各项机能生长完善，活动的时间会同时增加。为了给幼儿未来的成长奠定良好的基础，在幼儿游戏活动的过程中可以合理地穿插安排常识以及生活技能的学习。这些都应有可以保证幼儿健康快乐成长的舒适的室内外生活空间。

婴幼儿不同成长阶段的特征 **表5-1**

阶段	年龄区间	特征		
		生理	心理	行为
婴儿	两个月内	身体不成熟； 骨质软	有初期的内心活动； 感官灵敏； 可以与周围人有初步的简单交往萌芽	开始初步观察四周环境； 会对外部事物产生微笑或是哭闹的反应； 对外部刺激有简单的应答动作
乳儿	2 ~ 14 月	身体成长迅速，代谢旺盛	拥有较强烈的知觉，初步的记忆力； 开始初步学习周围人之间的交往	3 个月俯卧； 4 ~ 5 个月扶坐片刻及翻身； 6 ~ 7 个月学会爬行； 8 ~ 9 个月简单扶持站立； 10 ~ 11 个月独自蹒跚行走
托儿	1 ~ 3 岁	身体机能迅速生长发育，肌体快速成熟	可以与周围人简单地接触； 可以很好地模仿周围人的行为，产生初期的思维能力； 不能长时间集中注意力	可以不协调地完成一些简单的动作模仿； 有很强的依懒性，无法独立独自活动
幼儿	3 ~ 6 岁	全身器官、组织迅速生长和成熟； 有旺盛的代谢，能量消耗大； 免疫系统不成熟，不能完全阻挡病菌侵扰	有一定的社交能力，可以与他人进行游戏； 直观思维趋于成熟，逐步出现抽象思维； 有较强的想象力，有一定的动手能力，有能力学习简单的知识和技能	好动，喜欢动手创作； 游戏能力有所增长，自主水平逐步提高； 运动能力增强，动作更加协调灵活； 可以自主活动，开始有一定的隐私、个性要求

（3）创造舒适卫生的生活环境

婴幼儿身体各项机能都在成长发育阶段，免疫系统并不健全，对于各种病毒、细菌的抵抗力还没有完全成形。所以，托儿所、幼儿园应该保证卫生无污染，并经常进行消毒防疫，并保证有充足的日照和新鲜的空气，为婴幼儿提供健康、卫生的成长生活环境。

（4）营造安全健康的活动空间

婴幼儿身体、心智都处于初级阶段，对于危险的认识和判断能力差，自我防护意识不强，身体动作不灵活，而且对于未知事物充满好奇。因此，托儿所、幼儿园建筑应该在婴幼儿容易发生危险的地方进行特殊设计，例如避免尖角，做好窗户、楼梯的防护措施。

（5）符合婴幼儿日常管理要求

婴幼儿不能独立生活，需要成年人看护照顾，在生活上对成年人有很大的依赖性，托儿所、幼儿园需要一整套科学合理的制度体系，保证婴幼儿健康快乐地成长。建筑需要合理设计，空间简洁有序，方便幼师日常工作管理。

5.1.3 分类标准

根据不同年龄段儿童在生理生活方面的特征，以及对保育工作人员的不同要求，来确定托儿所、幼儿园的规模大小和班容量。通常情况下幼儿园分为大中小三种班级，幼儿园以 6 ～ 9 个班级为宜。小班招收的幼儿为 3 ～ 4 岁，班容量 20 ～ 25 人最佳；中班招收 4 ～ 5 的幼儿，每班可招收 26 ～ 30 人；大班招收 5 ～ 6 岁的幼儿，各班 31 ～ 35 人为宜（表 5–2、表 5–3）。

5.1.4 功能关系

幼儿园主要由生活用房、服务用房、供应用房三部分构成。生活用房一般由儿童宿舍、音体活动室、卫生间、衣帽储藏间组成，宿舍与活动室往往合

托儿所、幼儿园的分类 表5–2

<table>
<tr><th>类别</th><th colspan="4">特点</th></tr>
<tr><td rowspan="7">按年龄分</td><td rowspan="4">托儿所</td><td rowspan="4">收托 3 周岁以下的乳、婴儿</td><td>哺乳班</td><td>初生～ 10 个月</td></tr>
<tr><td>小班</td><td>11 ～ 18 月</td></tr>
<tr><td>中班</td><td>19 月～ 2 岁</td></tr>
<tr><td>大班</td><td>2 ～ 3 岁</td></tr>
<tr><td rowspan="3">幼儿园</td><td rowspan="3">收托 3 ～ 6 周岁幼儿</td><td>小班</td><td>3 ～ 4 岁</td></tr>
<tr><td>中班</td><td>4 ～ 5 岁</td></tr>
<tr><td>大班</td><td>5 ～ 6 岁</td></tr>
<tr><td rowspan="3">按管理形式分</td><td>全日制（日托）</td><td colspan="3">幼儿园白天在园（所）生活</td></tr>
<tr><td>寄宿制（全托保育院）</td><td colspan="3">幼儿昼夜均在园（所）生活</td></tr>
<tr><td>混合制</td><td colspan="3">以日托班为主，也收托部分全托班</td></tr>
</table>

托儿所、幼儿园规模及编班　　表5–3

类别	规模		优缺点	班级	容纳人数
托儿所	小型	1～3班	交叉感染面小； 易管理	小	10人以下
	中型	4～7班		中	15人以下
	大型	8～10班	不易管理	大	20人以下
幼儿园	小型	1～4班	规模较小； 不利于开展教研活动； 设施利用率低，不经济； 不利于发挥管理干部潜力	小	20～25
	中型	5～8班	与居住小区规模较适应 利于管理，提高保教质量	中	26～30
	大型	9～12班	规模偏大，作为寄宿制、城市中心幼儿园，大型企事业单位幼儿园，规模可行，大于12班管理上有困难，保教育质量受到影响	大	31～35
托儿所与幼儿园合建	根据县、区、企事业单位具体情况定，以4班托儿所、6班幼儿园为宜	可使婴、幼儿的教育有连贯性，而且建筑也可联成整体，节约了用地和造价；相互间有一定的干扰，设计中应考虑适当的分隔	可使婴、幼儿的教育有连贯性，而且建筑也可联成整体，节约了用地和造价； 相互间有一定的干扰，设计中应考虑适当的分隔	小	各班人数与上述托儿所、幼儿园单独建造时各班人数相同

并布置；服务用房一般由医务室、晨检室、值班室、员工办公室、会议室及员工配套宿舍、浴室、卫生间等组成；供应用房一般由厨房、热水间、消毒间、洗衣间等组成。

5.1.5 基地选择

托儿所、幼儿园如果拥有四个及以上的班级，则需要完全独立的基地，根据服务半径在各类居住区合理规划布置。当条件有限，且只有不多于三个班级时，可与居住、养老、教育、办公建筑合建，但应符合下列规定：

（1）应设独立的疏散楼梯和安全出口；

（2）出入口处应设置人员安全集散和车辆停靠的空间；

（3）应设独立的室外活动场地，场地周围应采取隔离措施；

（4）建筑出入口及室外活动场地范围内应采取防止物体坠落措施。

5.2 场地设计

5.2.1 环境设计

作为婴幼儿日常生活的主要场所，托儿所和幼儿园的环境对婴幼儿的成长有着极其重要的影响。良好的托、幼建筑环境能在潜移默化中使婴幼儿的品德、审美得到提升，有隐性教育的作用。

婴幼儿的成长和全面发展需要以良好的生活成长环境为基础，需要在活动生活中学习必须的生活技能，也需要在与他人互动和表现中得到提升。根据婴幼儿成长发育的客观规律，创造舒适、安全的物质精神环境，是设计托儿所、幼儿园时的重要部分。

（1）总环境设计

包括物质和精神环境两个部分：物质环境包括婴幼儿生活、活动、游戏的场所，如音体活动室、室外活动场所等；精神环境包括幼儿生活的交往环境和周围的自然环境，包括幼儿与老师、幼儿与幼儿直接的交往社交环境以及声、光、空气、景观等自然环境。

总体环境设计的内容为：整体布局及不同建筑之间的相互关系；室外场所的布置；场地出入口的布置与设定；场地景观绿化；杂物院的设计与布置。

（2）出入口设计

场地出入口是托儿所、幼儿园与周边街道、环境交流沟通的关键，入口大门的位置受多方面因素的影响和限制，主要包括周边道路的人流、车流的流量、流线，周围是否有对儿童潜在的安全威胁等。而且出入口的位置也会对整体布局设计产生一定的影响。

出入口大门是托儿所、幼儿园将幼儿日常生活环境与周边环境分隔沟通的关键通道，为婴幼儿提供安全、卫生、舒适的生活环境，从根源杜绝各种潜在的危险因素，也方便保育人员管理、照顾园内婴幼儿。

（3）出入口类型

托儿所、幼儿园通常设置两个出入口，如果条件有限且幼儿园规模较小可以仅设置一个出入口。

主要出入口是供家长接送幼儿以及园内工作人员出入使用，不应设置在快速路、主干路等人、车流量大的道路上，以避免幼儿出入发生危险，而且位置不应太过偏僻，方便家长接送。如果因条件限制主要出入口必须布置在干道上时，主要出入口应该严格按照规范退让。次要出入口主要供后勤服务使用，应布置在人车稀少的隐蔽位置，而且应有道路直接连接园内服务用房。

出入口是构成托儿所、幼儿园的重要组成部分，包括入口大门、缓冲带、值班室、出入口绿化等部分。应该根据周围建筑整体风格进行建筑设计和交通流线规划，为幼儿提供温馨、有趣、活泼的入口场所。托儿所、幼儿园的出入口应该与园内相关建筑联系紧密、方便，主要交通道路不应太过迂回曲折，不应穿越幼儿活动场地。

主要出入口可兼作消防通道，保证宽度足够，确保交通通畅，一般宽度不应小于4m；当只有一个出入口时，应注意人车分流，避免幼儿出入发生危险。主要出入口大门到主体建筑物之间要留有足够的空间，方便家长接送幼儿、人流集散、员工停放自行车等。这部分一般称为前庭，前庭通常要进行专门的景观设计，设置绿化带、水池、休息长椅、景观小品等，为家长休息等候设计舒适的空间环境。

出入口大门与围墙的设计要具有幼儿特色，装饰幼儿喜欢的小品，围墙一般设计不必太高，而且应尽量空透。为了避免幼儿由于好奇顽皮攀爬围栏，围栏应使用垂直分格的金属栅栏，并装饰儿童喜欢的图案。

5.2.2 总平面设计

托儿所、幼儿园应该按照任务书要求进行整体规划设计，合理安排建筑布局、活动场地布局、交通流线、景观绿化，使各部分分区明确有序、联系紧密、日照充足。设计出适合幼儿健康茁壮成长的空间环境。

（1）用地组成

建筑用地主要指托儿所、幼儿园内各种建筑用房所占用地及建筑周围一定范围的宅旁绿地用地。

托儿所活动场所用地通常包括室内的婴幼儿游戏活动场所用地和室外的日光浴场等。幼儿园活动场所用地通常包括室内日常活动室和音体活动室用地以及室外公共活动场地（如操场、器械区、大中型游戏设施场地）所占用地，也包括各班级组织活动的集散场地。

景观绿地和生活体验用地主要包括成片集中景观绿化和婴幼儿学习体验生活的种植园或饲养园用地。道路用地主要是指托儿所、幼儿园用来连接沟通各功能分区的交通干道以及景观绿地和活动场地中用于散步休憩的小路等各部分道路所占用地。

（2）用地指标

用地指标是建筑设计中的关键问题，托儿所、幼儿园在总平面设计时也需要正确合理的用地指标，托儿所、幼儿园是社会必须且广泛分布的民用建筑，其面积的确定影响到区域范围内婴幼儿的教育成长发展，受到经济发展条件的制约。

1）用地定额确定

托儿所、幼儿园用地面积需要满足婴幼儿日常生活学习的基本需求，充分满足婴幼儿的身心健康成长的需要，同时还需要拥有充足的室外活动空间和优美的景观绿化。需要根据服务范围内人口水平的要求为未来婴幼儿教育事业充分考虑，同时需要根据国家和地区经济实力，提高托儿所和幼儿园的使用率，充分考虑各方面因素，确定用地面积。

我国有关托、幼建筑用地定额根据《建筑设计资料集》的规定确定（表5–4）。

2）建筑布局确定

建筑物的设计和布局是托儿所、幼儿园设计最重要和关键的工作，根据基地条件和周边风貌来确定建筑物的分布，根据场地形状、起伏、地貌，周围

居住区千人指标及面积定额　　表5–4

名称	千人指标（人）	用地面积（m^2/人）	建筑面积（m^2/人）
托儿所	8～10	12～15	7～9
幼儿园	12～15	15～20	9～12

的道路交通，人车流线，场地出入口分布，周围建筑对日照的影响等多方面因素来确定合理的建筑布局。

3）建筑位置确定

建筑物应该根据以下几个因素来确定其在总平面中的位置：

①首先要确定幼儿用房在总平面布局中所处的位置和朝向，确保幼儿活动生活的场所获得充足的阳光。日照能够提升建筑内环境质量，紫外线还可以杀菌消毒，对于婴幼儿健康成长有着重要的促进作用。所以，要保证将婴幼儿用房布置在整个托儿所、幼儿园中日照最为充足的地方，尽量避免周围建筑对其有采光干扰。保证婴幼儿健康快乐地成长。

②我国幅员辽阔，经纬度跨度大，各地海拔也有很大差异，南北东西气候差异巨大。各地最佳朝向不尽相同，由于地处北半球，所以大部分地区正南或南偏东是我国建筑最佳朝向（我国各地区主要房间适宜朝向可参见表 2–3）。

4）建筑间距要求

婴幼儿用房除了要满足所在地最佳朝向外，还需要保证与周围建筑之间有足够的日照间距，最为重要的是要满足规范中与前排建筑的间距要求，综合考虑东西侧建筑对采光的影响，确保婴幼儿用房可以获得足够时长的日照（图 5–1）。

托儿所、幼儿园中建筑间距的确定，不仅仅要考虑规范中规定的日照间距，而且要统筹考虑卫生间距对建筑的影响，还需要保证防噪要求。通过模拟分析计算，取各间距要求中的最大值作为托儿所、幼儿园中建筑间距的最终值。

建筑间距的确定主要依据是建筑直接的日照间距要求。但仅以日照间距来确定是不充分的，应该满足各方面对于建筑间距的需求，保证婴幼儿生活空间的品质，为婴幼儿提供更加舒适、健康的环境（图 5–2）。

托儿所、幼儿园所处地区的纬度、海拔会决定建筑物之间的日照间距系数，其与周围建筑物的层数影响最终的日照间距；《托儿所、幼儿园建筑设计规范

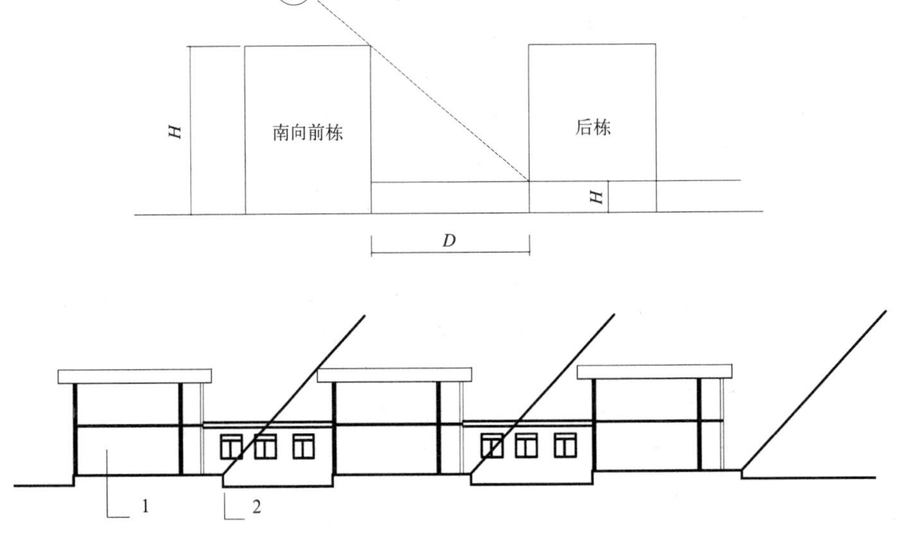

图 5–1　建筑日照间距

图 5–2　日照间距所围合的游戏场地常处于阴影中

1—活动室；2—游戏场地

(2019 年版)》JGJ 39—2016 中规定托儿所、幼儿园的活动室、寝室及具有相同功能的区域，应布置在当地最好朝向，冬至日底层满窗日照不少于 3h。

5）防噪间距确定

托儿所、幼儿园内婴幼儿用房需要满足规范最低噪声级的要求，在构造隔声的基础上保证一定的建筑间距，是婴幼儿拥有安静、舒适的生活环境，良好的声环境，促进婴幼儿身心健康成长的必要要求。

6）通风间距确定

健康的生活环境需要良好的风环境，好的通风可以使室内空气保持清新，有效防止病菌滋生，保证室内空气卫生。通风量与建筑物的朝向、主要风向及建筑间距相关，要根据需求保证建筑的通风间距，保证有充足的自然通风量。

7）活动场地设计

室外活动场地对幼儿的身心发展起到非常重要的作用，充足、适量的户外运动可以使婴幼儿的骨骼、运动机能和体格更快地成长，促进免疫系统的完善和免疫力的增强，强壮的身体是未来学习、生活的本钱，还可以有效地提升婴幼儿心智和交往能力，充分锻炼交流能力、注意力、记忆力等，促进婴幼儿心智更加成熟，交往能力逐步完善，对于幼儿人格品质有着积极作用。

在充足户外活动和游戏的过程中，在幼师的引导下逐步使幼儿在与其他幼儿、与老师的过程中学会自立，学会关心他人，学会助人为乐、诚实守信的优良品格。让幼儿在活动中感受生活中美好的部分，感知真善美，学会跳出自我的中心，融入班级的大家庭，使幼儿能够感受到他人的关爱，亦能学会关爱他人，遵守集体规则，在活动和游戏中培养幼儿良好的品质。冬季幼儿户外游戏要大于 2h，夏季不少于 3h，且需要至少 2h 作为体育运动时间。

室外活动场地的设计首先要保证日照和通风，创造优良的光环境和风环境；室外活动环境应该尽可能贴近幼儿生活，富有童趣，对幼儿有足够的吸引力；应该铺装易于清洁打扫的地面材料，并经常打扫除尘，确保场地干净卫生，无粉尘，适合幼儿健康活动。一般可以采用草坪或者铺面对场地进行铺装，质地柔软的草坪可以减轻幼儿摔倒造成的伤害，因此铺装尽量多使用草坪，一般草坪与铺面比例为 1.5 ~ 2 为宜。铺面需要选择防滑、没有锐利棱角的种类，而且需要富有弹性，铺面设计尽可能具有幼儿风格，富有童趣。保证排水设施通畅，避免出现集水坑，做好排水井等的安全防护措施，避免意外发生。

(3）面积大小

1）班级活动场地

托儿所、幼儿园各班级都需要专用的班级活动场地，布置形式有毗连式、枝状式、集中式、分散式、屋面式五种（表 5–5)。通常根据班级人数、活动形式以及玩具设施来确定班级活动场地的面积。按照平均每班有 30 名幼儿，班级活动场地一般占地 60 ~ 80m^2，100m^2 是班级活动场地最为理想的面积，大于 100m^2 由于场地范围太广而不便于老师管理和照顾。

如果托儿所、幼儿园条件所限没办法满足各班都拥有独立的班级活动场地时，可以采用多种方式来实现班级活动场地有效、合理、充分利用，例如可几个班级共同使用，设置屋面室外班级活动场地，各班不同时段使用公共场地等多种性质有效的方法。

2）公共活动、游戏场地

公共活动场地由集体游戏场、大型器械活动、砂土游戏、戏水游戏、游戏墙及组合游戏等几个部分组成；它是供全院幼儿举行大型集体活动和游戏时共同使用的大面积室外活动场，通常举行班级比赛活动，赛跑、体操等体育活动以及大型游戏器械互动，以及全园师生的大型集会和节日庆典表演等。

大规模幼儿园可以建设配套更衣淋浴的游泳池等设施，公共活动场地面积：$[180+20(N-1)]\mathrm{m}^2$（$N$为班级数）；计算不能充分满足实际要求，需要结合设计对公共活动场地的面积进行合理的提高。公共活动场地的设计应该根据幼儿游戏及活动的需求来确定面积大小和形状，使其充分满足幼儿最基本活动的要求；其次，公共场地应在音体活动室附近设置，并保证场地的独立性。

根据幼儿活动场所环境的要求，公共活动场地要保证充足的日照和通风，不宜布置在建筑遮挡区域，场地内不应有遮挡阳光的高大树木，同时还要综合考虑场地遮阳问题；公共活动场地不应有交通穿越并避免与其他场地相互干扰；公共活动场地中应将固定游戏器械布置在边缘位置，并应该保证围护设施的面积需要；公共活动场地应该设计为宽敞、平坦，并有一定的坡度，保证排水渗水良好，以保持地面干燥；公共活动场地铺面应有一定的弹性，防止幼儿摔倒受伤，大型固定游戏器械最好布置在草坪上；条件允许的情况下应该将不同年龄段幼儿的活动场地相互分隔，避免相互干扰，使各年龄段都能得到最合适的发展；需要充足的绿化，禁止种植有毒或有尖刺的植被。还应该布置独立的杂物院，对外出入口独立设置。幼儿园应在场地、绿化等边界设置安全美观的围栏。

5.3 平面功能关系布局

5.3.1 布局形式

托儿所、幼儿园通常有集中式和分散式两种布局。

（1）集中式

幼儿园的生活用房、服务用房和供应用房有机组合，按照标准和需要确认各部分在幼儿园的位置，集中布置活动场地。集中式布局紧凑，各单元联系紧密管理便捷，可以有效节约用地和铺设的管线设备。但是由于建筑和活动场地紧密布置，容易引发交叉感染，不能满足卫生防疫的需求，在采光通风等方面也无法与分散式媲美。

（2）分散式

幼儿园各功能用房分散独立布置，根据总用地面积和用地地貌特征的不同，分散的形式和程度也各不相同。分散式的总平面布局主要是幼儿生活活动房间相对辅助用房独立布置，活动场地也相对分散独立。

班级活动场地布置形式　　表5—5

布置方式		图例	特点及设置要求
毗连式	班级活动场地位于建筑南侧	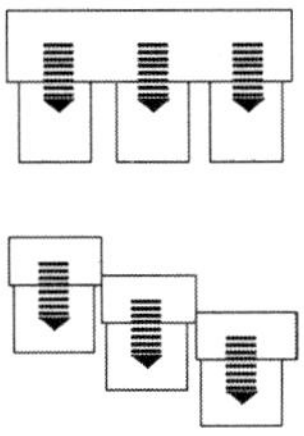	班级活动场可达性好，方便各班使用； 班级活动场地在建筑南侧，不受建筑遮挡，采光良好； 各班班级活动场地之间通过景观小品自然分隔
枝状式	活动室与活动场地直接联系，呈枝状排列	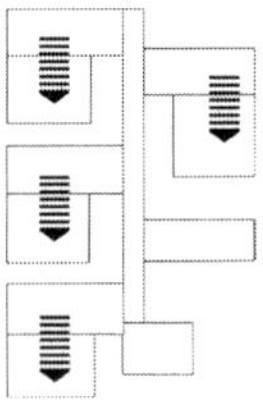	使用便捷，活动场地相互独立，互相之间不形成干扰； 活动场地应该综合考虑日照和通风，避免冬季内院环境较差
集中式	活动场地集中设立于建筑南部或端部	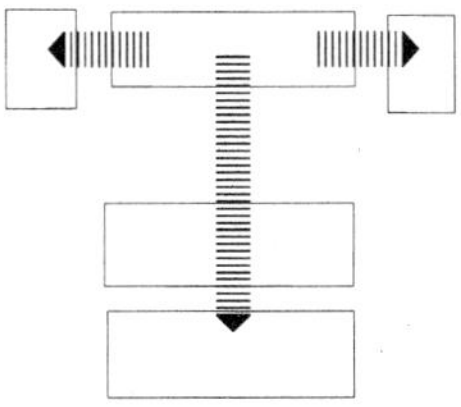	活动场地与建筑之间无直接联系； 活动场地与活动室之间应设计道路直接连接，避免交通干扰； 应该保证活动场地的独立，但不应自然分隔，防止突兀
分散式	活动场地分散设置	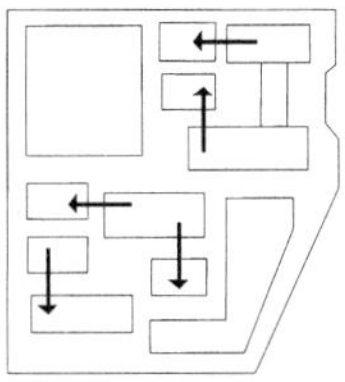	当班级数量较多，需要活动场地数量多，应贴合整体设计，灵活布置活动场地； 各班的活动场地独立性强，各场地之间干扰少，且日照、通风环境良好； 占地大，且不便于各活动场地之间的联系
屋面式	利用底层屋顶平台与阳台合设	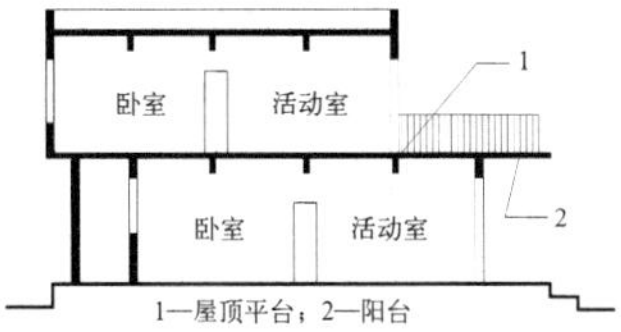 卧室　活动室　1　卧室　活动室　2 1—屋顶平台；2—阳台	将底层屋顶平面和二层阳台共同布置为班级室外活动场地，可以充分利用空间，有效增加室外活动场地面积； 满足与普通活动场地一样的日照通风标准； 需要确保幼儿活动时的安全，安装儿童无法翻越的栏杆或护网； 禁止使用水平栏杆避免幼儿攀爬，垂直栏杆其杆件净距离不应大于0.09m； 可以通过铺地或屋顶绿化、坡顶、高差等设计富有趣味的屋顶活动场地； 良好的设计布置能有效减轻垂直交通的压力，同时可以解决活动场地之间相互干扰的问题
	利用南向屋顶作为楼层活动场地	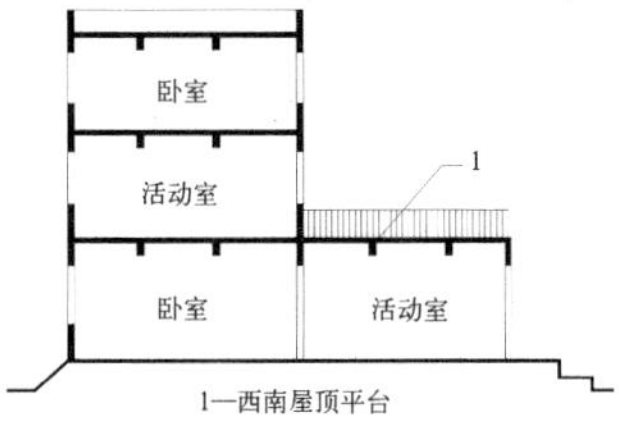 卧室　活动室　1　卧室　活动室 1—西南屋顶平台	
	设计退台产生屋顶活动场地	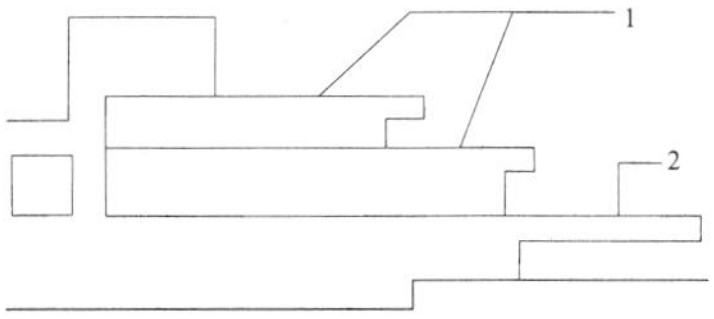 1　2	

分散式总平面布局可以实现集中式布局无法达到的防疫标准，各部分独立布置，防止各单元交叉干扰；各单元都可以很理想地解决朝向、采光和通风的问题；班级活动场地和公共活动场地也相对独立，避免各班、各种活动之间相互干扰，空间布局结合良好。分散式总平面布局占地面积偏大，各单元联系不便，管线铺设不便，不利于集中采暖，厨房后勤送餐送货均不方便。

为婴幼儿创造健康快乐的生活学习环境是托儿所、幼儿园设计最为重要的内容，从而实现"寓教于乐"、德智体美全面发展。托儿所、幼儿园一般组合形式有单元式（组团式）、并联式、分枝式、跃层式、中庭式、内院式、风车式、放射式等。

5.3.2 功能分区

按照使用功能、性质、规模及分类的不同，托儿所、幼儿园建筑一般分为婴幼儿活动区、服务区、供应区三大功能分区（图 5-3）。

各部分建筑分区明确，不同功能分区之间要确保互不干扰，同时尽可能使相互之间联系方便，根据功能"闹、静"进行分区，避免音体活动室、活动场所对幼儿用房造成噪声影响；根据不同功能分区对环境的要求，服务区、供应区用房大小、位置应与幼儿用房有所不同，确保幼儿用房布置在最佳位置，

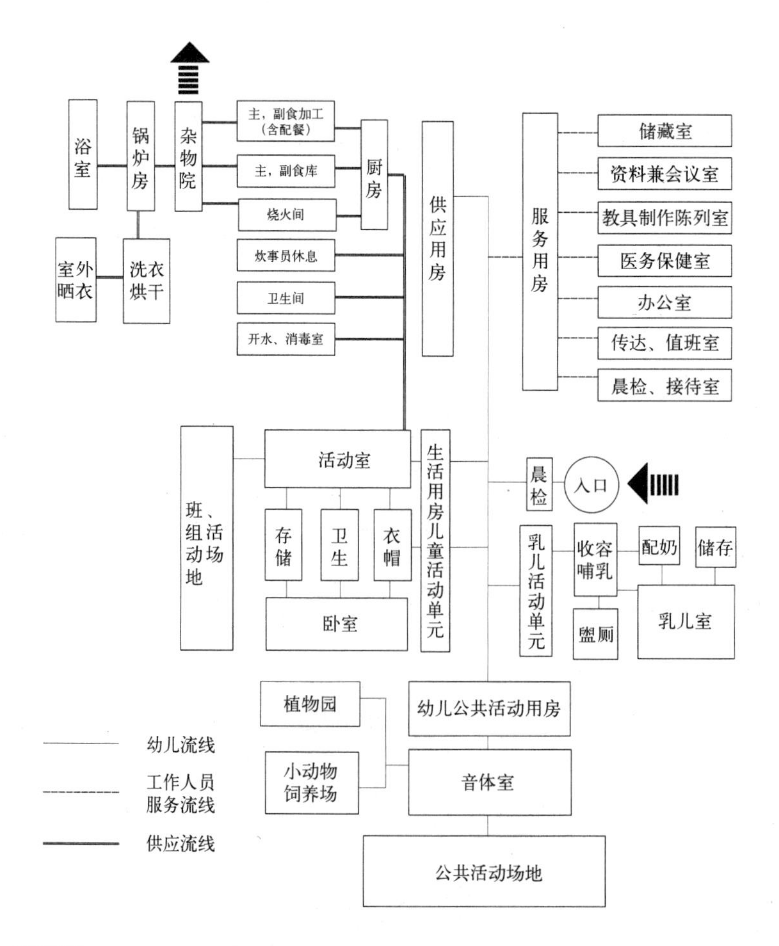

图 5-3 托、幼建筑功能关系分析图

获得最好的日照和通风；根据对外联系频率的不同，对接待室、财务室等的设计有所不同。托儿所、幼儿园基地选址及总平面环境设计关系到托儿所和幼儿园教学培养质量及婴幼儿能否健康快乐成长。

5.3.3 平面设计

（1）功能组成要素

托、幼建筑功能分区与房间的排布与规模、等级、甲方的特殊要求和气候差异息息相关，也与后续的管理者有一定的联系。一般情况下，如下功能是必不可少的。

1）幼儿活动休息用房是建筑的主体。分为：乳儿单元，其中包括乳儿室、喂奶室、配乳室等为乳儿服务的房间和附属用房；托儿单元包括活动室、卧室等其他附属用房；幼儿活动单元，包括活动室、卧室等附属用房。

2）服务用房是管理用房和保教用房。一般包括供早上儿童进园前体检的隔离室、晨检室和平常对儿童进行监护和治疗的医务和保健室以及办公室等辅助用房。

3）供应用房是为托儿所、幼儿园提供辅助服务的用房。一般包括厨房和开水间等用房。随着时代的发展，幼儿的身心健康得到了更进一步的重视，具有可视化设备的房间进一步多样化和加强。

（2）功能面积确定

房间面积大小的确定，与需要容纳的人数、交通面积等因素息息相关，还与国家相关政策、规范以及教育部的重视程度有关（表 5–6）。

托儿所、幼儿园各类用房使用面积　　表5–6

<table>
<tr><th colspan="3" rowspan="2">房间名称</th><th colspan="3">规模（m²）</th></tr>
<tr><th>大型</th><th>中型</th><th>小型</th></tr>
<tr><td rowspan="6">幼儿生活用房</td><td colspan="2">活动室</td><td>70</td><td>70</td><td>70</td></tr>
<tr><td colspan="2">寝室</td><td>60</td><td>60</td><td>60</td></tr>
<tr><td rowspan="2">卫生间</td><td>厕所</td><td>12</td><td>12</td><td>12</td></tr>
<tr><td>盥洗室</td><td>8</td><td>8</td><td>8</td></tr>
<tr><td colspan="2">衣帽贮藏室</td><td>9</td><td>9</td><td>9</td></tr>
<tr><td colspan="2">音体活动室</td><td>150</td><td>120</td><td>90</td></tr>
<tr><td rowspan="2">服务用房</td><td colspan="2">保健观察室</td><td>15</td><td>12</td><td>12</td></tr>
<tr><td colspan="2">晨检室（厅）</td><td>15</td><td>10</td><td>10</td></tr>
<tr><td rowspan="7">供应用房</td><td rowspan="5">幼儿用厨房</td><td>主副食加工</td><td>45</td><td>36</td><td>30</td></tr>
<tr><td>主食库</td><td>15</td><td>10</td><td>15</td></tr>
<tr><td>副食库</td><td>15</td><td>10</td><td>4</td></tr>
<tr><td>冷藏库</td><td>8</td><td>6</td><td>10</td></tr>
<tr><td>配餐室</td><td>18</td><td>15</td><td>—</td></tr>
<tr><td colspan="2">消费间</td><td>12</td><td>10</td><td>8</td></tr>
<tr><td colspan="2">洗衣房</td><td>15</td><td>12</td><td>8</td></tr>
</table>

（3）活动单元分类

幼儿活动单元是将幼儿活动中联系最密切的房间组合在一起，不同的教育理论和儿童喜欢和需要的活动方式相结合，可以分为单簇式（表 5–7）和多簇式。

单簇式活动单元分类及房间组成 **表5–7**

类别	年龄	单元名称	房间组成
托儿所	2 月～ 1 岁	乳儿单元	乳儿室、哺乳室、配乳室、衣帽间、卫生间、储藏室、户外哺乳场地（日光室）
	1 ～ 2 岁	托儿单元	活动室（兼餐室）、卧室、收容兼衣帽间、卫生间、贮藏室、活动场地
幼儿园	3 ～ 6 岁	幼儿单元	活动室、卧室、收容兼衣帽间、盥洗室、厕所、储藏室、活动场地

（4）活动单元特点

1）单簇式活动单元其卫生隔离如果做到位、幼儿交叉感染可以得到有效避免，每个班相互独立，都有一套用房的使用权；不同年龄段的儿童根据发育快慢来进行针对性的教育。

2）多簇式的单元的活动符合现代社会对开放的教育理论的支持，其特征为：尽可能地解放儿童的天性，对于不同年龄段的儿童，因材施教，儿童可以依据自己的兴趣爱好自由地投入到各部分活动中；不同年龄阶段的孩子都在各自的年龄范围内自成一体，幼儿之间相互的交流与合作也能得到相应的提升与加强，从小培养善于合作的好习惯；可以采取一定的措施预防交叉感染的问题。

5.3.4 功能用房

以活动室或游戏室为中心，其他的活动单元应围绕其设计。卧室紧邻活动室，两者之间联系应当紧密；一个单元内的房间流线应顺畅，在管理和使用上能相得益彰。对于儿童而言，身体健康成长是第一位的，活动室、卧室良好的朝向可以为儿童的成长带来很好的影响，同时应避免大量阳光直射，穿堂风的利用可以自然地排除污气；盥洗室、厕所的开口不应直对活动单元，同时应有良好的通风；活动单元的设计要有个性和灵性；同时应减少交通面积，布置紧凑。

儿童活动单元形式和各自特点按联系方式分，总体上可以分为穿套式、走廊式、分层式三种（表 5–8）。

活动单元平面组合方式 **表5–8**

基本型	穿套式	走廊式	分层式
组合特点	衣帽、盥洗、厕所、储存；活动室—卧室	盥洗、厕所、储存；廊道（走廊）；活动室；卧室	厕所、储存；卧室；楼梯间；活动室；厕所、储存
优点	面积紧凑，使用方便，便于管理，利于保温，结构简单	各室均相对独立使用，采光、通风、日照均能满足要求	各空间使用较方便，卧室设在二层较安全
缺点	盥、厕、贮与活动室相套，对活动室的通风、采光、日照均不利，而且厕所的臭气易溢入活动室	进深浅，面宽长，增加了交通面积，但是外廊适用于南方地区，设暖廊则适用于寒冷地区，且外廊可作衣帽间及室内活动场地（雨天活动使用）	占用面积较前两种大。当各班活动室并联在一起设置时，相互间有影响

(1) 生活用房设计

1) 活动室设计

活动室是对幼儿进行日常教学活动的基本场所，功能比较复杂，是小型的多功能房间，有的幼儿园不设专用卧室，在活动室内进行分区，一半用作卧室，一半用作活动。活动室设计首先需要提供足够供儿童活动的面积、房间比例尺寸合理，考虑儿童行为规律和心理状态，以及良好的通风条件和日照。

房间内的净高大于或等于 2.8m，在 2.8 ~ 3.1m 之间较为合适；房间的室内设计，首先要保证安全，便于打扫，同时要符合儿童的心理特点，富有童趣。

《托儿所、幼儿园建筑设计规范（2019 年版）》JGJ 39—2016，规定了托儿所、幼儿园每班人数（表 5–9）。

托儿所、幼儿园每班人数 **表5–9**

名称	班别	人数（人）
托儿所	乳儿班（6 ~ 12 月）	10 人以下
	托小班（12 ~ 24 月）	15 人以下
	托大班（24 ~ 36 月）	20 人以下
幼儿园	小班（3 ~ 4 岁）	20 ~ 25
	中班（4 ~ 5 岁）	26 ~ 30
	大班（5 ~ 6 岁）	31 ~ 35

设计时应满足全班幼儿进行多种活动、游戏及作业必需的面积、尺寸。幼儿在活动室内有二类活动，一是教学活动，二是游戏。为了因材施教，"幼儿教育大纲"规定，幼儿园课程的设置应丰富多彩，包括语言、计算、常识、音乐、美术及体育等课程。

2) 活动室平面形式

活动室的平面形式最基本的要满足教学、游戏等活动需求（表 5–10）。应满足幼儿身心需求，安全、多样、富有变化。常用的形式有：矩形、正方形、六边形、八边形、扇形及局部曲、折线形等。

3) 活动室采光、通风、采暖

儿童的视力需要得到良好的保障，活动室的采光和通风要满足。合理的活动室采光设计要满足采光的要求。托儿所、幼儿园主要用房采光系数和平均照度应满足表 5–11、表 5–12 的要求。

活动室进深、窗口设置及平面布置方式要合理，其进深大小影响着房间的采光，进深大的房间在双面进行采光是十分有必要的，进深不超过 6.6m 的活动室，可以是单侧采光；窗间墙的宽度应适当减小，窗口的面积应得到保证。

活动室的露台，要保证楼下活动室的采光，不应加以遮挡；室内的照度可以通过增强顶棚、墙面、地面的反射强度来完善，也可以适当设置天窗，构造的处理也要加以考虑；良好的通风条件在活动室的需求中必不可少，尤其是

活动室的平面形式及特点 **表5–10**

<table>
<tr><th colspan="2">平面形式</th><th>特点</th></tr>
<tr><td colspan="2">矩形</td><td>与家具形状、布置及活动方式易取得一致；
结构简单，施工方便；
矩形活动室长、宽比在 2 ：1 范围内较好；
宜在两面长边（南、北朝向）上开窗，如一面开窗时，则进深应小于 6.6m；
国内、外活动室平面采用最普遍</td></tr>
<tr><td colspan="2">正方形</td><td>与家具形状及布置易取得一致；
结构简单，施工方便；
采用正方形活动室时，必须有两面采光，否则会因进深过大而造成活动室采光不足；
方形活动室进深大，组合时能节省开间尺寸，适用于狭长地段</td></tr>
<tr><td rowspan="2">多边形</td><td>六边形</td><td rowspan="4">能满足使用要求，室内家具布置方便；
适应幼儿的心理特征，平面形式活泼，可组合多种形式；
在幼儿室内小活动空间（个性小角落）的创造上有特点；
国内、外新建幼儿园较多采用这种形式</td></tr>
<tr><td>八边形</td></tr>
<tr><td colspan="2">扇形</td></tr>
<tr><td colspan="2">局部曲、折线形</td></tr>
</table>

采光系数标准值和窗地面积比 **表5–11**

采光等级	场所名称	采光系数最低值（%）	窗地面积比
Ⅲ	活动室、寝室	3.0	1/5
	多功能活动室	3.0	1/5
	办公室、保健观察室	3.0	1/5
	睡眠区、活动区	3.0	1/5
Ⅴ	卫生间	1.0	1/10
	楼梯间、走廊	1.0	1/10

房间照明标准值 **表5–12**

<table>
<tr><th>房间或场所</th><th>参考平面及其高度</th><th>照度标准值（lx）</th><th>UGR</th><th>R_a</th></tr>
<tr><td>活动室</td><td>地面</td><td>300</td><td>19</td><td rowspan="7">80</td></tr>
<tr><td>多功能活动室</td><td>地面</td><td>300</td><td>19</td></tr>
<tr><td>寝室、睡眠区、活动区</td><td>0.5m 水平面</td><td>100</td><td>19</td></tr>
<tr><td>办公室、会议室</td><td>0.75m 水平面</td><td>300</td><td>19</td></tr>
<tr><td>厨房</td><td>台面</td><td>200</td><td>—</td></tr>
<tr><td>门厅、走道</td><td>地面</td><td>150</td><td>—</td></tr>
<tr><td>喂奶室</td><td>0.5m 水平面</td><td>150</td><td>19</td></tr>
</table>

夏季十分炎热的地区。

在寒冷地区，尤其在冬季的时候，防止冷风的袭扰，活动室的保温问题需要得到相应的重视（表 5–13、表 5–14）。

4）活动室室内设计

儿童在活动室室内进行的活动居多。优秀的室内设计必不可少，如地面、

托儿所、幼儿园房间的供暖设计温度　　表5–13

房间名称	室内设计温度（℃）
活动室、寝室、保健观察室、晨检室（厅）、办公室	20
睡眠区、活动区、喂奶室	24
盥洗室、厕所	22
门厅、走廊、楼梯间、厨房	16
洗衣房	18
淋浴室、更衣室	25

房间的换气次数　　表5–14

房间名称	换气次数（次/h）
活动室、寝室、睡眠区、活动区、喂奶室	3～5
卫生间	10
多功能活动室	3～5

墙面、顶棚等的处理，材料装饰、色彩的选用，家具、陈设的配置等，都对良好室内环境的形成与营造至关重要。

活动室室内设计应保证儿童身心健康的要求，艺术处理上需要从另一个角度去看待，儿童需要安全习惯、实用性、趣味性的空间。空间的尺度应满足儿童的使用要求，一般长：宽：高为1.5：1：0.5～1.75：1：0.5。室内装饰应布置简洁、色彩跳跃明快，满足孩子的好奇心，揣摩儿童的心理，包括一些图案造型色彩的考究，与儿童产生共鸣。

构造需满足安全、实用、美观的要求。室内色彩的处理，应用高亮度、低彩度的色调，在局部如墙面、地面、门窗等的处理上高彩度的色调也是可以借鉴考虑的。

①墙面：儿童是充满好奇心的，墙面会遭到儿童的涂鸦，墙裙1.5m高，木质或弹性材料是首要选择，光泽的油漆墙裙不宜采用；墙角、柱角等做成圆角，凸出的线脚和棱角应加以处理，防止儿童磕碰；墙面表面应简洁、粉刷得体，不易积灰，线脚不宜做。

②地面：地面材料应首先考虑儿童安全问题，光滑要适度、易于清洁，保温热工性能要优越，要富有弹性，如过氯乙烯涂料，水泥地面硬度太高，不宜采用。

③门窗：门、窗的选型，在注重儿童安全的同时，开启、清洗也要方便。门采用夹板门居多，弹簧门或钢门不适合采用，门槛也不适合设置；门质地与材料的选择应该平滑，无棱角，当使用玻璃材料时，应采用安全玻璃。由于儿童比成年人要矮许多，所以在距地0.6m处设置幼儿专用的门把手。

窗户的安排要在满足室内的采光、通风需求的同时，适当地从儿童心理的角度出发加以考虑。尽量安排在南面，开窗的比例尽可能大，因儿童较矮，儿童的视线不应被遮挡，否则房间的封闭感会加强，会使儿童的心理不舒适。出于安全考虑，活动室、多功能活动室的窗台距地面高小于等于0.6m。窗的开启方式及使用应该安全方便，开启或关闭时不能伤及儿童，在离地面1.8m高度内，不应设置内悬窗和内平开窗，宜采用推拉式窗扇，采光、通风良好，安全并且开启方便。中旋式窗扇的通风采光不好，开启时易撞到人，所以要找到一些解决办法，比如：被动的方法是在适当的地方贴上警告的标签；在窗台处放上装饰物，引人注目。固定窗扇是在窗台上部0.7～1.3m处设置，安全、采光效果较好，但通风效果差，可能导致房间底部通风不流畅。北方地区使用较多。

④色彩：在对活动室内的环境设计进行色彩选择时，墙面、顶棚、地面装饰、玩具、家具的色彩搭配，要从儿童的心理角度来考虑，使其感到舒适，又能使他们保持一定的活跃性。

5）活动室内设施用品

活动室内常用的设施用品分为两类，即：教学用具比如桌椅、玩具等；生活用具比如餐桌、口杯架等。幼儿设施用品一般根据中国幼儿体质和体格的发展状况设置，设施用品的设计应符合幼儿人体工程学的规律。学龄前儿童体格的发展是显著的。1975年卫生部及中国医学科学院儿科研究所对九市城区的1～7岁儿童身长统计见表5–15。

首先应考虑儿童的安全问题，家具棱角避免尖锐，宜采用圆弧形，同时设施的体积和重量都应方便儿童使用，便于搬运，重量应小于儿童体重的1/10，约1.5～2kg；家具造型和功能应具有启发性和趣味性，所占面积不应太大，给室内留有富余的活动场地。家具的系数应得以控制，幼儿大班不大于0.35m²，小班不大于0.25m²。

桌、椅是基本家具，决定活动室面积的主要因素，设计应符合幼儿的人体工程学尺度和幼儿的身心健康、使用特点，起到矫正幼儿坐姿的功能。

九市城区的儿童身长统计　　　　表5–15

年龄	男		女	
	均值	标准差	均值	变准差
1岁	75.6	3.06	74.1	2.95
1岁半	80.7	3.28	79.4	3.56
2岁	86.5	3.76	85.3	3.53
2岁半	90.4	3.80	89.3	3.89
3岁	93.8	3.97	92.8	3.90
3岁半	97.2	4.29	96.3	4.11
4岁	100.8	4.49	100.1	4.43
4岁半	103.9	4.46	103.1	4.36
5岁	107.2	4.55	106.5	4.39
5岁半	110.1	4.62	109.2	4.50
6岁	114.7	4.85	113.9	4.91
7岁	120.6	5.22	119.3	5.34

幼儿桌桌面长度每位幼儿占 0.5 ~ 0.55m（即等于幼儿前臂加手掌长），宽度为 0.35 ~ 0.50m。

（2）卧室设计

良好的睡眠条件是幼儿身心发展的重要因素，幼儿年龄越小，睡眠时间越多，一天大约 10 ~ 12h。卧室一般分为三种，即专用卧室、活动室兼卧室、专用与兼用卧室相结合。

1）卧室设计要求

满足每班幼儿午休和住宿的需要，一般每班 30 人左右，营造出舒适、健康、和谐的睡眠氛围。同时，避免阳光直射，防止西晒，要有合适的遮阳，在寒冷地区冬季要有良好的通风换气系统，始终保持室内新鲜的空气。

2）床位布置和尺寸

床是卧室内最主要的家具布置，所以床的定制和排列要根据房间的需求和尺寸来确定，还要考虑教员服务监管方便。幼儿床的尺寸应满足表 5–16 中的要求，即床的长度为幼儿平均身高加 25cm，床宽为最大幼儿体宽的 2 倍。

幼儿床的功能尺寸（mm） **表5–16**

型号	年龄（岁）	使用范围	长（*L*）	宽（*W*）	高（*HI*）	侧栏高（*HZ*）
1	6 ~ 7	幼儿园大、中班	1400	650	400	200
2	4 ~ 5	幼儿班小班、托儿所大班	1300	650	400	200
3	2 ~ 3	托儿所中、小班	1200	600	400	500
4	1 岁以下	托儿所“爬班”	1000	550	500	500

为节约与方便管理，幼儿床的布置以两床相靠排列和成组、成对的排列方式比较常见，首层相接床位不宜超过 4 个，并排床位不应超过 2 个。在卧室内床的排列过程中，主通道的宽度大于等于 0.9m，次通道大于等于 0.5m，两床之间通道大于等于 0.3m。为了保证幼儿睡眠时的保暖程度，不能让其受凉，不能在外窗内边设置床位，床与外窗的间距大于等于 0.4m。床的形式、尺寸、选材应符合幼儿的成长特征，在保证安全的前提下，在卧室面积上要有一定的节约。

①单层床：为安全和防止儿童感冒，床的四周设挡板，考虑儿童起床的方便性，其中一侧的挡板的高度应降低。单层床虽方便，但占用的室内面积太大，有点浪费面积，在全日制幼儿园、托儿所不常用。

②双层床：“两叠床”是一种节约面积的床，大约可以节约 1/3 的卧室室内面积，上下铺，但下铺没有压抑的感觉。“双层床”十分节约面积，大约可节省 1/2 卧室面积，但上、下铺相对来说不便，对下铺幼儿可能会有压抑感，被褥存放的问题也需要解决。

③折叠床：活动折叠床对节省卧室的面积也能起到很大的作用。其基本在室内不占空间，空闲时可以在墙上作墙裙使用，在睡眠的时候，翻下来当床

用，使用十分方便。当活动室与卧室作为不同的功能设置在一个房间内时，为合理分配空间，节省面积，可以使用此种床型。

④伸缩床与柜子床：这种床闲置时可以收藏起来，平时空间的利用是十分充分的。室内的整洁性是很容易处理的，被褥的存放问题也是需要额外考虑的。

(3) 卫生间设计

卫生间是儿童经常使用的房间，由盥洗室和厕所两部分组成，为保证儿童的个人卫生，卫生间分班设置，卫生间内分区明确，设置搁板，不要交叉设置。应该保证其安全性、卫生性和便捷性，其中高档幼儿园都设置独立的儿童浴室。

卫生间面积及卫生设备的数量、尺寸应满足全班幼儿的使用要求（表5-17），幼儿卫生间内设备有：大便器、小便器、盥洗台、污水池、毛巾架等，根据需要还应设置淋浴器或浴盆、清洁柜等（表5-18）。每班卫生间内具体设备数量应满足表5-17的要求，其中由于教员的使用需要，专用的厕所小间每班需要设置一个。

(4) 衣帽、教具贮藏室设计

幼儿的使用物品琐碎并且繁多，全日制的幼儿园基本是早出晚离，衣物

每班卫生间卫生设备的最少数量　　表5-17

污水池（个）	大便器（个）	小便器（沟槽）（个或位）	盥洗台（水龙头，个）
1	6	4	6

卫生设备设计要求　　表5-18

<table>
<tr><td rowspan="2">小便器</td><td>小便槽</td><td>施工简便，造价低</td><td rowspan="2">应适应幼儿尺度及满足使用要求；
便池宽不大于0.30m，高不大于0.15m；
台阶高不大于0.15m，便于幼儿安全使用；
踏面应干燥、防滑并向便槽方向倾斜，应坚固、卫生、整洁、光滑；
面层材料选用红色缸砖</td></tr>
<tr><td>小便斗</td><td>坚固、卫生、整洁
施工简便，设备造价较高</td></tr>
<tr><td rowspan="2">盥洗台</td><td>槽式</td><td>能满足幼儿使用要求，多为沿墙布置；
幼儿可排成一排同时盥洗，适用于较窄长的盥洗间；
施工简单，造价低</td><td rowspan="2">应适应幼儿尺度及满足使用要求；
一般台面高0.50～0.55m，台面宽0.40～0.45m；
水龙头的间距宜为0.55～0.60m，位置不宜过高；
地面应有倾斜，避免水；
宜在盥洗台（槽）上方，幼儿使用高度内设置通常照面镜；
宜设放肥皂的位置；
应整洁、卫生，少占面积；
施工简便，造价低；
南方宜考虑盥洗台与淋雨喷头的组合</td></tr>
<tr><td>岛式</td><td>能满足幼儿使用要求，幼儿可两面站排，同时盥洗，适用于较方整盥洗间；
整洁、卫生、少占面积；
施工简单，造价低
可与淋雨喷头组合为多功能使用</td></tr>
<tr><td rowspan="2">毛巾架</td><td>活动支架式</td><td>使用方便，可随时拿到室外进行，日光消毒；
占据室内一定面积，易造成盥洗室空间拥挤</td><td rowspan="2">根据幼儿卫生的要求，避免传染眼病，便于进行毛巾消毒；
位置应靠近盥洗台；
挂钩应隔开距离，水平间距0.15m，行距0.35～0.50m；
为便于幼儿自己取用，毛巾架最低一行距地面0.50～0.60m，最上一行距地不大于1.2m</td></tr>
<tr><td>固定悬挂式</td><td>活动毛巾棍可悬挂在墙上；
使用灵活、方便，也可拿到室外进行日光消毒；
比活动支架式节省空间面积</td></tr>
</table>

的分类较多，需要单独设置空间去存放，同时保证教具和室内的整洁，辅助用房比如储藏室，也是必不可少的。

北方地区包括寒冷地区，衣帽间必不可少，可兼作贮藏室使用，衣帽、教具贮藏室放在活动室内，同时也是进入活动室的一个过渡空间。家具的尺寸要按幼儿、教员的使用规律去布置，安排打造，贮藏室与活动室应紧密相连。衣帽间适宜设在活动室出入口，空间关系的把握与推敲是设计师需要考虑的；镜子的高度应考虑幼儿的身材。

贮藏间的形式一共分为三种，即衣帽间和贮藏室并用、贮藏间独立的使用、固定壁柜作储藏用。存衣柜应有每个人单独的位置，高度根据不同阶段的儿童来定，综合考虑也行。

（5）音体活动室设计

音体活动室是整个幼儿园的活动中心，是一个相对大型的场所，可作多功能报告厅使用，也可作为展览的区域。

一般情况下一个年级设置一个音体活动室，位置和各个活动室要沟通方便，使每班容易使用，但功能不能交叉，避免噪声干扰；音体活动室大小根据幼儿园的规模而定，其造型可以做得活泼，激发儿童的兴趣。其位置以在底层为宜，和公共游戏场有一定的联系（表5–19）。

音体活动室面积大小应根据幼儿园的规模来定，可以精细的划分。当面积大于15m^{2}时，需要设置小舞台，小舞台尺寸深4～4.5m，高0.6～0.8m，材料适合选用木地板。

小型演出室内空间可以做得丰富，采用固定式小舞台，布置固定式台阶，这种台阶幼儿在上面可以进行任意趣味活动，听讲、唱歌、排演和做游戏都行，儿童也喜欢这种形式。类似积木样式的坐凳和可以活动形成小舞台，方便灵活使用，节省面积。为保证安全疏散，需设置不少于两个双扇外开门，门宽大于等于1.5m；并且窗台面距地面高度不宜大于0.6m，窗地面积比为1/5，保证良好的采光条件。

音体活动室在保证儿童活动安全的前提下，家具、墙和窗台不能出现棱角，

音体活动室位置设置 **表5–19**

位置	优、缺点
1. 独立设置，常设于总平面入口处	对各班活动单元干扰少，但雨天活动不方便，各班应设走廊与音体活动室连通，从而也增加了走道面积； 层高可不受班级活动单元影响，易取得整体造型上的活泼感
2. 自成一单元，位于主体建筑一侧	对各班活动室干扰少且联系方便； 层高、造型不受班活动单元影响，易取得整体造型上的活泼感
3. 位于主体建筑内	与各班活动室（保育室）联系直接、方便，节省交通面积，但声音干扰较大； 层高、体量均较大，与活动室不一致，设计需进行处理； 为扩大音体室的室内空间，有效地利用空间，音体室常与交通厅、廊毗连，中间设折叠门隔开，需要时可拉开折叠门，扩大音体室的使用面积
4. 与交通厅、门厅相连接或利用二层走廊扩大空间，增加观看位置	与各班活动室联系直接、方便，节省面积

最好都做成圆角；墙柱 1.3m 以下，粗糙材料最好不要使用；护栏净高大于等于 1.2m，护栏间净空小于等于 0.09m。

音体活动室地面有弹性的材料是最好的选择，幼儿活动时可能会有噪声，吸声材料要应用得当。音体活动室以暖色基调为宜，局部色彩彩度可以高一点，创造具有幼儿特色的个性空间，激发儿童的想象力。

音体活动室的造型以活泼、辨识度高为特点，异形的形状也可以加以采用，体量大的音体活动室，造型可以独特一点，可以作为幼儿园的标志，营造活泼的氛围。

(6) 游戏、教学空间设计

在现代社会中，要开发儿童的想象力和创造力，要因材施教，释放幼儿的天性。教学需要灵活，开放的空间也有利于打开儿童内心的窗户，丰富儿童的活动，自主性也能得到开发。

教学功能多变，老师的教学方式和儿童的选择可以互相匹配，相互之间调整起来也很容易，教学空间应该始终把儿童作为重心，积极引导儿童参与集体活动。

在图书角空间中儿童的自由性会多一点，可以作为过渡空间设置在楼梯间等处，空间有独立性且相对安静。如日本的某幼儿园把图书空间设置在过厅，用低书柜划分空间，与各班的活动室有分隔，同时也联系方便；日本的杉木保育园图书角也是一个很好的例子。大游戏室内开敞，楼梯转角处布置书柜，空间的利用十分合理，读书环境的营造有些欠缺。

(7) 服务、附属用房设计

服务用房主要是医务保健室、隔离室、晨检室及办公室等房间。

1) 医务、保健室

儿童的卫生、保健工作非常重要，在园内的身心健康需要得到保证，医务、保健室以检查和预防为主，也有紧急处理的功能，最小使用面积为 18m^2，规模小的幼儿园一个大间的医务、保健室即可。主要家具、设备有诊查办公桌、儿童诊查床、药品器械柜及体检仪器等。规模大的幼儿园，医务室独占一区，要和生活用房联系方便，隔离性也要好，还要设置专用出入口。

2) 隔离室

隔离室用于隔离生病的儿童，避免交叉感染，有医护人员照料隔离治疗，重病儿童等待家长接去医院治疗。隔离室与医务室相邻，设有观察窗，可以在隔离室外设置小庭园，便于轻病儿童在室外玩耍，隔离室需要设立独立的厕所。国外幼儿园有的单独设有医院，病儿直接在幼儿园附设医院进行就诊、治疗。

3) 晨检室

设在主体建筑前，靠近大门入口处最佳，可以和传达室、收发室设置在一个区域中。

4) 办公用房

分为教学办公室和行政办公室，教学办公室给老师备课休息使用，环境良好与幼儿活动室分区明确又联系紧密。教学办公室可以和行政办公室在一个区域中。

5）行政办公室

供行政办公使用，位置相对隐蔽。

6）值班室

值班室是幼儿园的门户，与大门紧密结合。

7）厨房

平面流线和功能分区合理，各房间最小使用面积见表 5–20。

幼儿厨房组成内容及最小使用面积（m^2） **表5–20**

房间名称	规模		
	大型	中型	小型
主副食加工间	45	36	30
主食库	15	10	15
副食库	15	10	15
配餐间	18	15	10
冷藏库	8	6	4

厨房要有良好的通风性能，有对外出入口，设杂物院。屋顶做成弧形或人字形，避免冬天水滴冷凝，地面应有排水坡度（1%～1.5%）和地漏，设排水沟，室内地面水及时清理。

厨房最好设在底层，通过水平廊道即可解决，二、三层用垂直运输体系解决。设置食梯，减少工作量。食梯形式有两种：第一，食梯位于厨房内，用于小规模幼儿园；第二，食梯位于在公共交通空间内，用于规模较大的幼儿园。

厨房有油烟、气味、噪声等干扰，卫生和安全的问题值得考虑，应在生活用房的下风侧布置厨房，和活动用房有一定的距离，方便运输；避免各种功能交叉。常见布置位置如下：

①独立设置，降低噪声、油烟、气味等对生活用房的影响；运输的路线要不大于 20m；连廊与幼儿活动室相连，坡道的布置也有益于餐车通行。常见于大型幼儿园。

②设于主体建筑内，对幼儿用房影响较大，易造成流线交叉，一般小型幼儿园多采用。

5.4 造型设计

托儿所、幼儿园的造型通常指能被人群视觉及身体直接感知的体量、形态、装饰等建筑空间及环境特征。通过各种手法对建筑的体量组合、虚实处理、颜色装饰、光影、材料等多方面进行细致处理，既满足公共建筑的一般规律要求，又能满足托儿所、幼儿园建筑自身功能特征的要求，创造高品质的生活空间环境，符合幼儿成长所需的空间心理环境要求。

5.4.1 建筑造型设计原则

(1) 托幼建筑最重要的是要保证幼儿健康成长，符合幼儿身心成长发育的基本规律。

(2) 造型应该富含幼儿建筑的风格特色，应新奇、美观并富有趣味，设计师应使建筑形体和功能之间的关系达到最佳。

(3) 托儿所、幼儿园的造型设计遵循统一与变化，对比与微差，均衡与稳定，比例与尺度，节奏与韵律，视觉与视差等公共建筑形式美的基本构图法则。

(4) 托儿所、幼儿园在设计时应与周围街区其他建筑整体设计，保证整体建筑风格一致，使托儿所、幼儿园建筑与周围环境融为一体。

5.4.2 建筑造型设计手法

托儿所、幼儿园的造型设计的主要手法有以下几种。

(1) 主从式造型

幼儿生活活动用房是托儿所和幼儿园建筑的主体部分，其配套部分包括服务用房和供应用房。这种主从关系在平面布局中确定，而且需要将主体建筑鲜明的个性在建筑设计中凸显。托儿所和幼儿园内有较多富有幼教特色的儿童活动单元，将其通过有机的组合构成具有鲜明特色的建筑群，作为托儿所和幼儿园的建筑主体，在所有建筑中处于支配的地位。音体活动室体量较大且有特殊的功能需求，需要独立设置，主体建筑群组和音体活动室两者构成主从关系。托儿所和幼儿园建筑有机组合需要突出韵律，使建筑组群形成一个有机的整体，而且需要强调与园内其他建筑部分的联系与均衡（图 5-4）。

在设计建筑形体时，不宜过度追求形式的变化而失去儿童生活活动建筑

图 5-4
主从式造型

图 5–5（左）
母题式造型
图 5–6（右）
积木式造型

的整体感。应该通过建筑形体的组合、色彩和材质等多个方面来强调儿童活动单元的主导地位。

（2）“母题”式造型

这种形式的造型设计是通过对某一主题要素的反复使用，并应有一定的变化使建筑群组产生律动美，从而使托儿所和幼儿园更富有生气。托儿所和幼儿园往往有较多形体、颜色、材质相同或相似的幼儿建筑单元，需要强调“母题”的韵律感，这些母体通常包括重复使用的形体、屋顶、门窗等多种要素（图 5–5）。

托儿所和幼儿园建筑通常采用矩形、多边形、圆形多种简单几何形体组合而成的复合体作为基本要素，门窗、屋顶、装饰也常常作为托儿所和幼儿园建筑“母题”的构成要素。托儿所、幼儿园建筑“母题”需在统一的基础上在某些部分创造相异性，但是不应破坏“母题”的整体感。

（3）积木式造型

积木式造型更加富有童趣，更能给幼儿创造新奇活泼、童真和谐的生活成长空间，通过积木式的手法模拟各种童话意境，创造多姿多彩的童话世界（图 5–6）。

5.5　案例分析：苏州太湖新城某幼儿园

基本资料

项目设计方：苏州太湖新城某幼儿园

项目位置：江苏省苏州市太湖新城吴中片

项目分类：教育建筑

项目委托人：苏州太湖新城 ×× 管理委员会

项目规模：12527m^2（地上 11916.4m^2，地下 8587.1m^2）

建筑设计理念特点

此部分内容可扫描二维码阅读。

二维码 1

第六章

旅馆建筑方案设计

6.1　前期分析

6.1.1　旅馆建筑概述

旅馆是一类综合性的公共建筑。旅馆建筑可以向顾客提供住宿，同时可以提供饮食、健身、会议等其他服务。

（1）2014 年发布的《旅馆建筑设计规范》JGJ 62—2014 中，将旅馆分为五个等级；按建筑质量标准、设备设施条件，将旅馆建筑由高至低分为六级（表 6–1）。

（2）国家计委编的《旅游旅馆设计暂行标准》将其分一、二、三、四级（表 6–2）。

（3）我国企事业单位所属招待所一般分甲、乙、丙三级（表 6–3）。

6.1.2　旅馆建筑选址

（1）基地选择应符合当地城乡总体规划的要求，并应结合城乡经济、文化、

客房及卫生间面积参考指标　　表6–1

房间名称	旅馆等级					
	一级	二级	三级	四级	五级	六级
双人间	20	16	14	12	12	10
单床间	12	10	9	8	—	—
多床间	—	—	—	大于 4/ 床	大于 4/ 床	大于 4/ 床
附设卫生间客房占总客房数百分比（%）	100	100	100	50	25	—
卫生间	不小于 5	不小于 3.5	不小于 3	不小于 3	不小于 2.5	—
卫生洁具	大于 3 件	大于 3 件	大于 3 件	大于 2 件	大于 2 件	大于 2 件

各部分面积配比参考指标 表6-2

等级名称	一级（m^2/间）	二级（m^2/间）	三级（m^2/间）	四级（m^2/间）
总平面	86	78	70	54
客房部分	46	41	39	34
公共部分	4	4	3	2
餐饮部分	11	10	9	7
行政部分	9	9	8	6
辅助	6	14	11	5

招待所等级划分 表6-3

分类	旅馆类型
规模大小	小型旅馆小于200床、中型旅馆200～500床、大型旅馆大于500床
建造地点	城市旅馆、观光旅馆、风景区、路边旅馆港口、郊区旅馆
使用性质	商务旅馆、体育旅馆、旅游旅馆、会议旅馆、综合中心旅馆和旅馆综合体
经营形式	汽车旅馆、青年旅馆、膳宿旅馆、流动旅馆

自然环境及产业要求进行布局。

（2）旅馆建筑基地宜具有相应的市政配套条件。应选择工程地质及水文地质条件有利、排水通畅、有日照条件且采光通风较好、环境良好的地段，并应避开可能发生地质灾害的地段；尽可能使用原有的市政设施，以缩短建设周期。

（3）不应在有害气体和烟尘影响的区域内，且应远离污染源和储存易燃、易爆物的场所。

（4）宜选择交通便利、附近的公共服务和基础设施较完备的地段。

（5）历史保护区、重点文物保护区、历史文化名地附近及风景名胜，旅馆建筑的布局及其选址，需要结合国家和地方的具体政策进行考虑。在区域评价中，下列地段适宜建旅馆：①车站、码头、航空港等交通方便地区；②城市经济、政治、文化中心区；③闹市中的安静地区。

（6）旅馆建筑的基地应该至少有一边是开向城市的街道，或者在基地内设一条道路与城市道路相连接。

（7）当旅馆建筑内部所设置的客房达到200间以上时，其基地的出入口不宜少于两个。

6.2 总体布局

6.2.1 功能与流线组成

（1）功能关系

旅馆的基本功能是向旅客提供住宿与膳食，随着时代的发展和生活水平的不断提高，旅馆建筑功能也日益完善和多样化。现代的旅馆设计不管是类型、规模还是等级的差异，其内部的功能都应该遵循密切联系、分区明确的原则，功能关系主要由住宿、公共活动、入口接待、餐饮和后勤服务管理五部分组成（图 6–1）。

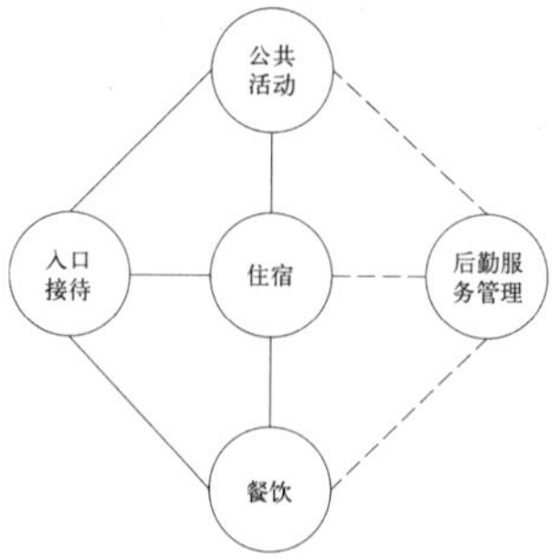

1）一般社会旅馆的功能关系

接待一般会议的社会旅馆，应配备一定标准数量的客房、一定数量的会议室、餐厅、小卖部及服务用房，行政办公及后勤相应集中（图 6–2）。

2）大型城市旅馆的功能关系

大型城市旅馆的内容组成和功能关系较复杂，管理模式较成熟。旅馆主要入口有住店客人和宴会客人之分，公共活动部分内容日益增加，餐饮部分种类日趋多样，后勤设备用房日趋复杂，根据当地交通管理部门的要求设置停车场、库（图 6–3）。

图 6–1　旅馆功能部分

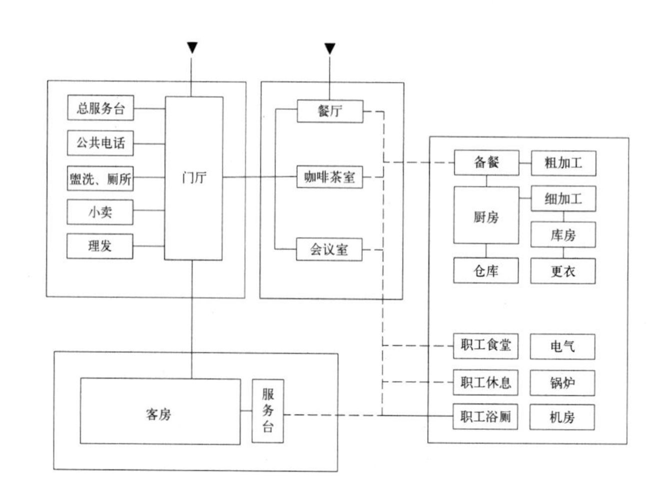

图 6–2　社会旅馆功能分析

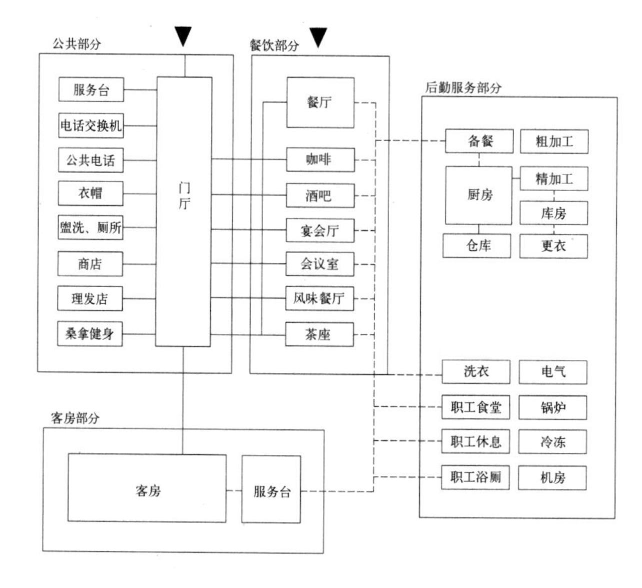

图 6–3　城市旅馆功能分析

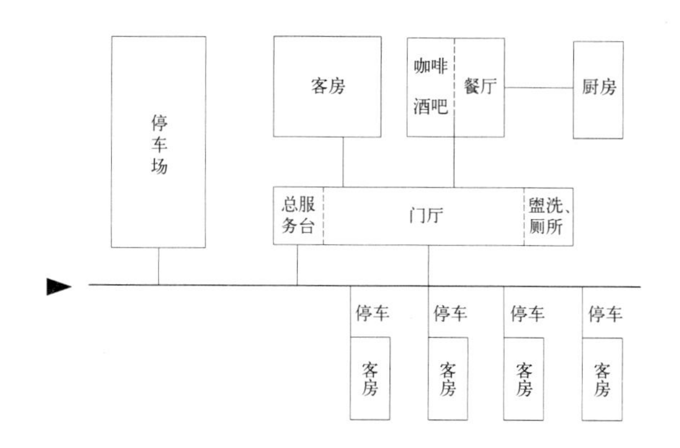

图 6–4　汽车旅馆功能分析

3）汽车旅馆的功能关系

汽车旅馆以为汽车旅行者提供方便为前提，使旅客不离开汽车也能办理好相关入住手续，接待管理应设置在入口旁，为保证风雨天的使用条件良好，门厅和管理均有遮雨平台（图 6–4）。

4）高层旅馆的竖向功能关系

现代旅馆中的高层旅馆建筑将地下室、低层公共活动部分、客房层、顶层公共活动部分、顶部设备用房等功能部分在竖向进行叠加，合理组织和利用竖向空间条件，具有紧凑集中的功能特点。

（2）流线关系

旅馆建筑合理的流线组织能反映旅馆服务水平，表明各功能组成部分之间的主次关系和使用效率。供客人到达主要活动空间的路线是旅馆建筑的主干流线，围绕主体空间的辅助设施及服务流线需要紧凑、短捷、高效。

旅馆流线从水平到竖向，分为服务流线、客人流线、情报信息流线和物品流线。流线设计的基本原则：服务流线与客人流线互不干扰，服务流线快捷高效，客人流线直接明了，情报信息快捷准确。

1）客人流线

中小型旅馆客人流量少，可集中于一个出入口引导人流。城市大中型旅馆的客人流线分为宴会客人、住宿客人和外来客人（图 6–5、图 6–6）。

图 6–5（左）
中小旅馆流线示意
图 6–6（右）
大中型旅馆流线示意

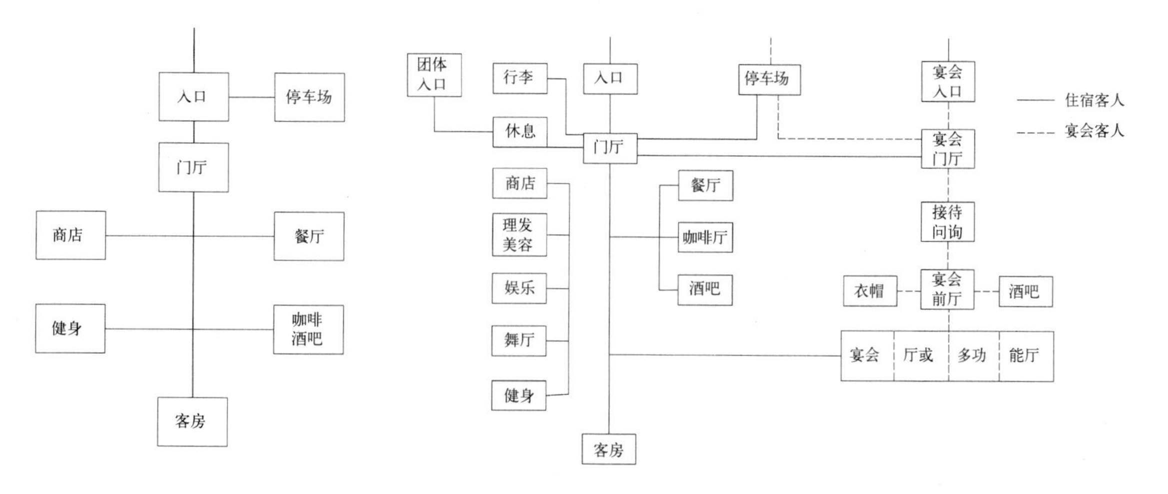

①住宿客人流线：分为零散客人和团体客人。现代高级旅游旅馆常在主入口附设专供团体客车停靠的团体出入口，并设置团体客人休息厅。

②宴会客人流线：高级城市旅馆的宴会厅承担社会活动功能，主要承接当地社会集会聚餐活动的客流，宜独立设置宴会厅出入口及门厅满足集散所需空间要求，同时设置过渡空间使宴会厅与大堂及其他公共活动空间保持功能联系。

③外来客人人流：主要服务于非住宿需求的访客或参与旅馆内餐饮及公共活动空间的客人人流。

2）服务流线

旅馆建筑应单独设置供内部行管及服务员工进出的出入口，避免与客人流线交叉而相互干扰（图 6–7）。

3）物品流线

为提高工作效率，保证清洁卫生，大中型旅馆均设置物品（含被服、衣物、食品、垃圾等）出入口，做到洁污分流、生熟分流（图 6–8）。

4）情报信息系统流线

由电脑及各场所的终端机及连接两者的通信电缆构成，包含总服务台系统、办公管理系统、设备控制系统和冰箱管理系统。电脑是该系统的核心，用以提高旅馆管理水平，及时高效处理各类问题。

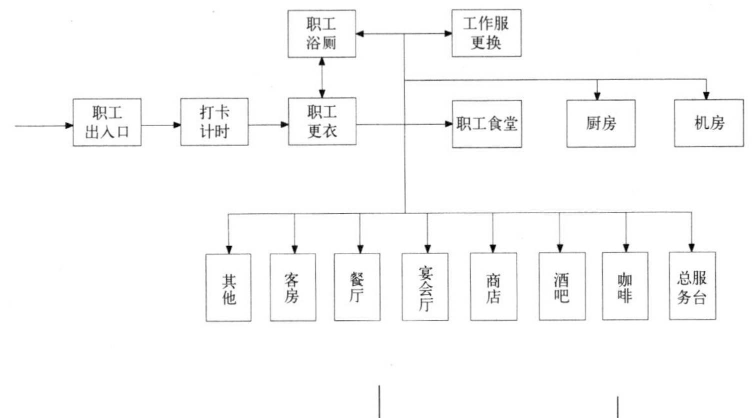

图 6–7　服务流线分析

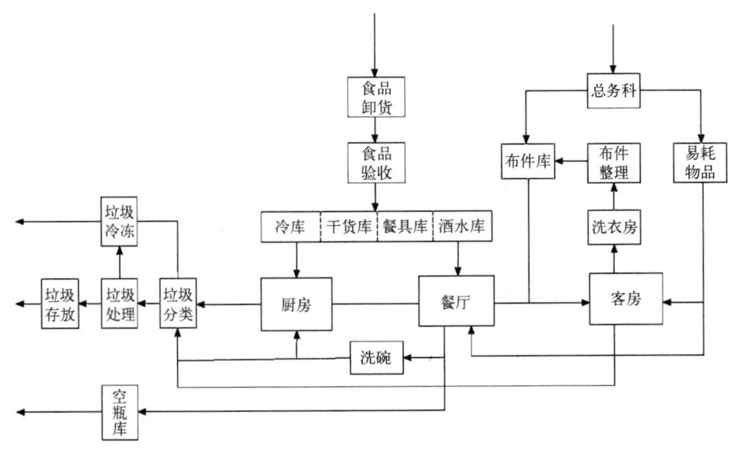

图 6–8　物品、垃圾处理流线分析

(3) 面积指标

旅馆面积由等级、规模、经营要求等确定，各功能组成部分面积确定影响因素如下：

1）对客房部分面积的影响因素有：客房总数、每层客房数、客房单元面积、客房层平面形状、交通枢纽位置、服务方式及服务间位置。

2）对餐饮部分面积的影响因素有：客房数、床位数、餐厅种类、餐厅数、餐座数、餐桌种类及餐桌数、有无小餐厅等。

3）对厨房部分面积的影响因素有：餐厅种类、餐厅数、餐座数、宴会厅数、容纳客人数、有无客房服务项目、各类食品库、冰箱及冷库容量、主厨师长的工作习惯等。

4）对公共活动部分面积的影响因素有：基地条件、客房层与公共部门的连接关系、公共活动项目设置等。

5）对后勤管理部门面积的影响因素有：职工人数、业务构成、男女比例、保健设施等。

6）对机械管理部门面积的影响因素有：客房数、总建筑面积、空调方式、热源种类、有无污水处理设备、防灾系统与方式、电梯台数与自动方式等。

6.2.2 总平面组成内容

(1) 设计原则

1）旅馆建筑的总图设计需要根据当地的地理、气候等条件综合考虑。

2）旅馆建筑的总图布局应该合理，分区明确，各功能互不影响。

3）如果有其他的建筑需要和旅馆建筑同时设置在同一地块内时，这时需要满足旅馆的功能之外还需要满足以下条件：

①旅馆建筑需要单独的分区，并且需要设计单独的出入口为其服务。

②旅馆建筑的一些功能分区需要集中设计。

③从属于旅馆建筑的并且需要对外营业的商店、餐厅等设计不能影响到旅馆建筑自身功能。

④旅馆建筑使用的各种设施所产生的噪声和废弃物应该采取一定的措施，避免对基地内的其他建筑产生影响。

⑤旅馆建筑总平面的交通流线组织，需要合理的设计，保证人流、车流、货流流线的清晰且相互不干扰，并且需要符合相应的防火疏散规范。

⑥旅馆建筑的总图设计需要合理布置其附属设施，设备用房和地下出入口。锅炉房、厨房等后勤用房需要的货物和垃圾等物品需要设置单独的出入口为其服务。

⑦四级、五级的旅馆的主要客流的出入口附近需要设置专用的出租车排队候客的道路或候客车位，并且不能占用城市公共道路，避免对公共交通产生影响。

⑧旅馆建筑的总图设计应该合理安排各种管线通道，便于维护和检修。

(2) 出入口设计

1）主要出入口要明显，并且需要直接进入门厅。

2）适用于规模大、档次高的旅馆，其辅助空间的出入口需要用于会议，商场购物等非住宿客人的出入。

3）团体旅馆出入口适合团体旅馆集中到达出入。

4）职工出入口：隐蔽地设置在职工的工作及生活区，用于职工的上下班出入。

5）货物出入口：需要设置在靠近仓库或者堆放场地，用于旅馆的货物进出，考虑货物和食品分开设置。

6）垃圾、污物出入口：设置在下风向处，位置应当隐蔽。

（3）停车场设计

1）广场临时停车场

旅馆入口广场的大小与基地条件、规模有关系。用地紧张或规模偏小的旅馆也应在入口广场设置一定数量的停车位，满足临时停车上下旅客的需求。大型旅馆入口广场除满足常规客流及小轿车停留所需停车场地外，还需要设置团体出入的大客车临时及出租车辆临时接送旅客的停车场地。

2）地面停车场

旅馆应按当地规划部门规定的设计标准设置地面停车场，满足车辆在一定时间范围内停放所需。汽车旅馆及市郊旅馆普遍设置。设置时应远离客房部分以减少噪声干扰。

3）地下车库

地下车库的设置应考虑旅馆的总体环境、节约用地及降低造价等综合因素，服务于旅馆内部车辆及外来车辆较长时间停放需求，地下车库空间利用率与上部建筑结构柱网尺寸有关。

4）地面多层车库

当旅馆用地宽松，且在总体布局中可尽量隐蔽而不影响城市和旅馆的主要景观视角、视线的情况下，可设置使用、施工均方便，且造价较低的地面多层停车库。考虑经济合理性，车库一般采用以车道两侧布置停车位的方式比较经济，车行路线以单向环形行驶为佳。

（4）景观环境设计

旅馆外部环境景观包含庭园绿化、建筑小品、雕塑和室外活动场所等。其设计主题、立意要与旅馆建筑的特性、特征相符，应突出绿色环境，尽量以植物景观为主，辅之以山石、水池、小品等，同时吸取中西方园林传统文化的精髓，把握好尺度、形状、格调、光线、色彩的设计要素。

1）庭园绿化

①绿化设计应用：改善微循环，降噪防风，减少污染，净化空气。突出设计主题，诠释旅游文化，提质景观，给客人营造赏心悦目、放松惬意的氛围。

②园林设计应用：

中国式园林：充分认识自然，运用艺术和技术手段造景、借景，创造步移景异、曲径通幽、引人入胜的具有良好观景赏景功能的室外休憩空间（图 6–9）。

西式园林：采用以花坛、雕塑、动态水景及几何形态的规则式绿化为主要造型元素的园林景观，以体现古典、高贵、典雅的风格特色。

日式园林：强调庭园艺术的象征性，以枯山水手法象征性再现自然、崇尚自然，以体现宁静致远的风格特色。

屋顶花园：现代城市旅馆因用地狭小而绿化覆盖率不足情况下发展而来，把绿化、山石、水景引上裙房屋面，与同层公共活动空间围合成景致优雅的庭园。

2）室外活动场地

根据旅馆规模、等级配备相应的室外活动场地，如游泳池、网球场、小型高尔夫球场、钓鱼场、儿童或成人游乐场等，与绿化、小品结合形成总体布局中最具活力的场所。

3）建筑小品及其他

在旅馆总体布局中，亭、台、廊、榭等小品，不仅在外部空间构图中起到分隔空间、渗透视线的作用，还能营造外部空间活动氛围使之成为人们的视觉中心。

6.2.3 总平面布置方式

（1）分散式布局

此类型布局适用于大型的基地内，基地内各部分建筑功能分区需要合理，布局需要紧凑和美观，同时基地内的道路和管线设计不宜过长。

（2）集中式布局

集中式布局适用于基地紧凑的地方，但是需要合理地考虑停车、绿地和整体的空间效果。

（3）水平集中式布局

常用于市郊或风景区旅馆总体布局。客房、公共活动、餐饮、后勤等部分各自相对独立集中布局，并在水平方向通过连廊相连接，按功能关系、景观方向、出入口及交通组织、体形塑造等方面有机结合，庭院穿插其中。交通流

图 6-9 天津东丽湖恒大酒店

图 6–10 苏州同里湖大酒店

线较长，管线不易集中（图 6–10）。

（4）竖向集中式布局

适用于城市中心、基地狭小的高层旅馆，其客房、公共活动、后勤服务等各功能部分在建筑竖向叠合，主要采用楼梯、电梯及自动扶梯等解决各功能之间的交通组织。

（5）水平与竖向结合的集中式布局

常用于高层附带裙房的城市旅馆。具有交通流线短、紧凑经济的特点。

（6）分散与集中结合的综合式布局

适用于市郊旅馆基地宽松，或对客房高度有限制的旅馆布局。一般采用客房部分分散、公共活动部分集中布局的综合式布置方式。

6.2.4 总平面构成及功能分析

（1）总平面设计数据（表 6–4）

（2）面积与功能确定

1）客房部分面积确定

假定基地面积为 A（m^2），允许容积率为 B，则允许的总建筑面积为 $S_{总}=A\times B$（m^2），客房部分面积为 $S_{客}=S\times 50\%$。

2）各部分面积的构成（表 6–5）

经济技术指标 表6–4

容积率	总建筑面积（地下不计容）/ 基地用地面积。多层的容积率应为 2 ~ 3；高层（15 层以上）为 4 ~ 10
空地率（%）	100%– 覆盖率
覆盖率（%）	建筑水平投影面积 / 用地面积
绿化系数（%）	绿化面积 / 用地面积

各部分面积构成　　表6-5

总建筑面积（100%）	接待厅	6% ~ 9%
	餐饮	11% ~ 18%
	维修机房	7% ~ 13%
	客房出租部分	45% ~ 60%
	商店康乐	8% ~ 12%
	行政后勤	8% ~ 13%

6.3 平面功能关系布局

6.3.1 功能组成

（1）客房部分：旅馆建筑中的核心部分，直接影响旅馆的出租率和形象，是旅馆设计的重点之一。

（2）公共部分：包含公共服务部分和公共餐饮部分。其中，公共服务部分涵盖门厅、总服务台、商务活动、娱乐健身及会议等功能；公共餐饮涉及宴会厅、各类餐厅及其后勤服务等功能组成。

（3）辅助部分：包含后勤服务及行政管理部分。后勤服务主要由洗衣房、供应管理、垃圾、设备管线维护等功能用房构成。行政管理由行政办公管理及员工生活等功能用房构成。

6.3.2 设计要求

（1）平面功能要点

1）旅馆建筑应根据其等级、类型、规模、服务特点、经营管理要求以及当地气候、旅馆建筑周边环境和相关设施情况，设置公共部分、客房部分及辅助部分。

2）旅馆建筑内的空间组成应该和旅馆实行的管理模式相互适应，需要做到内外联系便捷，各功能的分区明确。

3）旅馆建筑防火设计应严格按照现行国家标准《建筑内部装修设计防火规范》GB 50222—2017、《汽车库、修车库、停车场设计防火规范》GB 50067—2014、《建筑设计防火规范》GB 50016—2014 的相关规定。

4）旅馆建筑设计应进行建筑节能设计，并符合现行规范《民用建筑热工设计规范》GB 50176—2016 和《公共建筑节能设计标准》GB 50189—2015。

5）旅馆建筑需要考虑无障碍设计，并应按照现行国家标准《无障碍设计规范》GB 50763—2012 的规定去设计。

6）公共部分与客房部分、辅助部分宜分区设置。

7）旅馆建筑的主要出入口设计应符合下列规定：

①建筑的出入口位置需要设计醒目的导向标识系统，能够引导人流顺利

地到达各个区域；

②出入口附近的设计需要满足客人上下车的要求，根据要求设计车道（单车道或多车道）；

③建筑出入口的上方需要设计雨篷，地面需要有防滑处理。

8）锅炉房、水泵房、制冷机房、冷却塔等采取减振、隔声等措施，防止对其他功能产生影响。

9）建筑内的卫生间等房间不应设在餐厅，厨房，配电室等具有严格卫生要求和防潮要求的用房的直接上层。

（2）客房功能设计

1）设计要求

①标准层客房房间数量的要求：尽可能提高客房所占比例，增加客房的间数。

②自然环境的利用及能源要求：应考虑好周边环境，减少外墙面积，节能。

③平面形式：应综合考虑结构、朝向、地形、景观、造价等因素。

④防火疏散：防火疏散楼梯宜均匀设置，位置明显，满足相关防火规范的要求。

⑤旅馆客房不宜设置在没有外窗的空间内，不宜与电梯井相邻布置。多床房间床数目不应超过 4。客房内应设置挂衣柜和壁橱。

⑥无障碍客房应该设计在距离安全出口最近的位置。

⑦公寓式旅馆中的客房和使用燃气的厨房应该自然通风，直接采光。

⑧公共卫生间应设前室或经盥洗室进入，前室和盥洗室的门不宜与客房门相对；与盥洗室分设的厕所应至少设一个洗面盆。公共卫生间和浴室不宜向室内公共走道设置可开启的窗户，客房附设的卫生间不应向室内公共走道设置窗户。上下楼层直通的管道井，不宜在客房的卫生间内开检修门。不附设卫生间的客房，应设置集中的公共卫生间和浴室，并应符合表 6–6 的规定。

公共卫生间和浴室设施 **表6–6**

设备（设施）	数量	要求
公共卫生间	男女至少各一间	宜每层设置
大便器	每 9 人一个	男女比例不大于 2 ： 3
小便器或 0.6m 长小便槽	每 12 人一个	—
浴盆或淋浴间	每 9 人一个	—
清洁池	每层一个	宜单独设置清洁间
洗脸盆或 盥洗槽龙头	每一个大便器配置一个 每 5 个小便器增设一个	—

2）标准层设计

双间、单间是基本间即标准间和大床房，常将拐角、尽端等处布置套间、豪华套间。标准层平面形式（图 6–11）可分为：

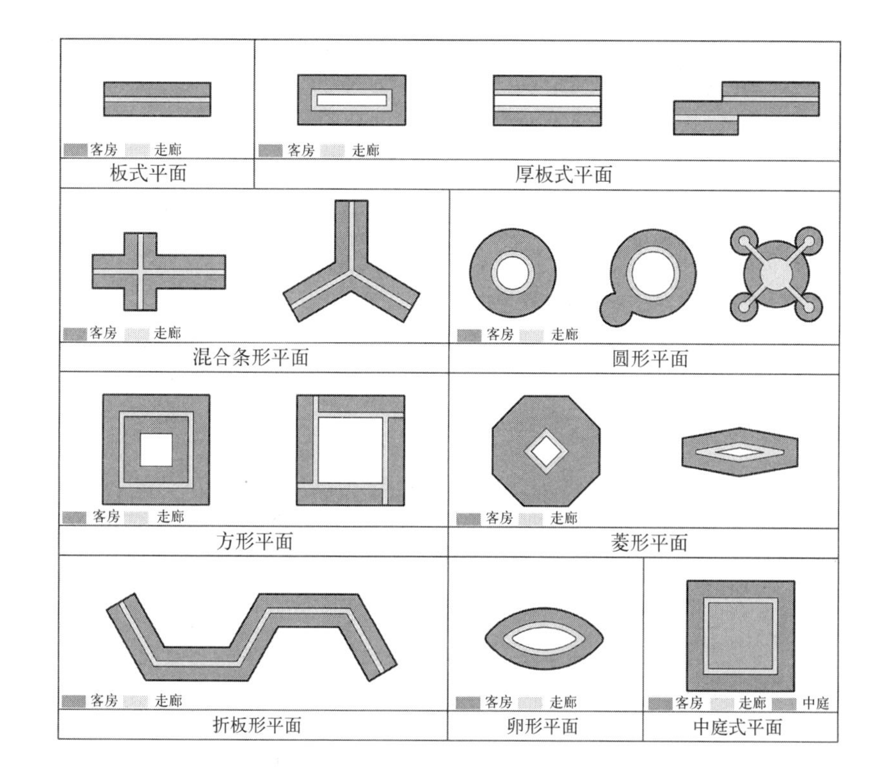

图 6-11 标准层平面形式示意

①板式平面：形式简洁，挺拔，欠变化，运用广泛；

②厚板式平面：充分利用外墙布置客房，交通服务部分居中；

③混合条形或交叉形平面：平面紧凑，交通服务部分居中，缩短两翼路线并提高效率；

④圆形平面：受力性能好，走廊长度及外墙面积均为同面积中最少，其中又分单个圆形平面形式、大小圆形组合平面形式和多个圆形组合平面形式；

⑤方形（菱形）平面：平面方正，四方均同；

⑥菱形平面：用于旅馆应使其钝角更大，并削去锐角；

⑦折板形平面；

⑧卵形平面；

⑨中庭式平面。

3）设计指标（表 6-7 ～表 6-11）

客房净面积（m²） **表6-7**

旅馆建筑等级	一级	二级	三级	四级	五级
单人床间	—	8	9	10	12
双床或双人床间	12	12	14	16	20
多床间（按每床计）	每床不小于 4			—	—

注：客房净面积是指除客房阳台、卫生间和门内出入口小走道（门廊）以外的房间内面积（公寓式旅馆建筑的客房除外）。

客房附设卫生间 表6–8

旅馆建筑等级	一级	二级	三级	四级	五级
净面积（m^2）	2.5	3.0	3.0	4.0	5.0
占客房总数百分比（%）	—	50	100	100	100
卫生器具（件）	2		3		

注：2件指大便器、洗面盆，3件指大便器、洗面盆、浴盆或淋浴间（开放式卫生间除外）。

客房室内净高 表6–9

房间		净高要求
客房居住部分	设置空调时	不应低于2.40m
	不设空调时	不应低于2.60m
利用坡屋顶内空间作为客房		应至少有8m^2面积的净高不低于2.40m
卫生间		不应低于2.20m
客房层公共走道及客房内走道		不应低于2.10m

客房门净尺寸 表6–10

房间门	门洞净尺寸	
	宽	高
客房入口门	不应小于0.90m	不应低于2.00m
客房卫生间门	不应小于0.70m	不应低于2.10m
无障碍客房卫生间门	不应小于0.80m	不应低于2.10m

客房部分走道净宽尺寸 表6–11

走道		净宽尺寸
公共走道	单面布置房间	不应小于1.30m
	双面布置房间	不应小于1.40m
客房内走道		不应小于1.10m
无障碍客房走道		不应小于1.50m
公寓式旅馆	公共走道、套内入户走道	不应小于1.20m
	通往卧室、起居室（厅）的走道	不应小于1.00m
	通往厨房、卫生间、贮藏室的走道	不应小于0.90m

4）客房设计（表6–12）

①客房的设计需要根据环境要求、景观条件、气候特点，尽量争取好的朝向；

②客房的设计需要考虑家具的布置，符合人体尺度要求，方便后期的养护和维修；

③客房长宽比不超过1：2；

④客房类型分为：套间（图6–12）、单床间、双床间（图6–13）、多床间；

⑤客房不宜设置在地下室，当使用没有窗的地下室作为客房的时候，必

客房形式 表6–12

客房种类及名称	使用状况特点	使用对象
单人间（单床间）	面积大于 $9m^2$，旅馆中最小客房，设置单人床，设备齐全，经济实用	一人
多床间	用于低档次旅馆及招待所	不多于四床
双床间（标准间）	面积 16 ~ $38m^2$，旅馆常用客房类型，放置两张单人床	一至二人
双人床间	放置一张双人床，适合家庭旅客使用	家庭
两个双人床间	设置两个双人床或两个大单人床	二至四人
灵活套间	用隔断简单分隔，需要时将客房分为两个使用空间	用于家庭及办公等
跃层式套间	起居室与厨房上下分层设置，其间楼梯相连，私密性强	用于家庭及办公等
两套间（普通套间）	卧室为双床间或双人床间，起居室用于会客、休息、用餐	用于家庭及办公等
三套间	由起居室、餐厅、卧室三间组成，配有客用备餐、盥洗、厕所	用于家庭及办公等
总统套间（豪华套间）	一般由五间以上客房组成，常布置于走廊尽端，空间布置灵活，吸取别墅、公寓风格，设专用电梯、保安、秘书、高级卫生间等附属用房	国家总统、高级商人、贵宾

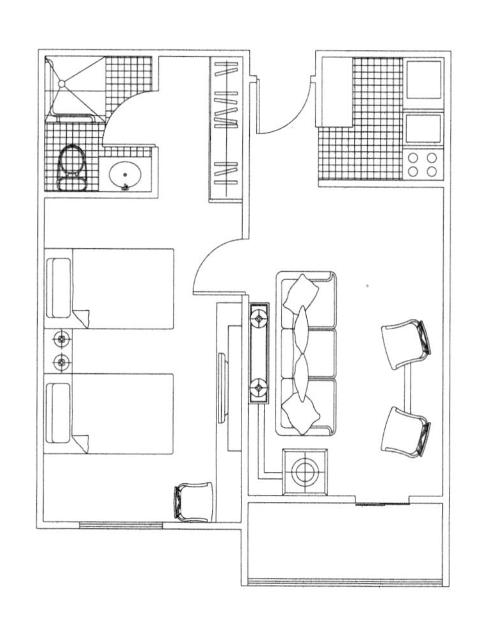

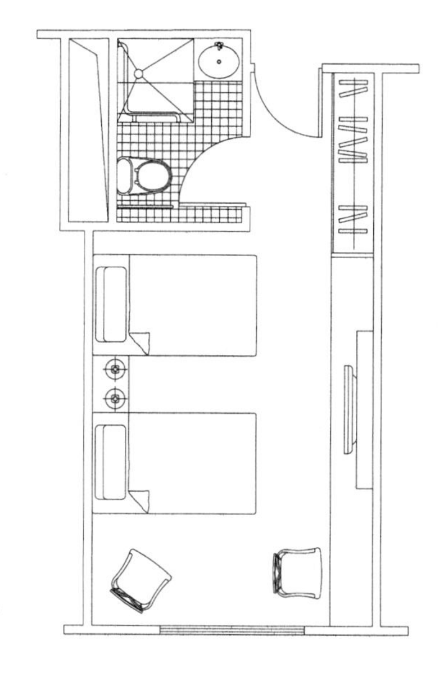

图 6–12（左）
套间平面家具布置
图 6–13（右）
双床间平面家具布置

须设置排风系统；

⑥客房的隔墙楼板等应符合隔声规范；

⑦客房内应设有挂衣空间或壁柜；

⑧客房之间的排风送风管道必须采取消声处理措施；

⑨天然采光的客房间，床地比不应小于 1 ：8；

⑩室内装修色彩协调，简洁。

5）卫生间设计

①内部设备布置紧凑、合理（图 6–14），管道应集中，便于维修与更新；

②地面低于客房地面 0.02m，门洞宽不小于 0.75m，净高不小于 2.2m；

③客房附设卫生间应符合相关规范中的规定；

④不设卫生间的客房，应集中设置厕所和淋浴室；

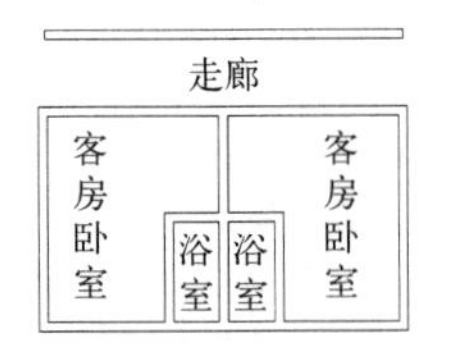

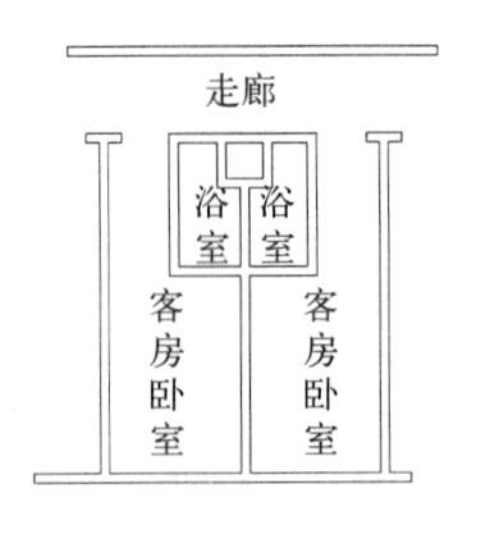

图 6–14　卫生间基本布置方式

⑤客房卫生间不应设计在配电室、餐厅等具有防潮湿要求用房的直接上层；

⑥卫生间不应向走道或客房开窗；

⑦客房不应在其卫生间内开检修门；

⑧卫生间管道设计应该具有严格的放漏水和隔声措施，并且方便后期养护和维修。

6）服务用房设计

①宜根据具体要求隔层或每层设置。

②宜靠近服务电梯。

③宜设贮藏间或开水间、服务人员工作间。

④客房层应该设计污衣井道，井道或者前室的出入口设计乙级防火门。

⑤一级和二级旅馆建筑应有消毒设施；三级及以上旅馆建筑应设工作消毒间。

⑥工作消毒间应设置有效的排气措施。

⑦旅馆建筑的客房应该在每层或者隔层设计单独的卫生间以供服务人员使用。

⑧当服务通道具有高差时，需要设计坡道，坡度不大于 1 ∶ 8。

（3）公共部分设计

1）门厅

旅馆建筑门厅（大堂）内交通流线应明确、各功能分区应清晰，规模大时可设分门厅，附近需要设卫生间、旅客休息区、服务台、行李寄存区域等；门厅中的总服务台的位置需要明显，形式应该和建筑的规模、等级相适应，服务台前设计等候空间，办公室设在其附近。

乘客电梯厅的位置，不宜穿越客房区域；在门厅的室内外具有较大的高差时，采用台阶的同时还需要设有坡度为 1/12 的残疾人坡道以供残疾人使用和行李搬运。门厅的交通设计需要组织人流，避免相互之间的交叉干扰，各部分功能要满足互不干扰，内部用房和公共用房分开，各自有独立的卫生间和走道（图 6–15）。

①门厅入口：旅馆主入口以及大宴会厅、康乐设施和商店等辅助入口（图 6–16）；

②前台服务：登记、问询、结账、银行、邮电、旅行社、代办、贵重物品存放、商务中心以及行李房；

③公共交通：前往总服务台、客梯厅、休息厅、餐厅、宴会厅、康乐中心、

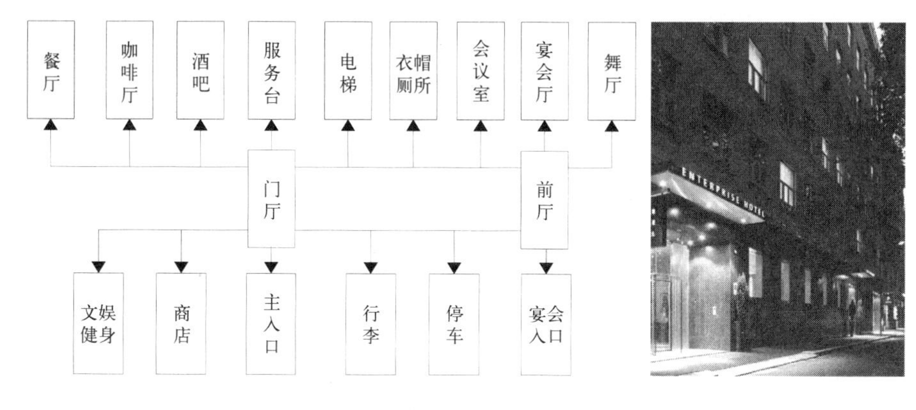

图 6-15（左）
门厅功能关系示意
图 6-16（右）
门厅外部设计

酒吧、商店等交通空间；

④休息：休息座位、绿化、雕塑、喷水池、饮料供应（酒吧）；

⑤商店：报刊、礼品、花店、珠宝店、服装店、百货店等；

⑥辅助设施：卫生间、衣帽间、旅馆指南、电话以及门厅经理台。

总服务台和电梯的位置在门厅内需要设计导向标识来引导客人，总服务台的功能要满足客人的结账、问询等要求；等级高的旅馆需要设计行李房，应靠近总服务台。门厅设计应满足建筑防火规范。

2）餐厅

①旅馆应该根据具体的需求、等级、性质、规模和附近的商业饮食条件综合考虑设置餐厅。

②对外营业餐厅应有单独的对外出入口、卫生间和衣帽间。外来人员就餐不应穿越客房区域。

③餐厅空间以 70 座左右为宜，不宜超过 180 座，餐厅便于服务与管理，必须紧靠厨房设置。

④服务人员流线不宜过长，应小于 40m，避免流线交叉和穿越其他功能空间。桌椅组合的形式应该多样化。

⑤备餐间出入口需要设计得隐蔽，需要对外部视线有所遮挡。

⑥中、小餐厅净高不小于 2.6m；大餐厅净高不小于 3.0m；空调层净高不小于 2.4m。

3）厨房

厨房的面积和平面布置应根据旅馆建筑等级、餐厅类型、使用服务要求设置，并应与餐厅的面积相匹配。

三级至五级旅馆建筑的厨房应按其工艺流程划分加工、制作、备餐、洗碗、冷荤及二次更衣区域、厨工服务用房、主副食库等，并宜设食品化验室。

一级和二级旅馆建筑的厨房可简化或仅设备餐间。

厨房应该与餐厅的联系方便，避免厨房的油烟、噪声、气味对其他的部分功能造成干扰。应该设置食梯，服务电梯相联系。

平面布置应该符合食物的加工流程，防止生食与熟食相混。

厨房进、出餐厅门分开设置，并宜采用带有玻璃的单向开启门，开启方向应同流线方向一致。

厨房的库房宜分为主食库、副食库、冷藏库、保鲜库和酒库等。

①位置

设于底层：厨房以煤炭为燃料，没有专业的电梯时，尽可能设置于下风向的辅楼内，或单独设置通风口通向屋顶或其他的通风排烟设施；

设于上部：当旅馆建筑上部需要设有餐厅时，厨房应该配备煤气、水电及专用货梯等设备服务于上部餐厅；

设于中部：当建筑的高度较高时，可在建筑的中部位置设餐厅，同时需要采取相应的排气排烟措施；

设于地下室：当厨房必须设置于地下室中时，不得使用液化燃料，必须设计机械通风排气设施；

厨房应该靠外墙设计，避免设于平面中心，方便通风和货物进出，餐厅与厨房最好设置在同一层上，如果必须分层，不宜超过一层。

②总流程图（图 6–17）

4）宴会厅、会议室、多功能厅

①宴会厅、多功能厅的人流应避免和旅馆建筑其他流线相互干扰，并宜设独立的分门厅。

②应设置前厅，会议室应设置休息空间，并应在附近设置有前室的卫生间。

③宴会厅、多功能厅应配专用的服务通道，并宜设专用的厨房或备餐间；

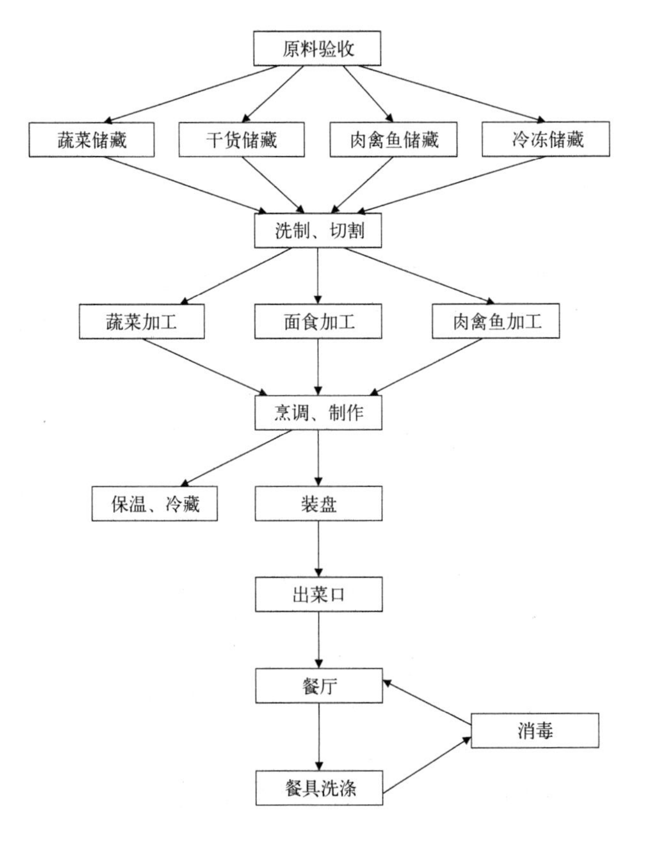

图 6–17　厨房加工流程图

人数宜按 1.5 ~ 2.0m²/ 人计。

④会议室宜按 1.2 ~ 1.8m²/ 人计。

⑤当宴会厅、多功能厅设置能灵活分隔成相对独立的使用空间时，隔断及隔断上方封堵应满足隔声的要求，并应设置相应的音响、灯光设施。

⑥宴会厅、多功能厅宜在同层设贮藏间，会议室宜与客房区域分开设置。

5）商务、商业设施

旅馆建筑应该按照规模、等级、需求等因素配备商业的设施：一、二级旅馆宜设自动售货机、零售商品柜台等。

6）健身、娱乐设施

①应该按照旅馆实际等级、规模、需求进行设置，四、五级旅馆建筑应设置健身、游泳、水疗等设施；

②客人进入游泳池路径应按卫生防疫的要求布置，非比赛游泳池的水深不宜大于 1.5m；

③对有噪声的娱乐健身空间，空间的围护结构的隔声性能应满足《民用建筑隔声设计规范》GB 50118—2010 的规定；

④独立对外经营的空间，宜设专用出入口。

7）公共卫生间

①公共卫生间应该设前室，三级或者以上等级的旅馆的公共卫生间男女应该分设，并分别设置前室；

②四、五级的旅馆建筑的卫生间内部厕位的门扇宜内开，宽度大于 0.9m，深度大于 1.55m。

6.4 造型设计

6.4.1 造型特征

旅馆建筑是为旅客提供住宿、餐饮、休憩及各类公共活动的场所，其建筑造型与旅馆建筑所处环境、建筑规模、等级、功能、布局、空间组合等因素密切相关，同时也受到当地地域风格特征、建筑材料、设备、施工条件及决策者的审美意识、建筑师的职业素养等方面的影响。旅馆建筑造型特征主要体现在如下几个方面。

（1）商业性与文化性

旅馆建筑具有商业性特征，争取做到以鲜明的标志来吸引客人入住。同时，旅馆建筑作为城市或市镇某个特定区域的公共建筑，具有提高文化内涵，对所处环境作出积极反应的作用，给人以美好感受。

（2）时代性与地域性

旅馆建筑作为时代产物和反映新技术水平及艺术思潮的窗口，其造型应体现强烈的时代感，并力求创新；同时，结合地域文脉特征，把握所处环境本质，使之立于环境中独特兼具和谐。

(3) 共性与个性

内部功能的规律性及技术经济水平的同类性，如有韵律感的窗扇显示统一规格的客房；宽大的雨篷是旅馆入口的主要形式；高大裙房是公共活动空间的直接反映，使旅馆建筑造型具有类同的共性。同时，不同的时代、环境、经营、地域、文化等特征，决定了旅馆建筑应具有鲜明的个性和可识别性。

6.4.2 体量与体形组合设计

(1) 体量组合设计

由客房平面形状形成建筑体量形态。

旅馆建筑因客房面积所占比例高，客房部分体量成为旅馆建筑造型的主体，一般呈现出如下两类形态关系：

①以相同客房平面叠合而成的简洁几何形体量：

直面块体形态：直线型客房平面叠合而成的直面块体，块面简洁、棱角分明，设计与施工方便（图 6–18）。

矩形体量：由一字形、方形、口字形等客房平面叠合而成，是最常见的旅馆建筑形态，适用于各种规模的旅馆建筑，通过建筑窗线组合、材质组织变化、顶部及底部的强调处理形成丰富的视觉效果（图 6–19）；

直面交角块体：两个及多个矩形块体以不同角度相交成直面交角块体，如 L 形、折线形、菱形、Y 形平面客房层叠合而成，造型简洁不失变化（图 6–20）。

三角形和多边形直面块体：轮廓分明，天际线透视感较强，成为高层旅馆建筑常用的体量形式（图 6–21）。

直面块体组合形体量：通过直面块体复杂的组合，以庭院穿插其中，在旅馆建筑造型设计中运用广泛（图 6–22）。

曲面块体及其组合：曲线平面具有柔和之美，曲面块体造型的旅馆建筑更显舒展、亲和、自然和刚柔相济，富有动感和活力，虽然设计和施工较复杂，造价较高，但因其造型的独特效果，在旅馆建筑设计中经常采用（图 6–23）。

图 6–18（左）
布鲁塞尔潘通酒店
图 6–19（中）
泰国清迈 Little Shelter 酒店
图 6–20（右）
挪威特隆赫姆 Clarion 酒店与会议中心

图 6-21（左上）
泰国曼谷瑰丽酒店
图 6-22（右上）
印度 Kumaon 酒店
图 6-23（左下）
伦敦 Shoreditch 酒店
图 6-24（右下）
瑞士洛桑 Aquatis 综合体

椭圆形旅馆：具有外形曲线浑厚柔和的特点（图 6-24）。

圆弧旅馆：由弧形客房平面叠合构成，在城市空间中巨大的弧形墙块体具有较强的包容围合和可识别感（图 6-25）。

S 形旅馆：由 S 形客房平面叠合构成富有动感的 S 形体量。

圆形旅馆：是曲面体块中最为简洁纯净的体量形式，具有一种周而复始、浑然一体的形态特征。

曲面交叉形和曲面三角形旅馆：曲面从多角度交汇形成婀娜姿态或饱满

图 6-25
广州南沙花园酒店

图 6-26　层叠式酒店

图 6-27　折合式酒店

图 6-28　并列式酒店

图 6-29　穿插式酒店

图 6-30　围合式酒店

的张力，造型优美，形成城市独特的亮点。

②以渐变客房层平面叠合而成的富有变化的体量：

以客房层平面的逐层变化塑造形体是当代旅馆造型追求变化的重要手法之一，以先进设计技术及材料、施工工艺为前提，将建筑主体如同巨大的构件逐层出挑或收进或扭转，使建筑造型富有运动与雕塑感。

（2）体形组合设计

按旅馆建筑高层客房部分和裙房的组合关系，其造型体形组合方式可分为：层叠、折合、并列、穿插、围合等。通过汲取传统文化神韵、借鉴传统风格形式，运用现代手法加以提炼简化，以满足当代人的审美情趣（图 6-26 ~ 图 6-30）。

6.5　案例分析：绍兴饭店

- 地点：绍兴越城区环山路 8 号
- 功能：餐饮、娱乐、客房、后勤
- 设计：浙江大学建筑设计研究院

此部分内容可扫描二维码阅读。

二维码 2

第七章
文化建筑方案设计

随着社会文明化的不断提升与当代科学技术的发展，城市居民可以拥有更多的休憩时间与日趋多样的休闲生活空间，根据各自的兴趣、爱好、性格和生活环境选择如进修型、兴趣型、娱乐型、体育型和游览型等休闲生活方式。文化建筑作为重要的组成部分，为现代城市的发展做出巨大贡献。

文化建筑以满足广大群众对文化生活的多样化需求为目的，具有建筑功能内容的综合性、建筑空间形式的多用性与灵活性、建筑环境及造型艺术的地域乡土性等主要建筑特征。

7.1 前期分析

7.1.1 文化建筑类型

文化类建筑是各级政府组织辅导群众开展各种文化活动而设立的群众文化事业机构，包括群众艺术馆、文化馆、文化站等。文化建筑分为社会公益性设施和娱乐消费性设施两类。

（1）社会公益性设施：设施的建设与经营管理由政府或行政主管部门统管统包，以宣传鼓动和思想教化为目的，向人们无偿提供公益性的文化休闲服务。具有稳定性、综合性、规范化的特征。

（2）娱乐消费性设施：娱乐消费性设施是以市场文化消费服务为导向的大众文化产业。具有专业性、时尚性、个性化特征。如社区会所、高尔夫俱乐部、网球俱乐部等文化休闲健身中心等。

7.1.2 文化建筑项目策划

文化建筑工程项目设计全过程应包括策划立项、编制设计任务书、提交可行性研究报告、进行方案设计、编制施工图和工程预算、承担施工交底和现场监理、参与竣工验收的各阶段工作。

（1）任务书编制

1）公共性投资项目：由国家或地方有关主管部门参照同类建成项目评估核定，主要依据经验性原则决策；

2）商业性投资项目：由投资者根据市场需求度、主观意愿和客观制约条件（社会、经济、文化等）权衡评估，主要依据利益均衡性原则决策。

（2）项目策划立项

设施服务目标由建设单位聘请顾问建筑师协作确定服务范围和服务方式。

1）公共福利性设施：其服务面向一定地域或行政管辖范围内的全体公众，主要提供非盈利的公益性服务。如文化馆——由政府投资兴建，服务于与当地行政级别相对应的地域范围。

2）娱乐消费性设施：由商业部门或民营企业投资，其服务仅面向某个特定的消费群体，主要提供以赢利为目的的商业性服务，随时依据市场的消费需求选定适宜的服务项目。

（3）设施规模确定

通过考察当地的经济（发展水平、方向与前景）、人口（居住、流动、年龄、职业、素质）、文化设施、文化传统（民俗、传统艺术、民族）等情况来确定（表7–1）。

文化建筑规模划分 **表7–1**

规模	大型馆	中型馆	小型馆
建筑面积（m^2）	不小于6000	小于6000，且不小于4000	小于4000

7.1.3 文化建筑基地选址

按文化建筑基地与城市中心区的关系大致可分为城市型和城郊型两种用地。省、市群众艺术馆，区、县文化馆宜有独立的建筑基地，并符合文化事业和城市规划的布点要求。基地选址应满足如下条件：

（1）交通条件

应当考虑将地点选在人流集中、位置集中、交通便利、方便群众日常闲暇时使用的地方。

1）城市型文化建筑基地考虑使用者出行交通路程：①市级设施的距离为5～10km，交通路程15～30min；②区级设施的距离为2～3km，交通路程15～20min。可与商业区或集贸中心相邻，提高设施利用率，促进综合性消费。

2）城郊型文化建筑基地位置应靠近长途公共交通停靠站，考虑日常生活消费品采购供应线的便捷性。

（2）环境条件

应考虑方便建设、节省投资、确保良好使用环境，应满足：

1）基地应有足够的发展用地和适宜的地形地貌。用地规模一般按计划参加活动总人数以每人 2.5 ～ 4.0m^2 估算。

2）基地应有良好的自然环境（绿地、水面或特殊地形地貌），有足够的用地和合适的基地形状，除了满足文化馆功能分区，人流组织、货物（展品、道具等）运输以及停车、消防等功能之外，还应能创造丰富的外部环境和庭院空间，较好地反映出地方特色、风土人情以及传统文化，以创造吸引人的优美环境。

3）基地应能很好地解决朝向、采光、通风、隔声等问题，应远离有害物排放点和噪声源，避免产生可能的环境污染，同时也适当考虑文化馆中观演、游艺、交谊等可能产生的噪声。

（3）技术条件

在基地的选择上，应当具有良好的工程技术条件（地基、水文地质等）和良好的水电及能源供应条件的地段，应有足够的供水、供电及排除雨水、污水等条件。

（4）基地选址

1）基地面临城市广场有助于人流集散，形成具有特色的城市广场空间和景观。但应避免布置于交通性城市广场（图 7–1）。

2）基地面临城市主干道可丰富沿街建筑景观，可形成富有生气的街景（图 7–2）。

3）基地邻接城市公园绿地或位于郊外风景旅游区：应选择通风向阳、视野开阔的地段，以便主体建筑处于开阔自然的优美环境中。如北京中日青年交流中心，地处城市高速干道三环路与四环路之间，其四周连有众多大专院校和体育文化设施，是集旅馆、会议、文化休闲于一体的建筑群。

7.2 总体布局

7.2.1 总平面组成内容

（1）建筑前院（或入口广场）：组织人流和车流的集散通畅，创造优美的城市开放空间环境。

（2）建筑主体：由群众活动、学习辅导、专业工作部分及行政管理部分组成。

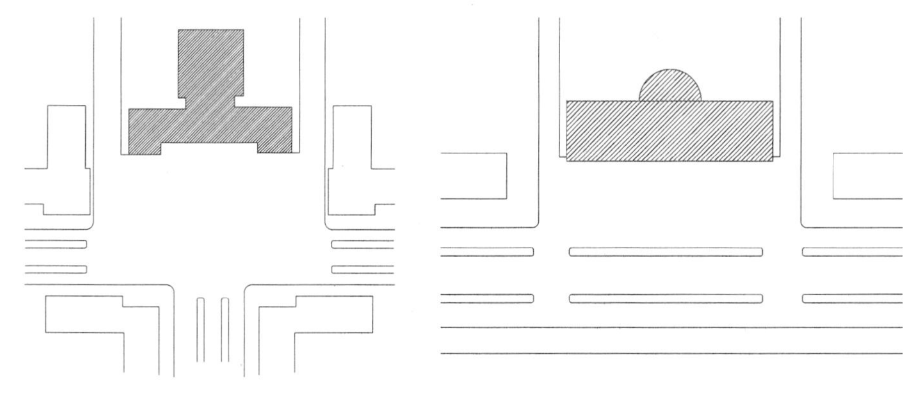

图 7–1（左）
基地面临城市广场
图 7–2（右）
基地面临城市主干道

（3）建筑基底和庭院用地：提供室内外主要活动空间，创造富有特色和魅力的建筑形象。

（4）室外活动场地：用于组织各种室外休憩、娱乐和小型活动，与预留发展用地毗邻，以便统筹安排，灵活使用。

（5）杂物内院用地：内部业务和职工生活辅助用地，用于安排仓库、车库、修理车间和其他辅助设备用房空间。

7.2.2 总平面布置基本要求

（1）建筑内的各功能区划分合理；对空间内的组织人流和车流妥善处理。

（2）文化馆建筑的总平面应划分静态功能区和动态功能区，并各自设置出入口。根据空间内的人流与疏散通道布置功能区。

（3）建筑内的各处用房应保持紧密联系，有利于空间的综合利用；使用率较高的厅室，需要单独设立出入口。

（4）建筑出入口设置不少于两个。主入口靠近交通道路时，应预留出适当的集散缓冲距离。

（5）基地内设置车辆停放区域。

（6）基地内的功能布置应充分考虑地形地貌与建筑功能分区要求。

（7）应使建筑相近功能的室内外活动空间毗邻布置，如健身房与室外运动场、少儿活动室与室外儿童游戏场、茶室休息厅与室外露台或庭院应临近布置。

（8）应满足城市总体规划对用地技术经济指标的要求。一般城市型设施基地绿化率应不低于25%；建筑覆盖率宜为30%～40%；容积率宜为1～2。

（9）应注意避免场内活动噪声对周邻建筑环境产生的干扰。

（10）应节约用地，留有足够发展余地。

7.2.3 总平面出入口布置要求

（1）主要出入口：大量人流出入口位置要显著，宜面向主要干道，且留有适当的集散广场空间。

（2）次要出入口：具有大量性集中人流的观演用房应单独设置出入口，保证观众厅内人流的快捷疏散。学习辅导、专业研究部分和行政管理部分的出入口，一般情况下可以共用主要出入口，且在建筑物内门厅、过厅中分流；当建筑规模较大、基地条件宽松时可考虑各自独立设置出入口。

（3）辅助出入口：文化馆的职工宿舍、食堂、车库等生活服务部分，均另设出入口。此外，还应注意展品、道具、景片搬运出入口及运输货流的合理组织。

7.2.4 总平面布置的基本形式

（1）集中式布置

建筑内的各功能空间之间紧密关联，构成统一体，具有体量集中的建筑形象。适于建在人口稠密、用地紧张的中心区，常见于功能组成较为简单的中小型设施，节约用地，方便管理。设计时应按不同的使用性质进行功能分区和人流路线的组织，同时注意停车空间、入口广场等建筑外部空间的处理（图 7–3）。

（2）分散式布置

场地内各功能组成部分分散或分组布置，具有分散的建筑体量。较适用于城郊、公园绿地或风景园林区的综合性文化休闲设施，常用于用地面积限制较少的基地，一般可结合山坡、河道等自然地理地形条件，自由灵活地组织文化建筑不同性质的使用空间，功能分区清晰明确、人流交叉干扰少，设计中应注意布局的紧凑性问题（图 7–4）。

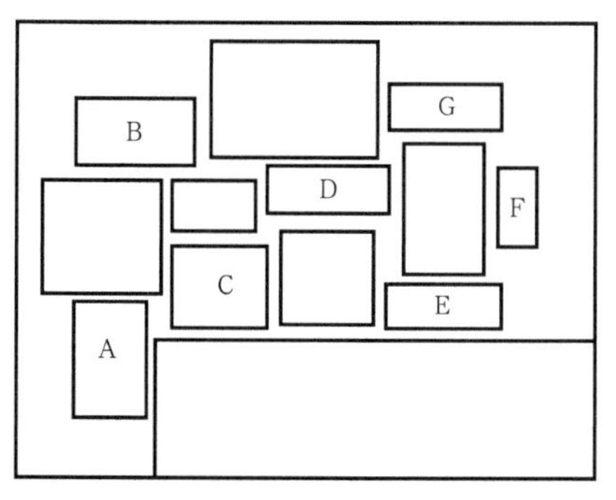

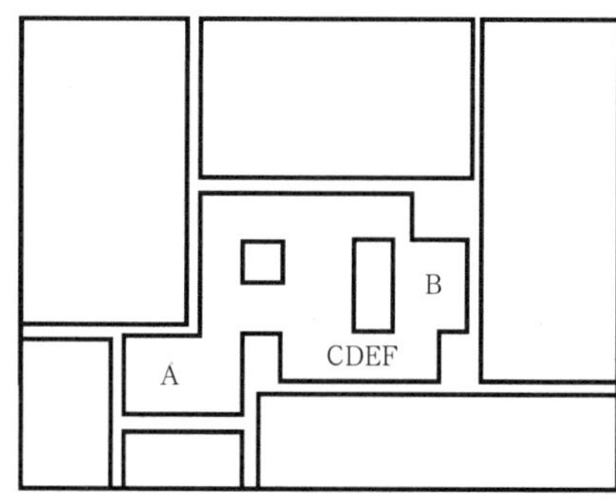

图 7–3（左）
集中式
A– 影剧院；B– 健身房；C– 游乐园；D– 图书馆；E– 展览馆；F– 业余教学；G– 行政管理

图 7–4（右）
分散式
A–影剧院；B–健身房；C–游乐园；D–图书馆；E–展览馆；F–业余教学；G–行政管理

（3）混合式布置

在实际工程项目中对于不同地形地貌与基地环境、不同建筑规模或需实施分期建设的文化建筑，普遍综合采用集中式和分散式两种以上布局方式具有很强的适应性（图 7–5）。

7.2.5 总体空间布局的基本形式

（1）按与观演空间关系分类

1）独立式布局：即观演空间与其他活动空间完全分离设置（图 7–6）。

2）半独立式布局：观演空间与其他活动空间存在不同程度的联系，并同时设单独出入口和门厅。

3）整合型布局：观演空间与其他活动空间彼此紧密相连，并融合成有机的整体。

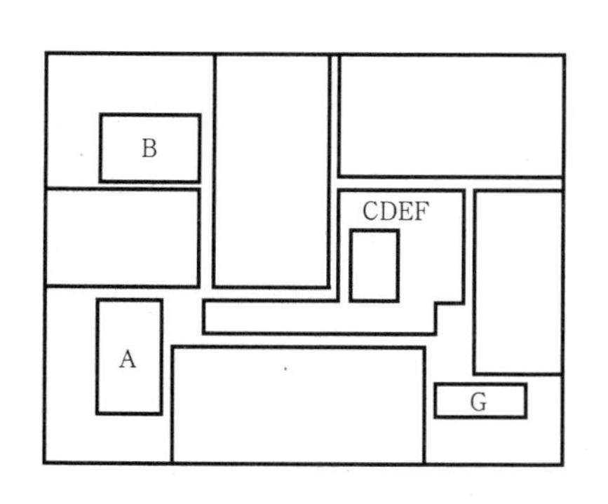

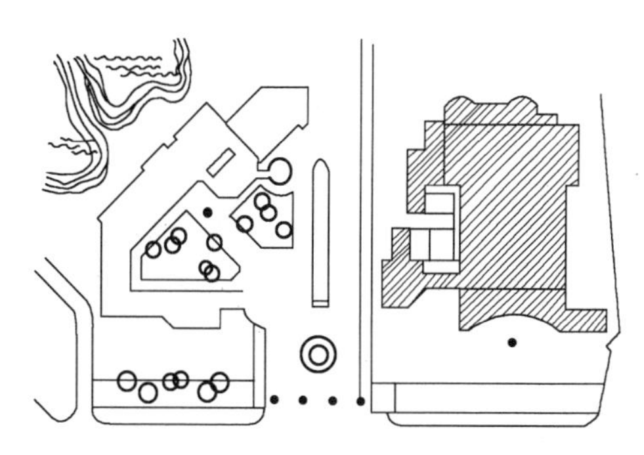

图 7–5（左）
混合式
A–影剧院；B–健身房；C–游乐园；D–图书馆；E–展览馆；F–业余教学；G–行政管理

图 7–6（右）
独立式空间布局

①中心式：即观演空间成为整个建筑空间的中心，其他活动空间分设其两侧或周边。有均匀、壮观之感（图 7–7、图 7–8）。

②侧翼式：即观演空间只占整个建筑空间的侧翼，与其他活动空间保持连续统一的整体建筑形态。多用于功能复杂、形态要求严整的建筑中，观演空间只占很小的比重。

③内核式：即观演空间处于其他活动空间中心部位，连续成整片。布局紧凑，节约用地，节能。常用于北方中小规模建筑或采用集中空调系统的大型建筑（图 7–9）。

④毗邻式：即观演空间与其他活动空间各自相对集中布置，自成系统，形成彼此紧邻又相对独立的两部分（图 7–10）。

（2）按建筑形态关系分类

1）前广场型：建筑主体主入口广场面向城市广场，主要建筑形体成为城市广场空间的主要界面（图 7–11）。

2）内广场型：建筑主要人流集散广场伸入或部分伸入建筑主体界面空间，成为建筑整体形态构成的主导元素，并形成具有一定封闭性和内聚性的城市开放空间，成为建筑空间布局的核心和人们聚集交往的视觉中心（图 7–12）。

3）庭园型：建筑空间内由各庭园空间组成，构建舒适的活动环境，产生亲近自然环境的空间视觉效果（图 7–13）。

4）自由型：建筑空间形态自由活泼，和自然环境（包括地形、地貌和自气候条件）取得和谐的关系，有利于塑造富有地方特色的新形态（图 7–14）。

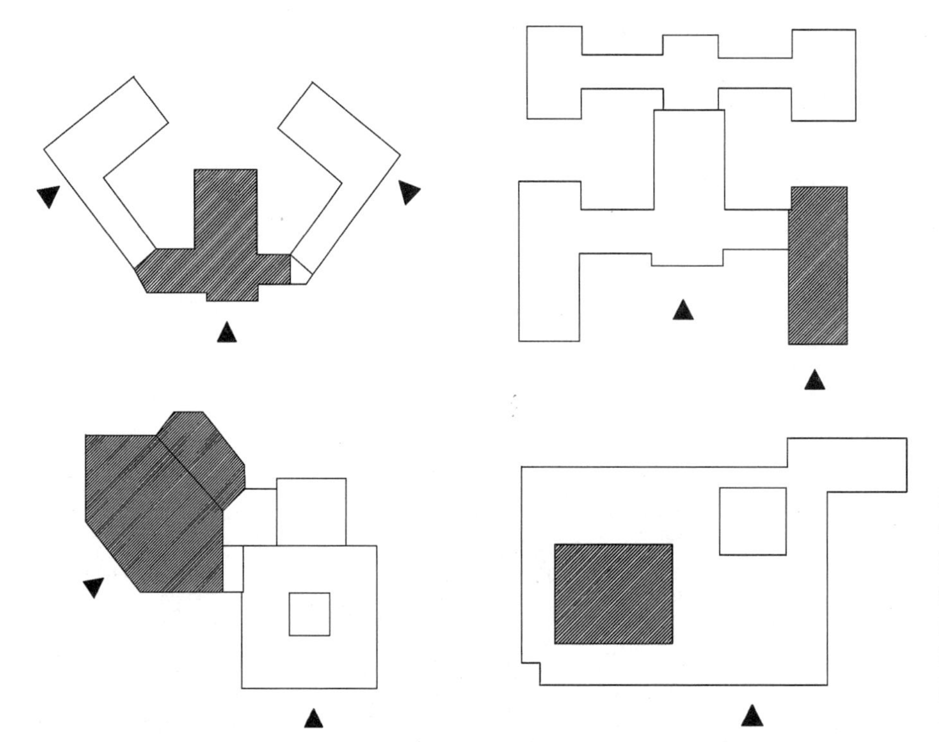

图 7–7（左上）长春工人文化宫
图 7–8（右上）北京民族文化宫
图 7–9（左下）喀麦隆文化宫
图 7–10（右下）台中县文化宫

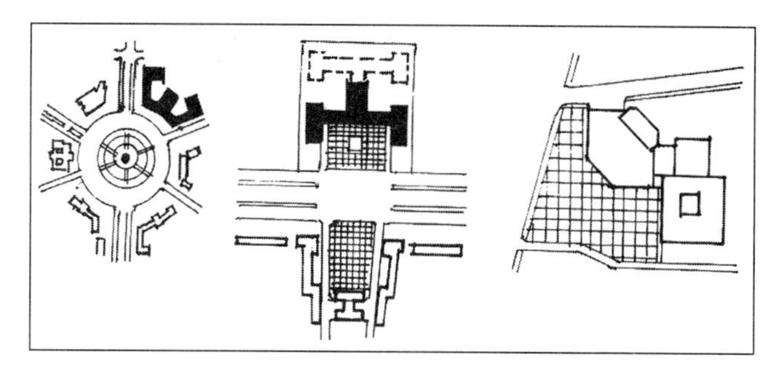

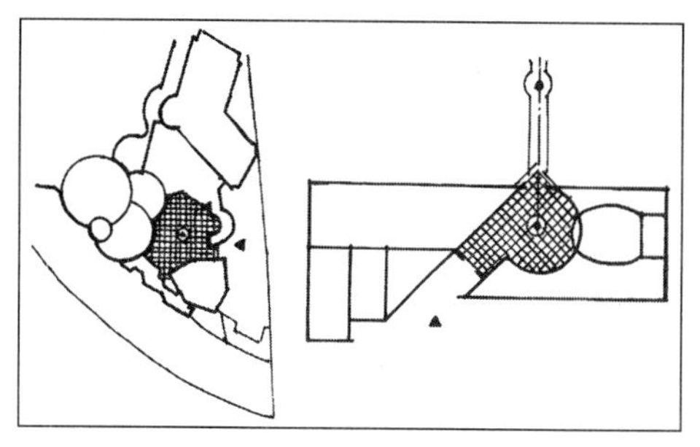

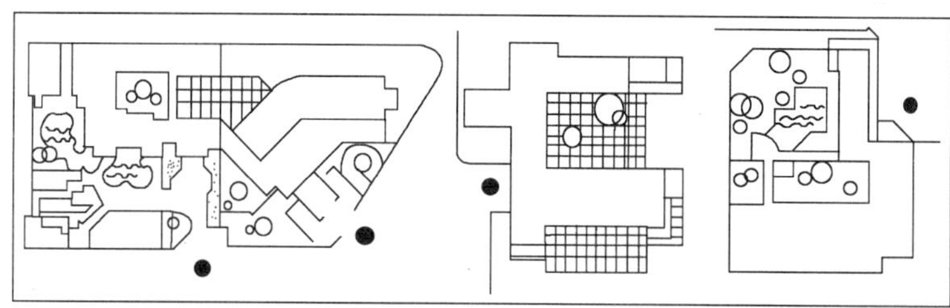

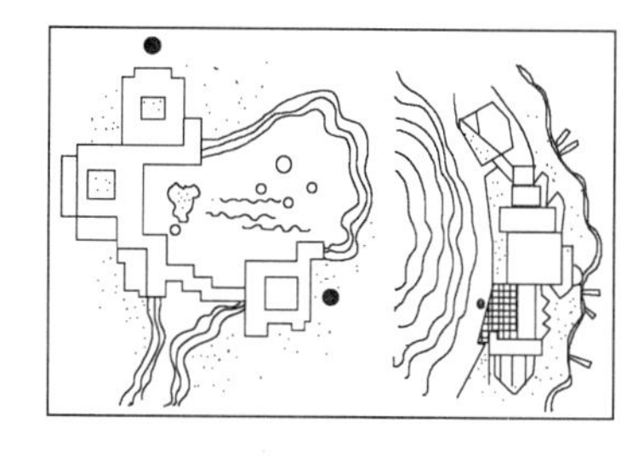

图 7-11（左上）
前广场型空间布局
图 7-12（右上）
内广场型空间布局
图 7-13（左下）
庭园型空间布局
图 7-14（右下）
自由型空间布局

7.2.6 室外活动场地设计

文化建筑基地室外活动场地包括室外文体娱乐活动场地、室外休憩活动场地和庭院观赏活动场地三类。

（1）室外文体娱乐活动场地

1）儿童游戏场：按每个儿童 5 ~ 10m² 布置沙池、戏水池、静态活动场、特殊游戏设备活动场。

2）小型运动场：篮球场、羽毛球场、网球场、旱冰场、门球场、高尔夫球场、马术场等。

3）老年人健身娱乐场：按每人 10 ~ 15m² 设置。

（2）室外休憩活动场地

1）结合建筑总体设计，构成层次丰富的庭院空间，如中庭、边庭、前庭、后院。

2）利用建筑小品构成内聚性的活动空间，如敞廊、庭榭、平台等园林小筑。

3）利用园林绿化和其他环境要素，构成相对安宁并可供人们在活动间隙停留的休息场所，如河湖、水池、山坡、围栏、座椅等。

（3）庭院观赏活动场地

1）通过庭院造景、组景、借景等造园艺术手法来表达构想中的诗情画意。

2）应有意识地组织恰当的观赏路线，用以展示多方位最佳景观画面。

7.3 平面功能关系布局

文化建筑具有业务活动种类繁多、群众活动内容复杂多样的特点，依据活动内容及人流活动规律分为如下几个部分：

（1）完全对公众开放的群众活动部分：为各种文娱类活动提供休闲活动空间。

（2）半开放或不对大众开放的学习辅导部分：组织有偿服务的专业技艺培训。

（3）不完全对公众开放（非开放）的内部专业工作部分：为专业教师及工作人员提供教务和专业研究的工作空间。

（4）面向公众开放的公用服务部分：包括交通、卫生、休息、餐饮等空间。

（5）行政管理及辅助设施部分：包括储藏室、楼梯间等空间。

7.3.1 文化建筑功能组成

文化馆建筑的组成包括群众活动部分、专业工作部分、学习辅导部分、行政管理部分。各类用房根据不同规模和使用要求可增减或合并，在使用上应有较大的适应性和灵活性，并便于分区使用、统一管理。文化馆建筑各部分使用面积可参见表 7–2。

各部分用房面积分配参考比例表 表7–2

功能名称	占建筑总使用面积比例（%）	要求及说明
表演用房	22	即表演厅，设小舞台、简易灯光控制及化妆间等
游艺用房	10	一般设大、中、小游艺室；有条件时，儿童游艺室和老年活动室宜分开设置
交谊用房	14	即交谊舞厅，设演奏台、小卖部等
展览用房	10	由展室、展廊和展品储藏间组成
阅览用房	6	由阅览室、书刊资料室及儿童阅览室等组成
学习辅导用房	20	由各类学习辅导教室及配套用房组成
专业工作用房	8	由各专业研究工作室组成

7.3.2 文化建筑功能关系（图 7–15）

7.3.3 功能组织基本原则

根据设计需求，把各类用房分成若干相对独立但总体保持联系的大区域，实现合理的功能分区，做到“内外有别”和“闹动静分区”。

（1）“内外有别”：内部工作区与对外开放区之间的必要隔离（图 7–16、图 7–17）。内部工作区即专业工作用房、行政管理、辅助设备用房；对外开放区即群众娱乐活动和学习辅导用房。

（2）“闹、动、静分区”：解决群众活动区内各项活动进行时相互干扰的隔绝问题（图 7–18）。

1）“闹”：产生较大响动且人流密集的活动用房，为便于管理，应设置相应的配套服务用房，如交谊活动用房（舞厅、交谊厅、健身房、游艺厅等）。

2）“动”：人流集中或频繁流动带来较大交通干扰的活动用房，应设置独立出入口，如排演厅、观演厅、多功能厅等。

3）“静”：产生响动较小，人流相对较少而分散的用房。如学习辅导用房（除排演厅外）、阅览室等。

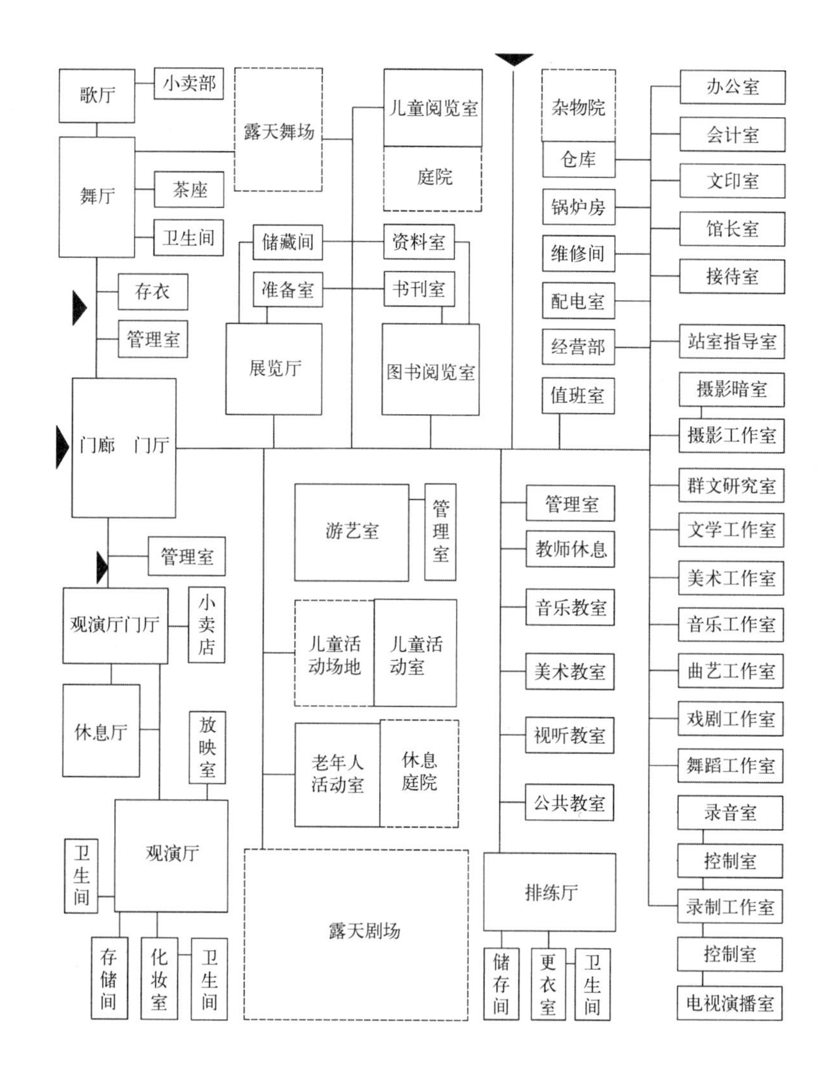

图 7–15　文化建筑功能关系

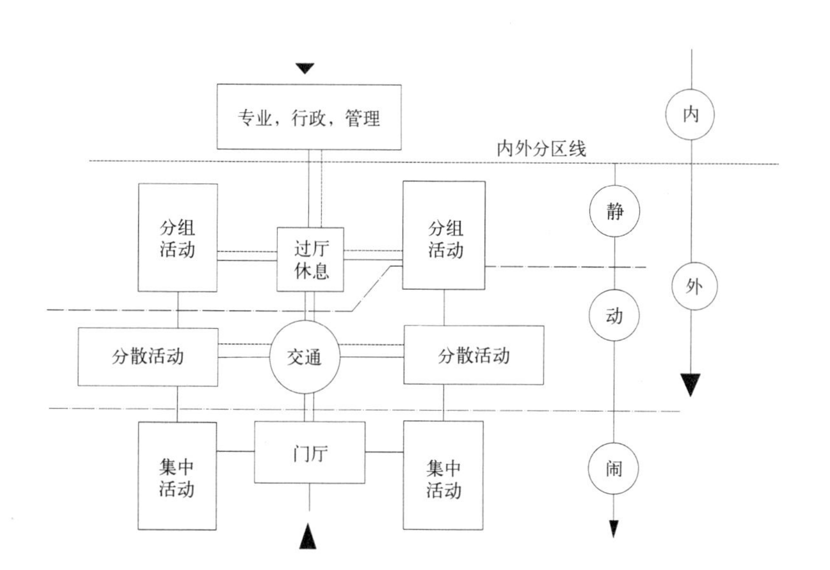

图 7–16　中小型建筑设施

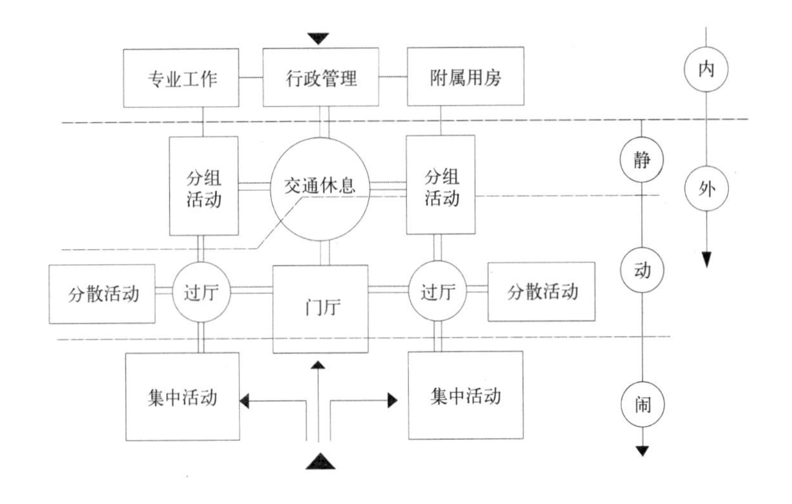

图 7-17　大型建筑设施

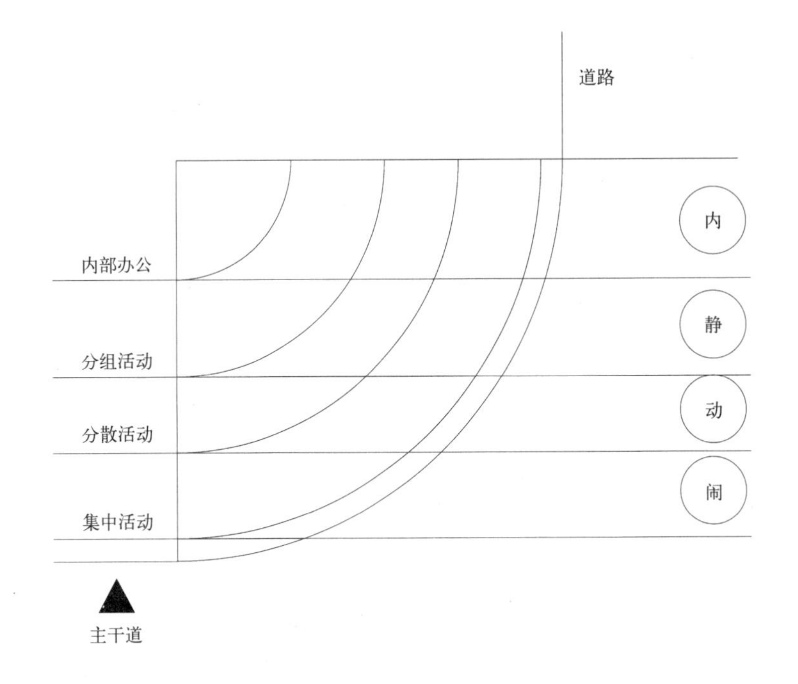

图 7-18　动静分区示意

(3) 简捷的活动流线：

1) 集中而有序流线的功能空间（如观演大厅）：将观演大厅等置于紧邻门厅或入口大厅的部位或单独设置，同时独立设置出入口。

2) 集中而无序流线的功能空间（如歌舞厅）：将具有类似活动环境的用房相对集中布置在一个区域内，采取一定的隔离措施与其他活动环境分开布置。规模较大时可单独设立出入口。

3) 人流分散的功能空间（如展览、游艺）：应常采用中心辐射形的组织方式，有利于灵活地组织人流自由选择活动项目。

7.3.4　文化建筑平面设计

文化建筑所提供的活动项目根据其社会职能、建筑类型、服务范围等情况差异而没有固定不变的平面功能组成内容，因此，群众活动部分、学习辅导部分、专业工作部分及行政管理部分的具体用房需要酌情调整，依据2015年3月住建部颁布的行业标准《文化馆建筑设计规范》JGJ/T 41—2014规定，文化馆建筑主要房间规模要求见表7-3。

（1）活动用房

群众活动用房是文化建筑的核心功能空间。主要包括观演用房（如报告厅、排演厅、多功能厅室）、展览用房、阅览用房、综合活动用房、学习辅导用房（如书法教室、美术教室、音乐教室等）、交谊用房（如歌舞厅、茶餐厅）等。

1）排演厅：主要包括观众厅、舞台、控制室、放映室、化妆间、休息厅、

文化馆建筑主要功能用房要求 **表7-3**

房间名称		规模
群众活动用房	报告厅	规模小于30座，每座使用面积不应小于1.0m²
	排演厅	1. 规模不宜大于600座 2. 规模大于30座时，观众厅座位排列、每座位面积指标、走道宽度、视线及声学设计、放映室及舞台设计，均应按行业标准《剧场建筑设计规范》JGJ 57、《剧场、电影院和多用途厅堂建筑声学技术规范》GB/T 50356执行
	展览用房	每个展览厅不宜小于65m²
	普通教室	1. 普通教室宜按每40人一间设置 2. 大教室宜按每80人一间设置 3. 教室使用面积不应小于1.4m²/人 4. 教室课桌布置及尺寸，不宜小于现行国家标准《中小学校设计规范》GB 50099的规定
	计算机与网络教室	1. 50座的教室使用面积不应小于73m² 2. 25座的教室使用面积不应小于54m² 3. 平面布置应符合现行国家标准《中小学校设计规范》GB 50099对计算机教室的规定
	多媒体视听教室	规模宜控制在每间100～200人，且当规模较小时，宜与报告厅等功能相近的空间合并设置
	舞蹈排练教室	1. 每间使用面积宜控制在80～200m² 2. 用于综合排练室时，每间使用面积宜控制在200～400m² 3. 每间人均使用面积不应小于6m²
	琴房	使用面积不应小于6m²/人
	美术书法教室	使用面积不应小于2.8m²/人，教室容纳人数不宜超过30人，准备室面积宜为25m²
	图书阅览室	阅览桌椅排列间隔尺寸及每座使用面积按现行行业标准《图书馆建筑设计规范》JGJ 38执行
	游艺室	1. 大游艺室使用面积不应小于100m² 2. 中游艺室使用面积不应小于60m² 3. 小游艺室使用面积不应小于30m²
业务用房	录音录像室	小型录音室使用面积宜为80～130m²
	文艺创作室	每间使用面积宜为12m²
	研究整理室	使用面积不宜小于24m²
	计算机房	应符合现行国家标准《数据中心设计规范》GB 50174的有关规定
	行政办公用房	使用面积宜按每人5m²计算，且不宜小于10m²
管理辅助用房	公用卫生间	1. 服务半径不宜大于50m 2. 卫生设施数量应按男性每40人设一个蹲位、一个小便器或1m小便池；女性每13人设一个蹲位

卫生间、淋浴更衣间等。一般小于专营性影剧院建筑，多用于业余文化团体的排演、调演、会演、观摩交流演出和各种群众活动。报告厅应包含演讲、报告、学术交流等功能，或者可用来进行文娱活动。厅内空间尺度较小或条件不允许时，可以同小型排演厅进行合并。

2）观众厅：当规模不大于 300 座时，地面可不考虑视线升起要求，可供多功能灵活使用；如大于 600 座，观演厅的设计可参照剧场和电影院的有关资料。

观众厅使用面积不宜小于 0.6m²/ 座，舞台的屋面高度可与观众厅同高（舞台空间净高＞观众厅净高），银幕与观众厅的设计应考虑空间的统一性。

观众厅的长度应小于 30m，厅内的长宽比例以（1.5±0.2）：1 为宜（图 7–19）。观众厅体形设计，应避免声聚焦、回声等声学缺陷。多用途厅的功能为观演、交谊、游艺等活动，使用面积应大于 200m²。厅内形状为矩形时，宽度应大于 10m，并设置足够空间进行椅子存放。

图 7–19 观众厅平面基本类型

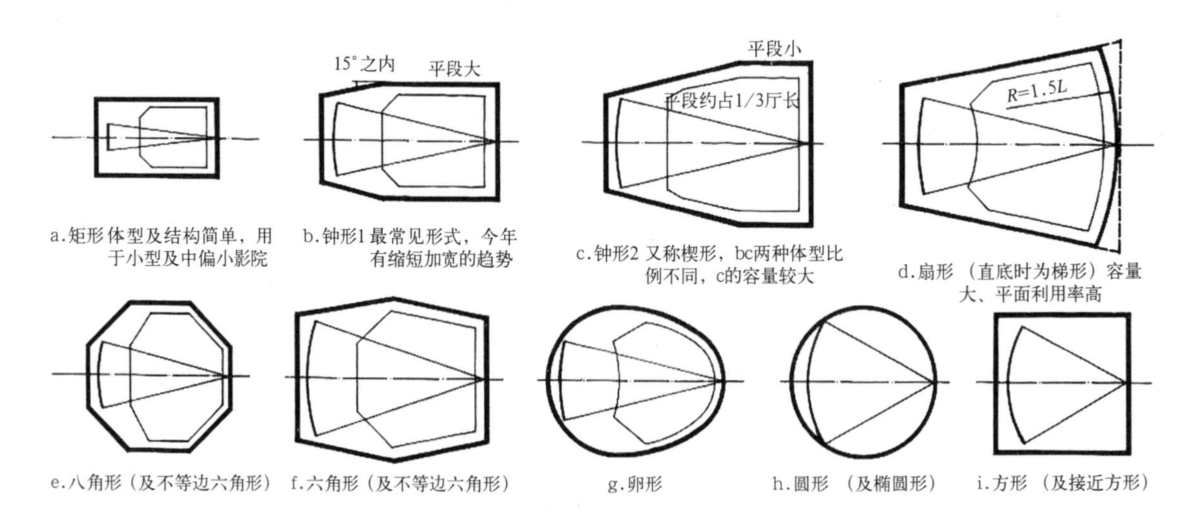

相邻的横走道之间，应设置少于 20 排座椅；靠后墙的座椅设置，横走道与后墙之间的座位应少于 10 排。短排法，两侧有纵走道且硬椅排距大于 0.80m（或软椅排距大于 0.85m）时，每排座位的数量应少于 22 个。座椅距离每增加 50mm，可增加两个座位；只一侧有纵走道时，上述座位数则减半。长排法，两侧有走道且硬椅排距大于 1.0m（或软椅排距大于 1.1m）时，每排的座位数量不应多于 44 个；只一侧有纵走道时，座位数相应减半。

观众厅的疏散门设计，不应设置门槛；疏散门的 1.40m 范围内不应设置踏步。严禁采用推拉门、卷帘门、折叠门、转门等。疏散门为自动推闩式外开门。观众厅疏散门采用的数量通过计算确定个数，且必须多于 2 扇。门的宽度应符合《建筑设计防火规范》GB 50016 的现行国家标准规定。使用甲级防火门，向疏散方向开启。

除应符合计算（表 7–4）外，观众厅内疏散走道宽度还应符合下列规定：中间纵向走道净宽应大于 1.0m；边走道净宽应大于 0.8m；横向走道除排距尺寸以外的通行净宽应大于 1.0m。

剧场、电影院、礼堂等场所每100人所需最小疏散净宽度　　表7-4

<table>
<tr><td colspan="3">观众厅座位数（座）</td><td>不大于 2500</td><td>不大于 1200</td></tr>
<tr><td colspan="3">耐火等级</td><td>一、二级</td><td>三级</td></tr>
<tr><td rowspan="3">疏散部位</td><td rowspan="2">门和走道</td><td>平坡地面</td><td>0.65</td><td>0.85</td></tr>
<tr><td>阶梯地面</td><td>0.75</td><td>1.00</td></tr>
<tr><td colspan="2">楼梯</td><td>0.75</td><td>1.00</td></tr>
</table>

3）展览用房：用于展出文化艺术作品（美术、书法、摄影等），由展览厅（廊）、陈列室、周转房及库房组成。

门厅合并布置、保证参观路线的通畅，并配套相应展板和照明设施；主要采用自然采光，避免眩光与直射光；展览厅、陈列室的出入口大小，应满足安全疏散和搬运展品及大型版面的要求；展墙、展柜应满足展物保护、环保、防潮、防淋及防盗的要求，并应保证展物的安全；展墙、展柜应符合展览陈列品的规格要求。展览陈列厅宜预留多媒体及数字放映设备的安装条件；展览陈列厅应满足展览陈列品的防霉、防蛀要求，并宜设置温度、湿度监测设施及防止虫菌害的措施；展览厅、陈列室根据行业标准《博物馆建筑设计规范》JGJ 66 执行。

展览空间宜采用通敞的大厅，或由若干通用空间组合的单元式展厅，亦可采用开敞式展廊形式，并与交通休息空间相结合，互补使用。常采用穿套式的水平串联空间组合形式（图 7-20）；展览厅内的参观路线应顺畅，设置的展板和照明设施可灵活布置。空间设计应考虑采光、照明方式、展板布置的灵活性，宜以自然采光为主，并应避免眩光及直射光。

4）阅览用房：包括开架书库、阅览室、资料室、书报储藏间等用房，也是提供各专业培训活动的基地。其布置位置应保证安静的阅读环境、充足的采光与照度。阅览桌椅排列的最小间隔尺寸见表 7-5。

5）综合活动用房：游艺及健身用房是供人们开展各种室内游戏和技艺活动的空间，包括乒乓球、台球、棋牌、电子游艺等项目。

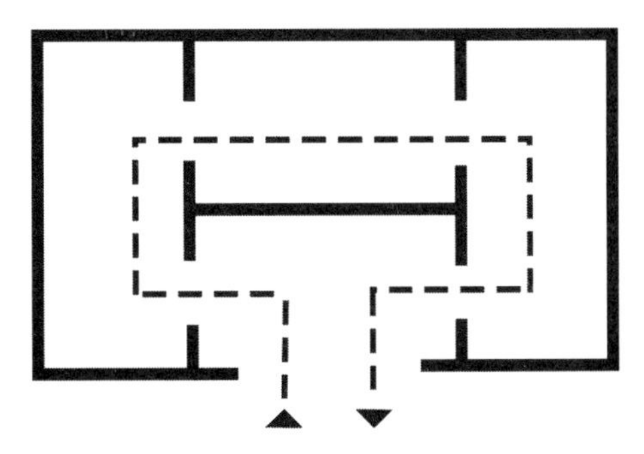
图 7-20　穿套式的水平方向串联空间组合示意

阅览桌椅排列的最小间隔尺寸　　表7-5

<table>
<tr><td rowspan="2"></td><td colspan="3">最小间隔尺寸（m）</td></tr>
<tr><td></td><td>开架</td><td>闭架</td></tr>
<tr><td rowspan="4">阅览桌与出纳台外沿净宽</td><td>单面桌前沿</td><td>1.85</td><td>1.85</td></tr>
<tr><td>单面桌后沿</td><td>2.50</td><td>2.50</td></tr>
<tr><td>单面桌前沿</td><td>2.80</td><td>2.80</td></tr>
<tr><td>双面桌后沿</td><td>2.80</td><td>2.80</td></tr>
</table>

其设计宜注重空间的通用性，不同游艺活动空间灵活适用，经验表明，一般室内净高不宜小于3.4m；健身健美用房净高不宜小于3.6m。宜将游艺活动空间分隔成大、中、小搭配的活动室，一般可分成供30、20、10人使用的若干标准活动室，按每人活动面积2.0～2.5m²估算。

6）儿童、老年人活动用房：大型馆的游艺室应设置老年人及儿童活动室、综合活动室、文化活动室。儿童、老年人活动用房应位于建筑内三层及三层以下，朝向良好、出入安全、方便的位置，室外宜附设儿童活动和老年人活动场地。儿童游戏场如布置沙池、戏水池、静态活动场、特殊游戏设备活动场，宜按每个儿童5～10m²设置；老年人健身娱乐场宜按每人10～15m²设置。

7）学习辅导用房：学习辅导用房用以举办有关政治经济、文学艺术、科技教育、工艺技术等方面的学习班，培养各方面的业余文化艺术人才，包括普通教室、合班教室、美术书法教室、视听教室、语言教室、微型计算机室等教学空间。

①舞蹈排练室：主要供舞蹈节目排练使用（图7-21）。位置靠近排演厅后台，同时配有库房、器材储藏室等附属用房；附设座椅和乐器储藏室、更衣室、卫生间、淋浴室等。规模至少需容纳20人排练，按每人6m²估算，层高应高于4.5m。地面铺设含木龙骨的双层木地板，并确保平整，室内与采光窗相垂直的墙面上，应设置高度大于2.1m（包括镜座）的通长照身镜，且镜座下方应设置低于0.3m高的通长储物箱。其余三面墙上应设置高度高于0.9m的可升降把杆，把杆到墙的距离应大于0.4m。舞蹈排练室内不得设有立柱等妨碍活动安全的突出物。舞蹈排练室应设置遮光设施，采光窗应避免眩光。

②普通教室：可按现行国家标准《中小学校设计规范》GB 50099执行。使用面积大于1.4m²/人。小教室按照40人/间设置，大教室按照80人/间设置。合班教室为两个班以上规模。普通教室、大教室设置黑板、讲台，预留教学设备（电视、投影等）的安装条件；大教室根据具体使用要求可设计为阶梯地面，配置连排式桌椅。

③多媒体视听教室：宜具备多媒体视听、数字电影、文化信息资源共享工程服务等功能。根据需求分别或合并设置不同功能空间；应预留多媒体系统的安装条件；装修必须满足声学要求，房门设计采用隔声门。

④计算机与网络教室：依据现行国家标准《中小学校设计规范》GB 50099对计算机教室的平面布置进行设计。室内净高大于3.0m，使用无粉尘黑板。管线排布应当暗敷设，竖向走线设置管井。面对北向开窗。配置管理用房应当合理。与

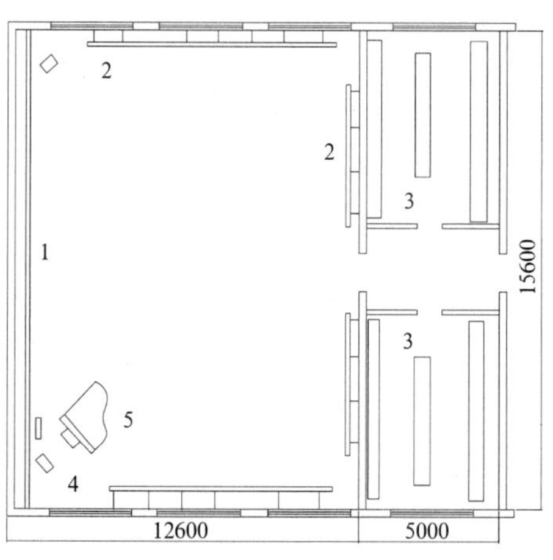

图7-21　综合排练厅平面布置

1—通长照身镜；2—把杆；3—男女更衣室；4—音响；5—钢琴

文化信息资源共享工程服务点、电子图书阅览室合并设置。并且应设置国家共享资源接收终端，统一标识牌。

⑤美术书法教室：美术教室的采光设计应当避免光线直射；人体写生教室应对外界视线进行遮挡。教室墙面设置挂镜线以及悬挂投影幕的设施。室内应设洗涤池。书法学习桌设置为单桌排列，各排间距离应当大于 1.20m。教室内的纵向走道宽度应当大于 0.70m。如条件允许，美术教室同书法教室应当分开设置。美术教室配备附属房间以用来存放教具、陈列物品等。

8）交谊用房：用于组织各种社交联谊活动，以增进人际关系、提高文明素养和审美水平。包括舞厅（歌舞厅）、歌厅（卡拉 OK 厅室）、茶座（音乐茶座）及相应配套的声光控制室、管理室、卫生间、小卖服务间等。

①舞厅（歌舞厅）：包括舞厅（含舞池、演奏台、雅座、服务设施）、存衣室、吸烟室、声光控制室、储藏室。活动面积按每人 $2m^2$ 估算，不宜小于 $120m^2$（容纳 50 ~ 60 人）；舞池最小宽度不宜小于 10m；座席数量不小于活动定员的 80%。

②歌厅（卡拉 OK 厅室）：包括演唱大厅（设歌台）、声光控制室、饮料服务间、管理室等。不应设包厢包间，保证视线通畅。大厅面积按每人 $1.5m^2$ 估算。

③茶座（音乐茶座）：包括茶厅空间、声光控制室、饮料服务间、茶水间（含茶具消毒间）等。

（2）业务用房

包括录音录像室、文化研究室、档案室、计算机机房等。

1）录音录像室：录音室由演唱演奏室和录音控制室组成；录像室由表演空间、控制室、编辑室组成。常用录音室、录像室的适宜尺寸应符合表 7–6 的规定。

大型馆对录音室和录像室可以进行分别设置，中型馆对录音室和录像室可进行分开设置也可以合并使用，小型馆适宜将录音室和录像室合并设置；录音、录像室应设置在独立的工作区域内，并且远离容易产生噪声的功能区域；根据声学要求进行设计，录音录像室的地面应铺设木质地板，门应密闭隔声，不宜设窗户；演唱演奏室和表演空间与控制室之间的隔墙应设观察窗；录音录像室不应有与其无关的管道穿越。

2）文化研究室：文化研究室应由调查研究室、文化遗产整理室和档案室等组成；条件合适的情况下，应单独设置各部分；应具备调查、研究及鉴定编目的功能，也可以同时作为该馆出版物编辑室；应设在静态功能区，紧靠图书阅览室集中布置；文化遗产整理室应设置试验平台及临时档案资料存放空间。

3）档案室：档案室应避免日光直射，设在干燥、通风的位置，不宜设在

常用录音室、录像室的适宜尺寸　　表7–6

类型	适宜尺寸（高：宽：场）
小型	1.00 ： 1.25 ： 1.60
标准型	1.00 ： 1.60 ： 2.50

建筑的顶层和底层。资料储藏用房的外墙不得采用跨层或跨间的通长窗，其外墙的窗墙比不应大于 1 ：10。采取防潮、防蛀、防鼠措施，并应设置防火和安全防范设施；门窗应为密闭的，外窗应设纱窗；房间门应设防盗门和甲级防火门。档案室的门高度及宽度适宜为 2.1m×1.0m，室内装修材料的选用应当易于清扫。档案室内，装具排列的主通道净宽大于 1.2m，两行装具间净宽大于 0.8m，装具端部与墙的净距离大于 0.6m。档案资料储藏用房的楼面荷载根据行业标准《档案馆建筑设计规范》JGJ 25 执行。

（3）公共服务用房

包括门厅、休息厅、零售商店、餐饮服务部、卫生间、走廊、楼梯间等，用以满足人们的各种服务需求。

1）门厅：文化建筑功能多样且流线复杂，作为广厅式空间组合的重要交通枢纽，合理地组织流线设计十分重要，并且根据需求设置必要的服务设施。

2）休息厅：供人们在参与各项文化休闲活动的间歇，进行休息、交流、社交和饮水等松弛活动的公用空间，其位置应选择环境优美、视野开阔的方位，宜与门厅毗邻，与庭院中庭空间相结合，设置于室内主要交通流线交汇处，宜附设小商店、吸烟室、卫生间和储藏间。

3）餐饮服务：提供休息、就餐、社交聚会的空间。所处条件不同，餐饮服务设施的规模、组成及服务项目有较大区别，需设置与服务项目相配套的后勤厨房操作空间。

（4）行政管理及辅助用房

行政管理用房由行政办公室、接待室、会计室、文印打字室及值班室等组成。用房设置应当自成一区，处于对外联系方便、对内管理便捷的部位。用房面积根据行业标准《办公建筑设计规范》JGJ 67 的有关规定执行。辅助用房应包括休息室，卫生、洗浴用房，服装、道具、物品仓库，档案室、资料室，车库及设备用房等。档案室、资料室、会计室应设置防火、防盗设施。接待室、文印打字室、党政办公室应当设置防火、防盗设施。卫生、洗浴用房应符合下列规定：

1）文化馆建筑内各楼层都应当设置卫生间；

2）洗浴用房依据性别分开设立，洗浴间与更衣间分开设置，更衣间入口应设前室或门斗；

3）洗浴间地面进行防滑设计，墙面的饰面材料必须易于清洁打扫；

4）洗浴间门窗设计必须对视线进行有效遮挡；

5）服装、道具、物品仓库应布置在相应使用场所及通道附近，并应防潮、通风，必要时可设置机械排风；

6）设备用房应包括锅炉房、水泵房、空调机房、变配电间、电信设备间、维修间等。设备用房应采取措施，避免粉尘、潮气、废水、废渣、噪声、振动等对周边环境造成影响。

7.4 造型设计要素

7.4.1 造型特征

文化建筑特有的社会职能、服务功能所生成的空间造型，展现最具表现力的建筑形象，在艺术表现和审美情趣上，不仅具有建筑造型艺术的一般性特征，同时也显示出如下鲜明的个性特点。

（1）愉悦性

满足人们求知、求美、求乐的精神需求，文化建筑提供多样化的活动设施的同时，营造出适宜的空间环境与交流氛围，用以激发人们参与的热情，从中获得愉快的心境。

1）表现为优美型（图 7–22）（优雅、舒适、轻松、洒脱、平和、惬意的审美情趣）和喜剧型（图 7–23）（欢快、亢奋、惊喜、刺激、幽默、滑稽的审美情趣）。

2）表现公益性文化建筑的庄重、高雅和令人神往的文化境界和审美意象，也可展现出消费性文化建筑的商业气息和喜剧型的审美趣味（图 7–24）。

（2）时代性

文化建筑承担着社会发展的文化传播和传承的重要职能，建筑形象与日益丰富的文化需求及其功能空间相适应，具有很强的时代性特征。外观造型推陈出新，不拘一格，满足人们不断提升的文化品位和审美情趣（图 7–25）。

（3）地域性

文化建筑体现出不同地域的社会生活方式，建筑形象因地理环境（区位、地形地貌、气候、植被、水文地质等条件）、地域文化（当地文化习俗、民间艺术、宗教信仰等文化基因）和经济技术条件（地域材料、结构技术、施工工艺等技术基础）差异，展现出独具特色的地域性特色（图 7–26）。

（4）标志性

文化建筑作为人们文化艺术生活的精神殿堂，其整体形象、局部形式、环境设施或装饰色彩体现出的独特个性成为城市或社区的视觉焦点，具有表现地区或民族文化特点、场所精神及设施区位重要性的标志性特征（图 7–27）。

7.4.2 造型设计

文化建筑形体是内部功能空间的外在视觉表现，并受到外部环境和审美要求的制约。其建筑造型设计是视觉形象体现主客观审美要求的过程，在实际设计过程中，建筑造型设计与建筑内部功能组织和空间布局是同时交互进行的，从功能分区时功能体块的形体选择，到空间布局结合造型意匠对形体关系的调整，最后为完善形体的功能和审美意义对造型进一步加工，是形体要素在建筑造型设计运用中逐步演进的完整过程。

（1）构思立意联想

1）景物意象比拟联想：采取模仿大自然景物或拟人化手法来构成建筑

图 7-22（左上）
义乌市文化广场
图 7-23（右上）
法国 MéCA 文化经济创意中心
图 7-24（左下）
上海浦开文化中心
图 7-25（右下）
淮安市城市博物馆

造型的意象，使建筑造型获得所比拟景物的联觉性美感。如悉尼歌剧院的设计手法。

2）艺术因借类比联想：使建筑造型具有音乐性、雕塑性、绘画性的美感。

3）形式构成自由联想：利用建筑形体组合中的自由穿插和融合、切削和叠加、扭转和倾斜，以及自由展开和叠合等造型技巧，充分表现艺术的自由本质。

（2）功能形体选择

一般采用具有较强表现力的简单规则且关系明确的几何形体，以充分展现引人注目的场所特征和建筑个性，具有特有的视觉特征。

图 7-26
西藏非物质文化遗产博物馆

1）立方体及其多向形体组合（图 7–28、图 7–29）；

2）曲面体及其多形态组合（图 7–30）；

3）异形体及其多形态组合（图 7–31）；

4）多形体组合（图 7–32）。

图 7–27（左上）
南京国际青年文化中心
图 7–28（右上）
中国甘肃金昌市文化中心
图 7–29（左中）
荷兰 Eemhuis 综合性文化建筑
图 7–30（右中）
日本文化中心
图 7–31（左下）
广西文化艺术中心
图 7–32（右下）
意大利文化中心

7.4.3 形体意义

文化建筑造型的主要特点就是表现内容与表现意义上的象征性。通过借助抽象几何形象来表达抽象的情感概念和环境气氛。如庄严、雄伟、宏大、坚实或轻松、明快、活泼、温馨等，主要体现在建筑的体量感、方向感的视觉效果上。

（1）体量感

体量感是建筑形体要素视觉表现的基本特征，在造型设计中常利用体量感来表达雄伟、庄重和沉稳的情态意义，通过表达体量感的诸要素如体形、尺度、比例的处理，唤醒人们的崇敬和仰慕之情（图 7–33）。

（2）方向感

方向感的表情意义主要表现在形体沿不同方向增加体量而产生不同的视觉效果，如垂直向上生长的体量表现出崇高、敬仰之情，水平伸展的体量体现广阔、大度和平静之意。对于正方体、球体各向均衡的“无方向感”形体，表现出安定、稳重、朴实的情感。

7.4.4 造型加工

确定建筑形体后，根据建筑内部功能和多样化的审美需求，可以通过削减法、添加法、分割法、转换法对形体造型进行再加工处理。

（1）削减法：按照形式美法则规律切削或挖去基本形体上的一部分体块，以达到修正视觉形象和创造富有造型细部的设计目标（图 7–34）。

（2）添加法：按照形式美法则规律在建筑基本形体上增加附属体块，以达到丰富和完善整体造型的目标。

（3）分割法：为了对建筑形体的体量进行削弱，从而达到化整为零的效果，达到丰富建筑层次、形体多元化的设计目的。

（4）转换法：通过形状、方向、大小、角度和曲率等要素，将建筑从一种形体过渡到另一种形体的渐变手法创造出新形体的加工处理手法。

图 7–33（左）
江苏如东文化中心
图 7–34（右）
台湾卫武营艺术文化中心

第八章

交通建筑方案设计

城市交通作为解决空间距离的手段，是构成城市最重要的组成部分之一。现代城市交通运输通过不同交通工具在海、陆、空三个领域立体化得以实现，而交通建筑是为各类交通工具在长短途客运或货运营运过程中提供停靠和休息的建筑空间，成为旅客或货物产生空间位移的起点和终点。交通建筑的发展及其结构和用途的变革与交通运输方式的革新有关，并且也与国民经济、科学技术、社会文化的发展紧密相关。如今客运交通已从单一方式演变成多种交通工具互相协作，并且形成以高速公路、轻轨、铁路、地铁、航空和港口等多种交通体系立体交叉衔接为主要特征的综合运营体系。

8.1 前期分析

8.1.1 类型及规模

就客运而言，历史上的交通建筑具有驿站的含义，通常称之为客运站。依据交通工具的不同，客运站分为公路客运站、铁路客运站、港口客运站、航空港、地铁和轻轨交通站等。其中，陆路交通客运站是承载客运业务最频繁、与旅客接触最广泛的交通建筑大类，主要包括汽车客运站、铁路客运站、地铁或轻轨交通站等类型。

（1）汽车客运站

公益性交通基础设施是道路运输经营者与旅客进行运输交易活动的场所。依据站址所在地的行政级别、各站点年平均日旅客发送量及有效发车位数等因素确定站级及规模（表 8–1）。

（2）铁路客运站

基层旅客运输的生产组织基地和运输网络中大规模客源集散转运的节点，

汽车客运站规模 表8–1

规模	站址所在地行政级别	年平均日旅客发送量	有效发车位
一级站	省、自治区、直辖市及其所辖市、自治州（县）人民政府和地区行政公署所在地	10000 ~ 25000 人次	20 ~ 24 个
二级站	县以上或相当于县人民政府所在地	5000 ~ 9999 人次	13 ~ 19 个
三级站	乡、镇人民政府所在地	2000 ~ 4999 人次	7 ~ 12 个
四级站	—	300 ~ 1999 人次	不大于 6
五级站	—	不大于 299	—

铁路客运站规模 表8–2

旅客站规模	旅客最高聚集人数
特大型	10000 ~ 20000 人
大型	2000 ~ 10000 人
中型	600 ~ 2000 人
小型	50 ~ 600 人

地铁、轻轨交通站运营性质 表8–3

中间站	轨道交通线路中最常见的一种车站，仅供乘客上下车使用，功能单一	
换乘站	供乘客在不同路线之间，在不离开车站付费区及不另行购买车票的情况下可进行跨线乘车的车站	
区域折返站	为合理组织列车在地铁沿线客流量不均匀处运行，需部分列车在中间站折返	
终点站	是办理列车折返业务的地方	
接轨站	地铁正线与支线混合运行	

是具有运输组织管理、中转换乘、辅助服务等多功能体系的客运站服务系统。从运输组织、枢纽重要性、城市规模和客流规模等方面确定其规模（表 8–2）。

铁路客运站类型按线路与站房的平面关系分为线端式和线侧式两种；按高差关系可分为线平式、线上式和线下式。

(3) 地铁、轻轨交通站

作为城市轨道交通，以其大运量和快速为城市公共交通的发展提供了一种选择。按照经营性质分为中间站、换乘站、区域折返站、终点站和接轨站，其综合开发与城市设计密切关联（表 8–3）。

8.1.2 场地选址分析

客运站是指专门办理客运业务的车站，也是城市交通系统的重要组成部分，主要由站房、站前广场和站场三部分组成。它们作用不同，但布局上是一个不可分割的整体，其选址布局应考虑城市总体规划、城市交通的内外联系、人流量以及地形地貌等影响因素，同时也要结合城市交通系统规划进行合理布局，选址地点适中，方便旅客集散和换乘。

（1）汽车客运站

大城市应根据城市人口分布及交通情况合理布置，适当分流；中小城镇应尽量靠近城市中心地区。

客运站的进出站车辆应遵循公路运营要求，与城市交通系统密切联系，交通工具流向合理、出入方便，尽量避免大量人车流交叉干扰，应避免选址在城市交通密集线路上，基地至少有两个以上不同方向通往城市道路的出入口。

（2）铁路客运站

1）中小城镇因规模较小，在修建铁路线路和铁路客站、货站时应设置在城市的远郊区附近，此布局选址既要方便旅客的换乘，又要不影响城市的近远期发展；

2）大城市往往会有几个方向的铁路路线，客运站应选择建设在主要客流路线上。大型旅客站应选址在闹市区边界的城市主干道周边，并且通过建设多条城市支路与其对接。

（3）综合考虑自然条件和社会条件，做到远、近期结合规划。规模较大的客运站，应为将来改扩建需要留有足够的发展用地。

（4）应考虑地形地貌、技术作业站点的选址，节约用地，尽量减少拆迁量等相关的技术问题。

（5）站址应考虑客运站对城市的经济发展和城市风貌的重要作用。

8.2 总体布局

8.2.1 功能关系

客运站的总平面布局设计由外部环境和内部空间共同影响，交通客运站主要由站前广场、站房、站场三大部分组成，还包括附属建筑等功能区域（图8–1）。

（1）站前广场作为乘客进出站、人流集散并提供运送旅客的城市公共交通及社会车辆停靠出入的场地，是交通客运站构成的基础。

（2）站房是客运站的主体，包括为旅客服务的各种房屋（广厅、售票厅等）、技术办公房屋（转运室、站长室、公安室等）及其职工生活用房等，是旅客换乘的主要场所，为了便于旅客通过站前广场直接进入站房，客运站房多临近道路设置。

（3）站场即客运站的有效发车位，是整个客运站场总平面所占面积最大的区域，也是办理客运技术作业的地方，包括线路（到发线、机车行走线、车辆停留线等）站台、雨篷、跨线设备等。

（4）附属建筑按不同功能独立设置或组合设置，一般是指维修车间、锅炉房、洗车设施和司乘公寓等。

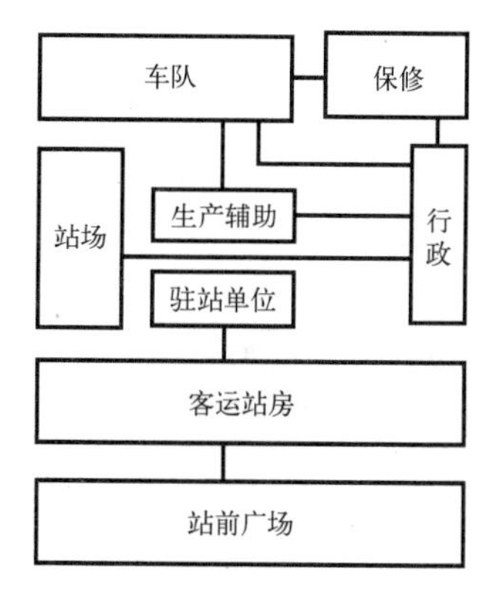

图8–1　总平面功能关系图

8.2.2 布置要求

(1) 合理确定建筑规模，根据所在地区的城市规划要求和交通线路状况，合理选择建设地段和基地类型。

(2) 功能分区明确、流线畅通便捷，减少或避免多条流线的交叉。

(3) 站前广场要对各个对象的流线进行合理组织与划分，其中包括客流、车流路线以及停车、活动和服务区域，从而达到节约用地的目的，考虑总体功能布局上的灵活性和适应性，兼顾长远发展需求。

(4) 尽量使用新技术、新材料、新设备，以提高站房建筑的经济效益、社会效益和环境效益。

(5) 合理布置绿化，处理好站区排水、照明等。

(6) 充分体现站点的客运特点和所在城市及地区特点。

8.2.3 流线组成

(1) 交通站点

1) 汽车客运站：汽车客运站设计的关键是拥有合理、高效、简捷的交通流线组织（图 8–2）。进出车站口是汽车客运站交通流线直接与城市规划联系的；汽车进出站口净宽度不宜小于 4m，净高度不应小于 4.5m。其中一、二级站必须分别设置进出口，三、四级站宜分别设置进出口；汽车站出入口与行人通道或旅客主要出入口应有隔离措施，并应保持不小于 5m 的安全距离；汽车站出入口距离教学区、游园活动区、残疾人使用的建筑以及人流量大的场所的主要出入口应大于 20m；为保证驾驶员安全的视距要求，汽车进出站口应设置引道；汽车客运站场地内的交通要实行严格的人车分流，其中主要人行道宽度不应小于 3m，单车道宽度不应小于 4m，双车道宽度不应小于 7m。

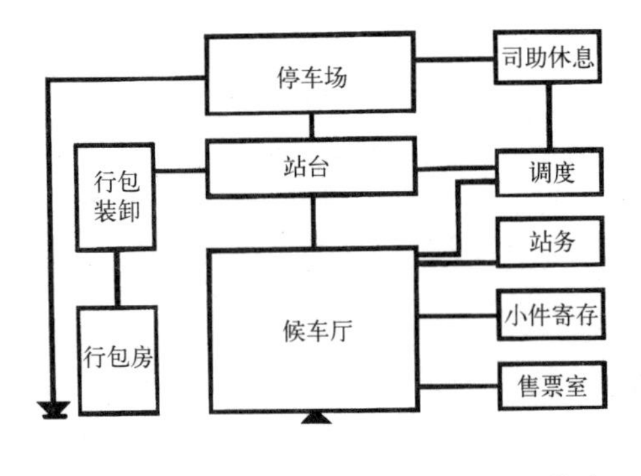

图 8–2　汽车客运站功能流线关系示意

2) 铁路客运站：铁路客运站流线主要分为三种基本类型，即旅客流线、行包流线和站前广场流线。流线组织应分清旅客流线与车辆流线，要遵循一定的原则，包括旅客流线与行包流线要分开，一般旅客流线与贵宾及专用旅客流线适当分开、职工出入口与旅客出入口要分设等。

旅客人流应布置在核心区域，工作人员流线宜与旅客人流分开，宜单独设置出入口，各种流线不宜交叉，并且设置绿化带进行隔离。通过设置出租车临时停靠站和自驾车临时停放区实现人车分流。

3) 站前广场：站前广场与站房、站场在使用功能上有密切的关系，是旅客站的三大组成部分之一，是用于组织旅客和多种社会车辆实现安全、迅速集散的场地，是客流、车流和行包流的集散点，为旅客提供手续办理，临时停留、休憩的空间（图 8–3）。

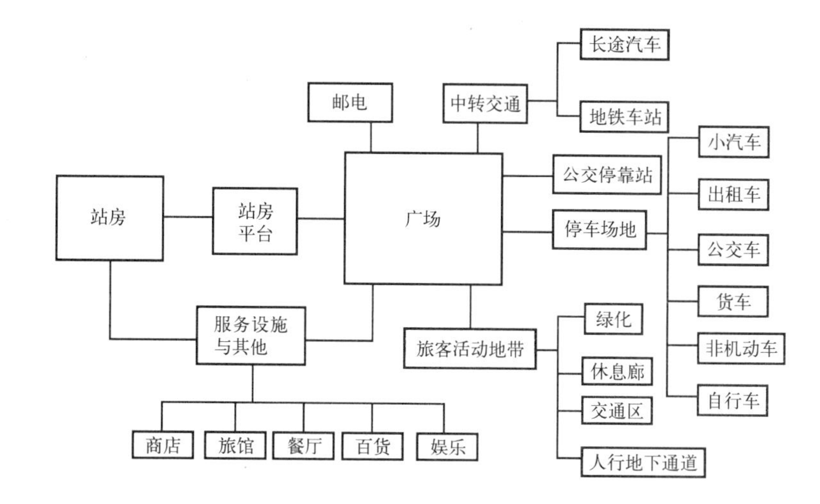

图 8-3　站前广场组成

汽车客运站站前广场宜由集散场地、乘降区、人行道路、车行道路及停车场、绿化用地、安全保障设施和市政配套设施等组成；铁路车站广场宜由旅客车站专用场地、站房平台、公交站点及绿化与景观用地组成。

①汽车客运站站前广场设计要点：站前广场设计应与城市规划、站场规划相协调；平面布置紧凑合理，尽量节约用地；与城市道路、客运站出入口有机联系，使旅客能够安全迅速地进入广场；合理组织交通，进出站客流、车流、货流分开，避免干扰；合理确定面积，并留出发展备用地。

②铁路客运站站前广场设计要点：站前广场应分区设置，旅客、车辆、行包三种流线应短捷，避免交叉，以免互相干扰，确保流线畅达；人行、车行道应与城市道路相衔接；聚集人数 4000 人及以上的旅客车站应设置立体站前广场；受季节性或节假日影响客流量大的车站广场应设置临时候车设施。

（2）站前广场

1）交通组织

①流线特点：进站流线的特点为多方向人、车缓慢汇聚于广场，匀速通过站房、整体缓慢，用时较长。出站流线的特点为人流短时间大批量疏散，不同人流之间有间隔性。

②设计原则：考虑城市主干道应与广场合理衔接，应严格控制广场通向城市交叉口的数量、位置和开口宽度；交叉口数量应少于三处，并且两交叉口之间距离应当遵守规范，不宜过近，避免人流车流交叉从而造成混乱；开口宽度不宜过大以免造成拥堵混乱。

合理减少广场旁的其他道路对广场出入的影响；将原有广场前过境交通的车流规避至其他道路上从而减少与广场上人流车流的相互干扰；在广场主方向口之外的其他方向上进行辅路的增设从而减缓主口处的流通不畅。在垂直方向上可增设天桥或开通地下通道，与主交通流互不干扰。当站房过分靠近城市干道时，也可将部分广场高架在干道上（图 8-4）。

实施交通限制条例，如大货车禁止从此通行等。避免各种交通合流就是

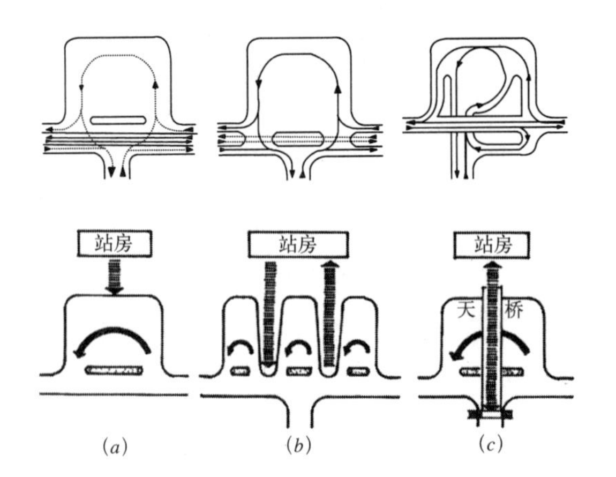

图 8–4　城市干道和广场交通立体交叉的基本形式

图 8–5　局部高架在干道上的广场方案
(a) 前后分流；
(b) 左右分流；
(c) 上下分流

交通分流即人流车流包括不同方向、不同行驶目的的交通流相互分开，各自独立互不影响，进而防止造成混乱，其中分流的形式有：①前后分流；②左右分流；③上下分流（图 8–5）。

2）平面布局

公交站点可根据公交线路的多少，分成两种模式，公交线路少则希望靠近出口处，方便行人上下换乘；当公交线路多而杂时，可单独布置上下客站。长途客运车的上下客点应与广场保持一定距离分布，不宜过近造成拥堵；且不宜过远，不方便乘客；专用接送车及其他车辆停车场布置应机动性能强，灵活快速；自行车停车场布置则采用集中和分散并存。

①功能类型：常规型如中转签证处、行包房、售票房、出站口等；服务型如餐饮、百货等；金融型如邮政转运、小件寄存、银行等；其他型如文化娱乐设施等。

②设计要点：各建筑应方便旅客到达使用；广场布局得当，长途汽车站出入口设置合理。

③基本原则：体现广场中心性质；为未来发展着想；体现当地特色；功能分区明确。

8.3　平面功能关系布局

8.3.1　站房功能组成及流线

（1）客运站房功能组成

客运站房是站区内的核心空间场所，是旅客进行换乘与乘车的主要空间，其建筑空间主要由集散厅、候车厅、售票用房、行包用房、站台、站务管理、服务用房及附属用房组成。

1）集散厅：通常设置在候车厅入口处，用于缓解进入候车厅的客流压力，具有快速疏导客流的功能，在北方，客运站门厅还可以抵挡寒风。客货共线铁路车站按最高聚集人数这项指标确定使用面积，客运专线铁路车站应以高峰小时发送量为指标确定其使用面积，且均不宜小于 0.2m^2/人。服务设施应布置于集散厅，大型出站集散厅内服务更多人群，更应完善布置各类设施。

2）售票厅、候车大厅与行包用房：售票厅靠近客运站主入口处，并紧密联系候车大厅，方便旅客进入，候车大厅则是供乘客等候的主要使用空间。行包用房主要有托运、提取、装卸三个功能，托运和提取行包空间为方便旅客一般靠近乘客进出站流线设置。售票厅、候车大厅及行包用房三者布局形式通常是以候车厅为中心，售票厅行包用房集中布局于候车大厅一边或分布两翼。

（2）客运站房流线组织

1）流线类别

①乘客流线：包含普通乘客流线、特殊乘客流线和贵宾流线。普通乘客流线人流数量大，携带东西多，乘车历程繁复，等候时间长，表现出流线聚集显著、密度大、过程迅速的特征；特殊乘客流线主要指不能独自完成乘车过程的乘客，如妇女儿童及老弱病残孕等乘客流线，其特点是数目不多，行动不便，且须人帮扶看护，一般设立独立的候车室，并附设专用厕所和检票口，以满足优先上车需要；贵宾流线为确保贵宾候车过程的便捷性和安全性，独立布置贵宾候车房间和专用检票口，出入应有专车接送，最好和普通乘客流线分离布置。

②行包流线：通常分为发送行包流线、到达行包流线和中转行包流线。行包运输需要各类运输工具，行包安置需要空间较多，因此最好避开和乘客流线的交叉，从而确保乘客和行包安全。

③内部人员流线：内部工作人员的活动空间包括调度室、广播室、值班室、票据室等，应布置其专用的交通联系空间，不应与乘客流线混合。大型客运站的站务办公用房多，功能完备，为了方便监管、观察以及调度，应布置在客运用房与发车站台之间。

2）流线组织

宜尽量避免人流、车流和物流相互交叉，争取使流线便捷、通达，确保乘客快捷、简便、安全疏散。流线设计应依照以下规定：

①各种人流要分开，内部工作人员流线与乘客流线要分开设置；贵宾、妇幼、残疾人流与普通乘客流线适当分开设置；

②应符合乘客行为心理需求，争取线路便捷、方向清晰，流畅不曲折，尽量减少乘客流程长度，使各类流线相互独立；

③站前广场内机动车应逆时针单向行驶（为方便乘客右侧下车），避免双向行驶；

④对于行包量大的客运站，需考虑布置行包通道，以使行包与乘客流线分离，避免干扰。

（3）客运站房设计原则

1）功能布局宜明确、紧密，使其达到日趋综合的空间功能要求；

2）各功能分区应清晰、紧凑，使其便于使用，流线通畅、便利，防止主要功能流线的混合干扰；

3）客运站房建筑规模应该根据每小时旅客最高集聚人数来确定。

（4）站房平面组合形式

1）综合厅式：将与旅客有密切联系的咨询、售票、行包、候车等功能区布置在一个没有间隔的连续空间中。优点是旅客在空间中视线无遮挡，可以直观地看到大厅内的各功能片区，并且能够合理地进行功能分区，各个功能空间可以灵活调整布局，结构简单，通风与采光条件都较好；缺点是只适用于旅客流量较小、停滞时间较短的站房，不适用于大体量、旅客停滞时间长、旅客人员结构复杂的站房，容易出现多种流线混杂交叉的现象。

2）候车大厅式：将候车等待区和进站通道合并成一个大空间，作为站房的主要空间，将营业部分独立或散落设置，此种布局方式常用于旅客在站长时间停滞的客站。

3）营业大厅式：将交通联系和营业部分组合成一个大空间，将候车大厅独立设置的形式。此类布局适合乘客在站滞留时间不长的客站。

4）分配广厅式：为了规避由于人流集中而产生的相互干扰，通常采取候车厅与营业厅围绕分配广厅设置的布局形式。这种形式通常用于大型和特大型站。优点是空间布局合理，结构清晰简单，而且有利于场所空间的服务与管理；缺点是若没有恰当布置，横向候车大厅会造成“袋”形候车厅，特别是二层的“袋口”处极易造成乘客集中，从而造成拥堵（图 8–6）。

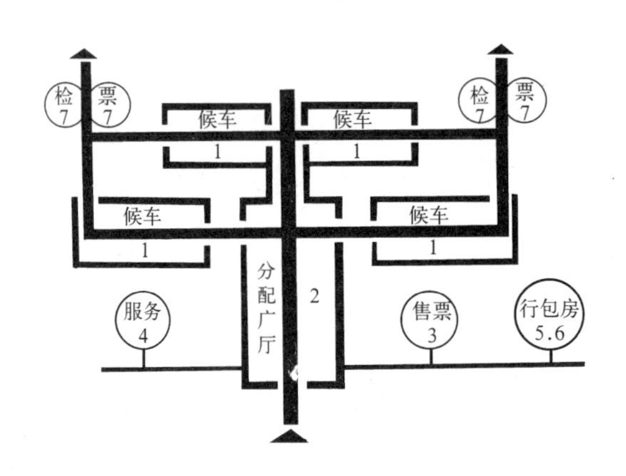

图 8–6　分配广厅式布局

8.3.2　站房主要用房设计

（1）候车大厅设计

当候车室设有楼层时或站前广场与线路的高差在 3m 以上时，候车室应按表 8–4 布置。

1）设计要点（表 8–5）

①一、二级汽车客运站应设重点旅客候乘厅，应设母婴候乘厅，母婴候乘厅宜设置专用厕所和婴儿服务设施；

②候乘厅内应设置座椅，且座椅的设置应便于旅客人流导向进站检票口，候乘厅每排座位不应超过 20 座，座椅之间走道宽度不应小于 1.3m，并应在两端设置不小于 1.5m 的通道；

③当候乘厅与入口不在同层时应设置自动扶梯和无障碍电梯或无障碍坡道；

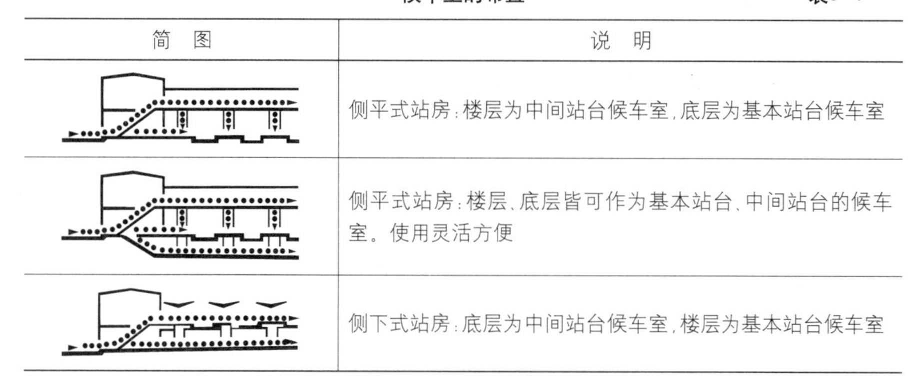

候车室的布置 **表8-4**

简图	说明
	侧平式站房：楼层为中间站台候车室，底层为基本站台候车室
	侧平式站房：楼层、底层皆可作为基本站台、中间站台的候车室。使用灵活方便
	侧下式站房：底层为中间站台候车室，楼层为基本站台候车室

各候车区（室）人数比例（%） **表8-5**

建筑规模	候车区（室）				
	普通	软席	贵宾	军人（团体）	无障碍（含母婴）
特大型站	87.5	2.5	2.5	3.5	4.0
大型站	88	2.5	2.0	3.5	4.0
中型站	92.5	2.5	2.0	—	3.0
小型站	100	—	—	—	—

④候乘厅内应设检票口，每三个发车位不应少于1个，检票口应设导向栏杆，栏杆高度不应低于1.2m；

⑤候车厅的安全疏散出口不应少于两个，候车厅位于除一楼外其他楼层时疏散楼梯不应少于两个，应在安全出口和通道设置明显标志物和紧急照明系统。

2）设计要求：军人（团体）和无障碍候车区、普通、软席适于设置在开敞、明亮的大跨度空间下，并可采用低矮轻质隔断（或装饰物）划分不同类候车区域。候车区内应设置开水间，并应与盥洗间和公共厕所分开设置。窗地面积比（A_c/A_d）不应小于6，上下窗中可设置开启窗扇，并附有开闭设备。

①普通候车厅：分候车区、检票区、通行区和服务设施区，各功能区分区明确且有机融合、相互独立且互不干扰（表8-6）。

②无障碍候车室（含母婴候车室）：宜设在首层或站台层，靠近检票口附近。其使用面积不宜小于2m^2/人。方便检票进站，盥洗、出入口和厕所应符合残疾人使用的要求。母婴候车室的位置应明显易见，交通便捷通畅，位于站台和跨线设施附近，同时争取较好的朝向和自然通风。内部最好设有独立的检票口，

候车室的容量与面积 **表8-6**

客站规模	候车室人数占旅客最高聚集人数百分比	候车室面积（m^2）
特大站	89.5%	每人1.1～1.2
大型站	89.5%～94.5%	每人1.1～1.2
中型站	94.5%～100%	每人1.1～1.2
小型站	100%	每人1.25～1.35

单独的盥洗、饮水和厕所等服务设施。设计中要为儿童娱乐和休息营造适宜的环境，细节设计应兼顾儿童安全和儿童心理两方面。

③军人、团体候车室：应与普通候车区合设，其使用面积不宜小于 $1.2m^2$/人，便于单独检票进站，其他设施可共用。

(2) 售票用房设计

1) 汽车客运站售票用房设计：由售票厅、票务用房等组成，设置位置应方便乘客购票，四级以下（含四级）站级的客运站售票厅可与候乘厅合用，其他站级的客运站宜单独设置售票厅，并应与候乘厅、旅行托运用房功能联系紧密。

售票厅窗口数量应按乘客最高聚集人数的 1/120 计算，一、二级客运站房至少设置一个无障碍售票窗口。售票厅设置自动售票机时，其使用面积应按照每个 $4m^2$/个来计算（表 8–7）。

售票室内工作区地面至售票口窗台面高差不宜大于 0.8m；应安装有防盗系统，且不能设有直接开向售票大厅的工作人员出入通道；票据室应独立设置于售票室附近，内部使用面积不宜小于 $9m^2$。

2) 铁路客运站售票用房设计：特大型、大型站的售票处必须设置在站房进站口附近，明确指引旅客购票位置，同时还应在进站通道上适当位置设有售票点或自动售票机。售票窗口数量见表 8–8。

3) 售票室设计的有关规定：采光通风良好，但要防止直射阳光，并应设置防盗设施；特大型、大型站应设置无障碍售票窗口；自动售票机的最小使用面积可按 $4m^2$/个确定。

(3) 行包用房设计

1) 汽车客运站行包用房设计

功能组成根据需要设置行包托运厅、行包提取厅、电子计算机室、行包仓库和业务办公室、工作人员休息室、票据室、牵引车库等用房。一、二级客运站应分别设置行包托运厅、行包提取厅，且行包托运厅宜靠近售票厅，行包提取厅宜靠近出站口；三、四级客运站的行包托运厅和行包提取厅可合设。

售票厅最小使用面积 **表8–7**

站房规模	特大型	大型	中型
使用面积（m^2）/每售票窗口	32	27	16

售票窗口数量 **表8–8**

客运站规模	客货共线铁路旅客车站（按最高聚集人数经计算确定）	客运专线铁路旅客车站（按高峰小时发客量经计算确定）
特大型站	不宜少于 55 个	不宜少于 100 个
大型站	25 ~ 50 个	50 ~ 100 个
中型站	5 ~ 20 个	15 ~ 50 个
小型站	2 ~ 4 个	2 ~ 4 个

行包仓库内净高不应低于3.6m，应满足运输工具通行和行包堆放。托运与提取受理处的门净宽应不小于1.5m；受理柜台面高度宜不大于0.5m，台面材料应耐磕碰；受理口应设置可关闭设施，不在同一楼层的行包用房应设机械传输或提升设备。

2）铁路客运站行包用房设计

行包房包括行包托取厅、行包托取处、行包仓库、行政管理房和其他用房。行包房的位置宜集中布置在站房的一侧，布置在左侧或右侧取决于本站到发和通过的旅客列车编组上行包编挂的位置，通常多数设在站房的右侧。

3）汽车客运站服务用房、附属用房设计要求

问询台（室）应靠近旅客主要出入口，使用面积宜不小于6m²，其前部应设不小于8m²的旅客活动场地；小件寄存处应有通风、防火、防盗、防鼠、防水、防潮等措施；一、二级客运站应邻近候乘厅设医务室，其使用面积不应小于10m²；并根据需要配备小型商业服务设施。

4）厕所及盥洗室设计要求

①站房应设厕所及盥洗室，应设无障碍厕位。一、二级客运站厕所宜分散设置，厕所服务半径不宜大于50m。

②厕所应设前室，一、二级客运站应单独设盥洗室，设儿童使用的盥洗台和小便器。

③男女旅客宜各按50%计算设置厕位。

（4）站务管理用房设计

应根据客运站建筑规模及使用需要设置站务管理用房，其功能包括驻站单位、行政办公、售票管理、客运管理、行包管理五方面。主要包括服务人员广播室、补票室、更衣室、值班室、公安值班室、调度室、客运办公室、站长室、会议室、客运值班室、员工卫生间等（表8–9、表8–10）。

8.3.3 铁路客运站站台设计

（1）站台种类

1）按线路与站房的布置关系分为基本站台、中间站台、线端式站房、边侧站台和分配站台

汽车客运站站务管理用房设计要求 **表8–9**

管理用房名称	设计要点
值班室	使用面积按最大班人数不小于2m²/人确定； 最小使用面积不应小于9m²
广播室	使用面积不宜小于8m²； 设置在便于观察候乘厅、站场、发车位的部位；应有隔声、防潮防尘措施
客运办公室	应按办公人数计算确定； 使用面积不宜小于4m²/人
补票室	应设置在出站口处，且有防盗措施； 使用面积不宜小于10m²

铁路客运站站务管理用房设计要求 表8–10

管理用房名称	设计要点
交接班室	特大型、大型和中型站应设置； 使用面积应根据最大班人数，按 $1m^2$/ 人确定，并不宜小于 $30m^2$
补票室	特大型、大型和中型站应设置在出站口处，且有防盗措施； 使用面积不宜小于 $10m^2$
公安值班室	使用面积不宜小于 $25m^2$
客运办公室	应按车站规模计算确定，宜采用大开间、集中办公的模式； 使用面积不宜小于 $3m^2$/ 人
更衣室	使用面积应根据最大班人数，按不宜小于 $1m^2$/ 人确定

一般旅客站站台宽度参考（m） 表8–11

站台类别	小型站	中型站	大型站	特大型站
基本站台	在旅客站房范围内不小于 8m，其余部分不小于 4m，人数很少时可 3m	在旅客站房范围内 12 ~ 20m，其余部分不小于 4m	在旅客站房范围内不小于 20m，其余部分不小于 4m	不小于 25
中间站台	5 ~ 6m	8 ~ 10m	10 ~ 12m	10 ~ 12m
边侧站台	3 ~ 4m	4 ~ 6m	6 ~ 8m	8 ~ 12m
分配站台	—	8 ~ 16m	15 ~ 20m	20 ~ 25m

旅客站台最大长度参考 表8–12

客运种类		斜坡坡度		站台长度
		踏步	斜坡	
长途、短途		1 : 2	1 : 10	250 ~ 550m
市郊	蒸汽机车牵引	1 : 2	1 : 10	300m
	摩托车组	1 : 2	1 : 10	240m

2）按站台高度分为高型站台和低型站台

3）按站台用途分为行包站台和旅客站台

（2）站台的宽度（表 8–11）

（3）站台的长度（表 8–12）

（4）跨线设备

1）天桥、地道的几种平面形式（图 8–7）

2）天桥、地道与站房的关系（表 8–13）

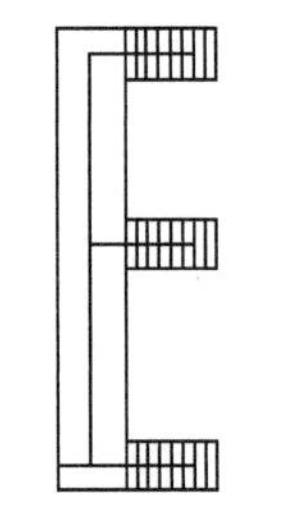
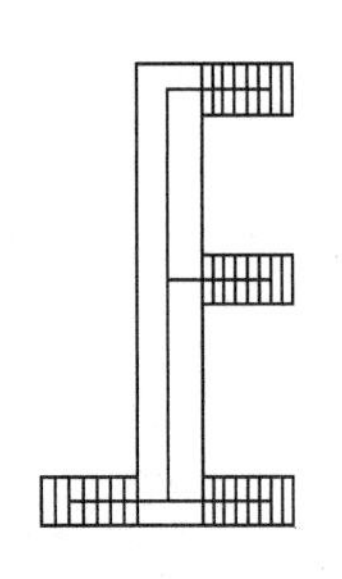
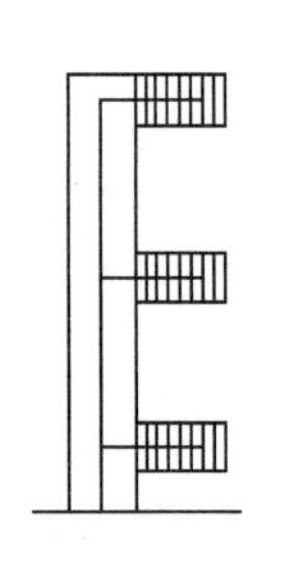
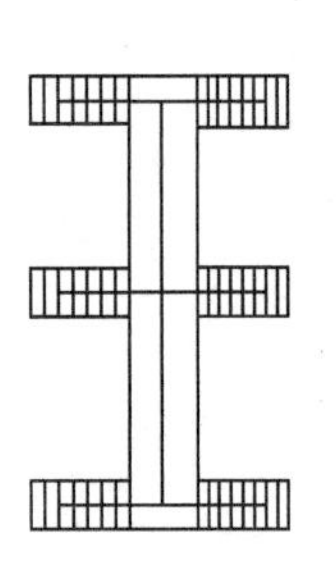
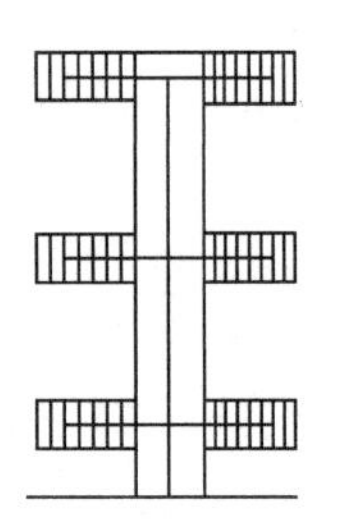

图 8–7 天桥、地道平面示意

天桥、地道最小宽度和最小净高（m） 表8–13

名称	旅客天桥、地道				行包（邮件）、地道
	特大型	大型	中型	小型	
最小宽度	6.0	5.0	4.0	3.0	5.2
最小净高	2.5（3.0）				3.0

注：括号内为封闭式天桥最小净高尺寸。

3）天桥和地道的特点

天桥的优点是占地面积较小，能够有效地在有限的空间增加人和车流的通行力；缺点便是施工较为复杂，施工成本较高。地道的优点就是战争时可以用于人口、粮食的运输与转移；四通八达，方便协战，方便隐藏。

8.4 地铁、轻轨车站设计

8.4.1 地铁建筑

地铁建筑设计不仅要满足交通功能的要求，还应成为展示城市文化的窗口。通过地铁建筑艺术的创作，可以表现、塑造城市的风格。地铁建筑的艺术是丰富的，也是在不断发展的，随着社会文化和艺术的发展，公众审美意识的提高，像是植物的枝叶，又像是动物的骨架，给人留下了无限的想象空间（图 8–8）。

目前，国内关于地下空间的研究以工程为主，在未来研究中，地下空间开发利用需要走向集建筑、规划、交通、土木、景观等学科于一体的多学科交叉新领域。

8.4.2 轻轨车站

轻轨通常用来形容载客量小、移动速度快的轨道交通工具，轻轨有自己的运行轨道，但不一定要与其他车辆隔离，在陆地上行驶，如有轨电车、轻铁（图 8–9）。

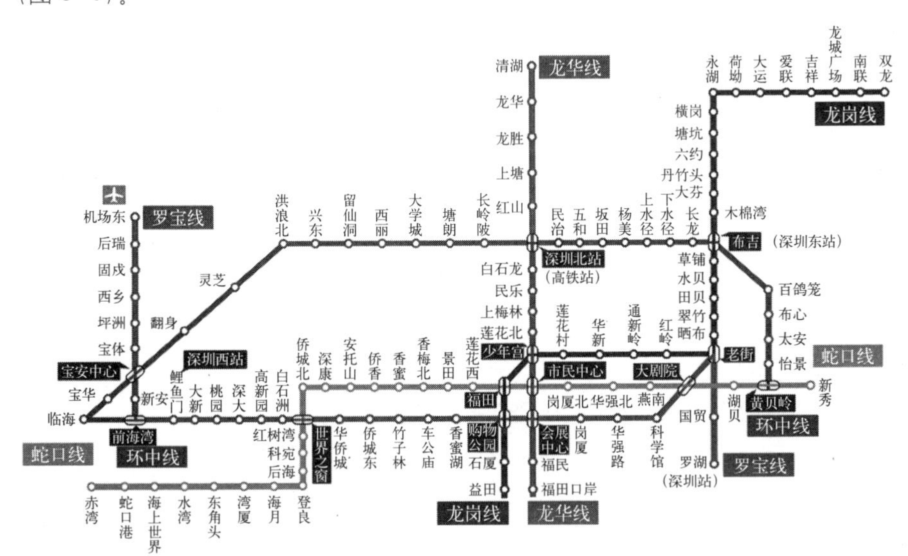

图 8–8 深圳地铁线路图

图 8–9
轻轨车站

8.4.3 造型设计要素

（1）交通建筑造型特征

交通建筑作为一种特殊的建筑类型，在其长期发展演变的进程中，逐渐形成了用技术表达建筑艺术的方法，其严密的科学逻辑、理性的分析选择，使交通建筑造型设计充分展现出原创性、时代性，可识别性强以及具备舒适的体量感，拥有与众不同的艺术魅力。

交通建筑一般都是体量较大的公共建筑，在造型上主要体现它的可识别性与体量感。其处理手法多样，造型也各不相同，同时会参照一定的地域文化，并与其功能相结合，成为城市一道亮丽的风景线。钢结构用于建造大跨度和超高、超重型的建筑物。交通建筑为了保证空间的最大化，其主体多用钢结构来完成。具体特征表现如下：

1）交通建筑是旅客到达城市的第一站，是城市对外交流展示的窗口，象征城市门户。这决定了交通建筑造型具有很好的标识性和较强的标志性。

2）交通建筑造型应体现明快、大方、简洁和朴素之美，体现出现代交通的高效、快速与便捷，彰显现代建筑的魅力。

3）交通建筑应表现出对自然环境应有的尊重，和自然环境相映成趣，融为一体，呈现尊重自然的环境观。

4）交通建筑应结合当地气候环境，努力探索有利于生态节能和可持续发展的策略，体现应对环境的技术和生态观。

（2）交通建筑造型设计

建筑空间形态具备物质与社会双重属性。物质属性表现在以一定的形状、大小、方位、尺度、色彩、肌理和相互组合关系的物质表现形态上，对人的行为具有引导和诱发力；社会属性表现在空间形式方面具有一定的表情，蕴含着一定的态势，与人们的精神产生交流。交通建筑形态造型设计在地方气候及自然原型、造型构成元素、地域文化影响因素、新型结构及生态技术等方面多维度、多角度地融合，使其处理手法多样，造型也各不相同，结合不同地域特色，成为城镇一道亮丽的风景线。

1）侧重“地方气候及自然原型”的形态设计：结合当地气候环境特征，将阳光、风、水、动植物等自然元素进行原型意象的充分利用和尊重，在体会与当地气候相协调的亲切舒适感的基础上，引导人们对环境、生存、生命意义的思考和联想。

图 8-10
日本大阪关西国际机场

伦佐·皮亚诺设计的日本大阪关西国际机场，建筑主体曲面形态较好地结合当地风元素和外部气流动势，将自然风利用空气动力学原理带动建筑内部空气的良性循环，使风的流动、人的流动、车的流动、飞机的流动完美结合，达到自然、形式和技术的完美统一（图 8-10）。

2）侧重“造型构成元素”的形态设计：交通建筑通过对比与调和的相互配合，节奏与韵律的积极调动等方式，将建筑形式呈现出美的意象，形成交通建筑独特的韵味；建筑空间内部多变通透，在空间层次上形成疏密有致的氛围；建筑外部形体超人、自然及亲切近人的尺度并存，平衡稳定的形态使交通建筑具备庄重与亲和相济的美学气质。

①对比与调和。

尺度的对比与调和：不同尺度的设计给人以不同的心理感受，超人尺度表现出张力感和宏伟感，引起人们的崇拜敬仰之情；舒适自然的尺度给人以亲切朴实之感，让人感到细腻精致，通常适用于建筑的细部空间处理。交通建筑候车厅具备形成大尺度的空间效应，因此利用建筑空间尺度间的对比能使人产生富有情趣变化的心境（图 8-11）。

材质的对比与调和：材料是建筑形态极为重要的物质基础，各种材料都具备特色鲜明的视觉冲击和触感，体现着不一样的质地美，如木材的平淡自然、石材的坚硬厚重、玻璃的轻快明净等，给人以丰富的心理感受。交通建筑运用具有高科技特征的现代材料，在自然材料的烘托调和下，将坚硬、冰冷、光滑的质感柔化而具亲和力（图 8-12）。

色彩的对比与调和：在交通建筑设计中色彩具有划分空间、调整视觉气氛、改善室内照明效果等重要作用，且多采用柔和淡雅的色调，而在导向标识系统、服务台等局部位置采用明度和纯度比较高的亮色调，以方便旅客识别，同时满足

图 8-11（左）
北京大兴国际机场
图 8-12（右）
三亚火车站

信息传达和视觉导向的功能要求，并起到活跃室内氛围的作用。应利用色彩对比手法扩大室内空间感，提高空间亮度，以缓解旅客紧张焦急情绪，营造安静舒适的候车环境。

②韵律与节奏。

连续韵律：交通建筑由于体量巨大，通常在高大延长的立面上重复呈现幕墙竖梃、装饰壁柱、窗及相配套的装饰构件，以及建筑内部的主梁结构等重叠元素，并在整体或细节上形成有节奏的韵律感。

渐次韵律：交通建筑中利用一种或一组元素，如构件长短、宽窄，空间的大小、高低，色彩的冷暖、明暗等表现出同一方向的递增或递减，给人以回环往复的韵律感。

波动韵律：交通建筑中在屋面、立面等部位将虚实、大小、强弱、高低等具备明显对比性的元素按一定序列有规则地间隔变化，使人产生视觉感官上的交替变化，体会抑扬顿挫的意境。西班牙建筑设计公司 LVA 设计的起伏式屋顶的希思罗机场 2 号航站楼——采用舞动的起伏屋面，创造出具有连续趣味的愉悦形态，形成律动的美感（图 8–13）。

交错韵律：交通建筑设计中通常采用两种或多种元素进行有韵律的相互交替、纵横穿插处理，产生线与线相互交错、面与面相互叠加、体与体相互穿插的精巧韵律。建筑立面多运用采光屋面、玻璃幕墙等材料引入阳光，使得建筑的内部构件在大厅内产生虚实相间的光影，在明暗交错中营造出多变的感官效果。天津于家堡高铁站——采用双螺旋不对称的超大跨度正反螺旋形网格结构，精美构件交错成趣，形成结构紧凑而不失活泼的编织形态（图 8–14）。

③渗透与秩序。

开敞空间的渗透：交通建筑设计中利用通透的开敞空间将室内外景致互通，满足旅客对环境开放的心理诉求，有助于弱化空间内由于大量人流所导致的沉闷、压抑的氛围。西雅图西塔国际机场——巨型的玻璃幕墙将机场跑道风

图 8–13
希思罗机场 2 号航站楼

图 8-14（左）
天津于家堡高铁站
图 8-15（右）
西雅图西塔国际机场

景引入室内，内外空间渗透模糊了机坪和大厅之间的界限（图 8-15）。

交错空间的渗透：大多数交通建筑的候车服务大厅、售票大厅往往是宏伟的空间跨度，而餐饮办公等空间场所的尺度较小，通常分层布置在大厅的夹层空间，从而构建出高低交错的中庭空间，整个建筑具备多义性、开放性、流动性和不确定性，进而营造出丰富多样的空间层次变化。

④均衡与稳定。

对称均衡：交通建筑利用对称均衡的构图手法形成最为完整规律的形态，多延续传统建筑对称格局、古典复兴的造型风格，体现庄重严肃的宏伟形象（图 8-16）。

非对称均衡：在交通建筑设计中采取没有轴线构成的不规则平衡，使建筑中的各元素以一个引导性的视觉焦点或某一平衡点为中心，从而让建筑整体在美学构图中实现视觉上的平衡。云南德宏芒市机场通过非对称均衡手法，运用杠杆原理形成视觉平衡感，并使建筑表现出轻快、多变、自由、灵动的美感。

动态均衡：利用交通建筑中人们的动态行为不断变换视点，从不同角度的运动变化中体会建筑形态变化的均衡感，使建筑空间组合更灵活、自由并富有起伏变化。荷兰鹿特丹中央车站——面向城市的大入口屋顶包覆着不锈钢，里面为木质结构装饰，动态均衡构图突出了鹿特丹的都市风格，将城市与火车站融为一体。大厅内的木饰面结合木梁屋顶营造出温暖气息，使游客流连忘返（图 8-17）。

⑤比例与尺度。

超大尺度：在那些具有大层高、大跨度空间的交通建筑中，通过超大尺度的建筑造型营造出宏伟的气势，运用厚实的质料、挑高的大厅、庞杂的构造以及隐藏在空间结构中的能量感，从而组合成为能够向世人展示的、宏伟且壮观的大体量感建筑。杭州新东站——东站主体的庞大建筑，是横跨在月台和铁路轨道上的，它的下面有三十多个月台和 34 条铁路轨道，交汇东南西北四条铁路干线和四条高铁专线，是亚洲最大的铁路枢纽之一，39.6m 超高大尺度、深远出挑的雨篷和拔地而起的巨柱，共同营造出震撼人心的视觉效果（图 8-18）。

图 8-16　老北京火车站

图 8-17　荷兰鹿特丹中央车站

图 8-18　杭州新东站

图 8-19　阿利亚皇后国际机场

自然尺度：交通建筑在建筑界面处理、室内陈设、导向标识等方面，采用以人为本的尺度，符合人体尺度和正常活动的基本需求，给人以舒适安全之感。阿曼乔丹的阿利亚皇后国际机场航站楼——棋盘格形的屋顶檐篷包含了一系列的浅混凝土圆穹顶，从而延伸出去遮盖住外立面。每个圆穹顶都提供了一个模块化建筑单元，一定程度上消解了航站楼沉重的体量感，以自然尺度拉近了建筑与人的距离（图 8-19）。

亲人尺度：一些旅游城市的交通建筑为了展现城市的亲和力，表现出亲切、谦和的姿态，表达对传统建筑的尊重，尽量弱化建筑体量感，恢复人们记忆中的人性化小尺度，营造尺度宜人的建筑空间。

3）侧重“结构功能”的形态设计：交通建筑形体的空间组合和几何抽象，均体现着理性的逻辑结构。整体造型所诠释的力学态势，体现着结构静力平衡系统与视觉张力的有机统一，从而让人体会出庞大的屋顶与沉重的荷载所产生的重力作用和结构关系的视觉化表达。

印度孟买的希瓦吉国际机场——传统的印度凉亭结构使 4 层航站楼成为用途广泛、模块化的大厅，其结构充分呼应了当地的地理环境、历史和文化，在 30 根蘑菇式柱子下营造巨大的空间，让人们联想起传统地域性建筑中的空中亭台以及内院。光线透过顶棚花格镶板内镶嵌着的小圆盘状彩色玻璃，点缀着下方的大厅。斑斓的色彩设计让人们联想起孔雀，那是印度的国鸟，也是机场的标志。英国斯坦斯特德机场——大跨度网架屋顶由 36 组伞状结构钢管柱

支撑，最大限度地增强了建筑空间的灵活性、可见度和清晰度，以虚化重力的结构演绎着建筑轻盈形态（图 8–20、图 8–21）。

图 8–20（左）
希瓦吉国际机场
图 8–21（右）
斯坦斯特德机场

4）侧重“技术表现”的形态设计：作为工业化时代的产物，交通建筑的整体形象传达出传统手工业生产的特质和新时代新技术（结构、构造、防水、保温、装饰等）作用下的合力诠释，在为人们创造出适宜的活动和交往空间的同时，也成为展示建筑技艺合理性和形态艺术性的载体。武广客运长沙南站高架候车大厅——创造性地采用整体玻璃幕墙，解决了候车大厅的视觉障碍，打破了传统火车站砖砌墙体遮挡视野的弊端。同时采用聚碳酸酯板材作为采光屋面，利用东西向自然坡度完美解决屋面防排水技术问题，鲜明凸显精心技术设计下各部分密切配合的运作规律（图 8–22）。

5）侧重“仿生”形态设计：“仿生”设计理念较多地应用于大空间建筑形态设计中。通过研究生物和生态的形态规律，探索其功能、结构与形式的有机融合，并超越模仿且升华为创造的一种设计过程。法国里昂机场高速铁路车站——采用 120m 长的拱形和 100m 宽的翼幅组成巨大钢制屋顶，形成犹如展翅欲飞的鸟的特异形态（图 8–23）。

6）侧重“地域文化”的形态设计：交通建筑能够反映一定地域的历史风貌与地方特色，通过挖掘地域文化基因，使之成为表现“地域文化”的一扇窗口，很多交通建筑都用作展示某个地区乃至整个国家文化精神的重要窗口，以

图 8–22（左）
武广客运长沙南站高架候车大厅
图 8–23（右）
法国里昂机场高速铁路车站

传达给世人其悠久厚重的历史文化脉络。随着时代的演进和经济社会的不断发展，在现代科学技术的影响下，交通建筑所彰显的文化理念与文化特质也在逐步丰富和延伸，历史文化精髓、地域气候特征及社会精神风貌等也将渗透到建筑形象中，使人们于穿梭往来中领悟建筑文化的内涵。

南京南站——建于南京新区的核心地带，周围景色十分秀丽，而且为了与这个城市的整体风格贴合，作为城市纪念主题区域的重要节点，车站建造时，采用了大量的中国元素，将“山水城市”的理念赋予其中，其整个建筑形式具有浓厚的中国古典艺术气息。建筑造型理念与城市文化精神高度融合，展现了南京南站厚重的地域特征和文化特质（图 8–24）。将城市历史文化主轴贯穿于整个建筑空间秩序中，候车区通过三组藻井展示了中华门特有的三重门形制，利用现代结构技术创造出承力斗栱，在立面陶土幕墙上搭配红铜梅花窗花，营造出庄重严肃的仪式感和江南建筑的精巧和清秀。

图 8–26　南京南站

8.5　案例分析：九里公交首末站综合体方案设计

此部分内容可扫描二维码阅读。

二维码 4

第九章
医疗建筑方案设计

医疗建筑是指供医疗、护理病人之用的公共建筑，是供人们维护身体健康、恢复劳动机能的场所，受社会、经济、科学、文化的影响，医疗技术和医学模式的演进推动着医疗建筑的不断更新和完备。医院通常分为科目较齐全的综合医院和专门治疗某类疾病的专科医院两类，在中国，还有专门应用中国传统医学治疗疾病的中医院。医疗建筑设计的合理与否不仅能把繁琐复杂的医疗体系的专业知识与建筑方面的知识相融汇，还具备适用当下和未来需求的功能。

当代医院建筑功能多样化，大型医院内部既追求高度专业分工，又保持多科协作，有助于新兴学科及边缘学科的迅猛发展。与此同时，医疗设备纷纷走向自动化，电子化趋势逐渐增强，医疗保健回归自我，病人及其家属的意愿与需求获得更多的尊重，从心理、人文、社会、环保理念等各个方面建立与医学模式相适应的医院建筑模式，医疗场所回归家庭，发展绿色医院将成为未来医院的设计方向。

9.1 前期分析

9.1.1 医疗建筑类型

我国医疗体系为三级医疗制，城乡医院是按三级来分布的，各级医院的辐射范围、服务对象、数目及地域选址等也是在此基础上进行划分的（图 9–1）。

一级医院：城市基层医院、农村乡镇卫生院直接向拥有一定人口数量的社区团体提供预防、治疗、保健、康复等各项服务，一般规模在 100 病床以下。

二级医院：能为众多社区团体提供多项医疗卫生服务，并且负责一定教学研发工作的地区性医院，规模多为 101 ～ 500 病床。

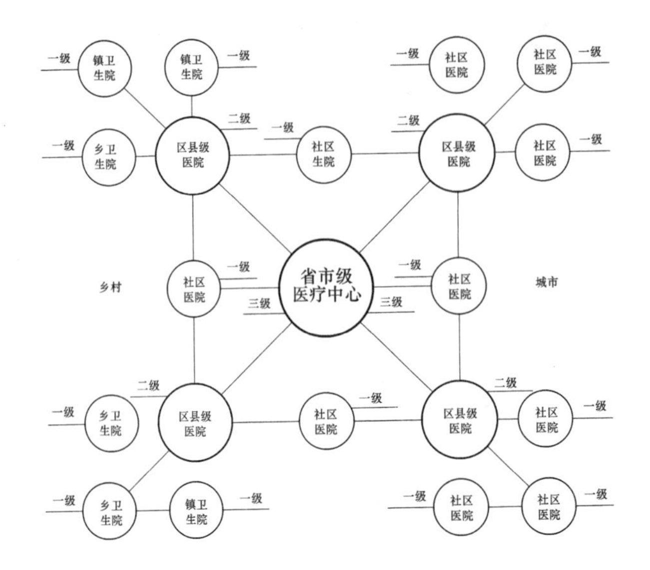

图 9-1 城乡三级医疗服务网络示意

三级医院：主要指可以向几个地区供应高水平层次的医疗服务，施行高等专科教育、研发工作的全国省市隶属的市级大型医院，其规模多在 500 病床以上。

医院的所属性质与分类：一般有综合医院与专科医院两大类，综合医院即三级甲等的大型医院，建设有大内科和大外科等三科或全科，具备门诊和全天候服务的急诊，并都设有严格标准的病房；专科医院医疗分科日细，是将综合医院内的某个病科或局部病理作为某科的专科类医院，仅设置单科医疗（口腔医院、儿科医院等），辅以科研任务。

（1）按诊疗对象及病症性质分

一般综合医院：综合各种科室，以 800 ~ 1000 床较合适，最大不超过 1200 床。专科性医院：男科、皮肤科、肛肠科、儿科、肿瘤科、妇产科、骨科、传染病科、精神病科、口腔科等。特殊病院：根据病患者发病的性质而特殊设立的病院。如：传染病院（呼吸系、肠胃系、虫媒系等）、精神病院、结核病院、肿瘤医院、整形医院、老年病科医院、麻风病院、康复医院等；妇幼保健站；疗养院、休养所。

（2）按以防治为目的的医疗机构分

有结核病所、肿瘤病防治所、皮肤病防治所、职业病防治所、精神病防治所及卫生防疫站等。

（3）按医疗机构组织类型分

公立医院：指中央或政府设立的算入财政预算的，省、市、区级直接管辖的国营医院。产业附属医院：如铁道部门附属医院、民用航空附属医院、邮电通信医院、矿产企业附属医院、军区部队医院。

9.1.2 医疗建筑选址

医院的选址是医院建筑管理的重要一环。选址要以医院性质为依据，应保证用地的完整性，并且满足交通便捷、环境优良、接近管理等要求。

（1）交通方便

医院至少应有两条临街道路，设有一个总出入口，用于医院急诊、门诊、住院、来访、探视等基本出行，另一个是为后勤生活供应、垃圾堆放清运而设置的次要出入口。位置要适宜，方便周边居民医疗，尽量避开繁华闹市区及交通流量较大区域。

（2）环境卫生

医院选址应践行“绿色建筑”“可持续发展”理念，最大程度地降低选址周边环境有害因素对项目建设的不利影响，应避开各类辐射污染源、放射性物质辐射源以及噪声污染源等。

（3）接近管线

充分利用公用基础设施较为完善的区域，要满足医院的供电、供水、供气和通信等要求。场地内应有良好的城市下水道系统。

（4）地形规整

避开滑坡、泥石流、崩塌等自然灾害多发地段，应选择地势平坦、排水通畅、交通畅通、日照充足、通风良好的地段。

（5）远离危险

应远离易燃、易爆危险源、生产加工区及储存区，避开高压廊道及其设施。

（6）环境影响

不应临近少年儿童活动密集场所，严禁在医院内部建职工住宅及托儿所和幼儿园。尤其是传染病院、精神病院、结核病院、肿瘤病院等应远离市区，远离居民居住场所，避免医院污水、污物和有放射性元素的污水、污物的处理和排放影响城市的其他区域。

要结合城市近远期发展、人口规模、道路交通系统等各项发展规划，充分考虑各种因素对医院选址和用地规模的要求和影响，在设计阶段采取相应的对策，以便于完善规划方案。对于医院的改扩建工程，除了按照上述新建医院选址要求外，还应分析拟改扩建医院的功能整合、内部路网结构、用地面积等情况，以便能集约节约用地，减少资源浪费、降低建设成本。

9.2 总体布局

9.2.1 总体布局设计原则

（1）在平面布局上，各个建筑物应根据其不同的用途，做到功能分区明确、既相互联系又互不干扰，结构布局合理、交通便捷，并应方便管理、减少能耗；

（2）建筑平面内的人车流线要清晰，严格控制地面停车位数量；

（3）医疗建筑的功能设计方面，需要考虑总体布局、平面布局、功能分区、环境景观、节能环保、消防与人防系统、强电、弱电、照明系统、智能化系统，便于使用以及发展空间等因素；

（4）应保证病房楼、医疗楼和教学科研等片区的环境安静；

（5）病房楼应坐南朝北，满足基本的采光需求；

（6）宜留有预备发展用地供以后改扩建使用；

（7）应注重绿化建设，营造良好的生态环境。

9.2.2 医院建筑建设规模

医院建筑的建设规模，应结合当地的城市总体规划、医疗机构设置规划、区域卫生规划，并要根据地区的经济社会发展水平、医疗卫生资源的需求状况以及该地区已建医院的病床数量进行综合平衡后确定。

（1）医院用地规模

医院建设用地包括门诊部、住院部、急诊部、手术部、中心消毒供应部、血库、科学研究和临床教学等用房的占地（表 9–1）。

综合医院建设用地指标 **表9–1**

建设规模	200 ~ 300 床	400 ~ 500 床	600 ~ 700 床	800 ~ 900 床	1000 床
用地指标（m^2/ 床）	117	115	113	111	109

注：当规定的指标确定不能满足需要时，可按不超过 11m^2/ 床指标增加用地面积，用于预防保健，单列项目用房的建设和医院的发展用地。

（2）医院建设规模（表 9–2、表 9–3）

综合医院建筑面积指标 **表9–2**

建设规模	200 ~ 300 床	400 ~ 500 床	600 ~ 700 床	800 ~ 900 床	1000 床
建筑面积指标（m^2/ 床）	80	83	86	88	90

各类用房占总建筑面积比例 **表9–3**

部门	各类用房占总建筑面积的比例（%）
急诊部	3
门诊部	15
住院部	39
医技科室	27
保障系统	8
行政管理	4
院内生活	4

注：各类用房占总建筑面积的比例可根据地区和医院的实际需要作适当调整。

9.2.3 总平面布置基本要求

（1）医院功能分区

综合医院的功能区基本包括医疗区、供应服务区、行政办公区、科研教学区和职工生活区。医院的核心功能组团是医疗区，包括急诊部、门诊部、医技部和病房护理住院部。应布置在相对平坦，日照、景观条件较好的部位。

1）门诊部：医院各科对外联系最频繁的部门，具有门诊各科诊断治疗、体检、教学、科研、地段保健、基层医疗网及预防保健宣教等功能。

2）急诊部：是医院中重症病人最集中、病种最多、抢救和管理任务最重的部门，是所有急诊病人入院治疗的处理中心。

3）医技部：是对病人进行进一步诊断治疗及器械、敷料消毒、中西医药供应的中心，是医疗区的关键核心部门。

4）病房护理住院部：是医院医疗区的重要部门，包括一般各种病房、各科治疗护理病房、各种特殊监护治疗病房等。

5）技术供应服务区：总务管理包括器械、敷料物品、药物、燃料、衣被、餐饮供应，提供其他各种附属保障系统设施，如锅炉房、洗衣房、营养厨房、空调机房、太平间、汽车库、变配电房、柴油发电机房、水泵房、冷冻机房、维修及各类库房、医用气站等。

6）行政管理区：包括行政办公、院务部、医务部、护理部、医工科、图书阅览、会议资料档案、计算机中心、信息中心、消防控制中心等。

7）教学科研区：是指含有护校教室、教学行政用房及学生宿舍等功能的教学区和含科研实验室及附属用房、图书资料的科研区。

8）职工生活区：含职工住宅宿舍、食堂浴室、托儿所、幼儿园等。职工生活区不应建于医院基底范围内，当毗邻建设时，应分隔且另设独立出入口。

医院总平面设计要求功能分区明确，交通路线清晰，结构布局紧凑，设有预备发展用地（图 9–2）。新建综合医院建筑密度不超过 25% ~ 30%；改扩建综合医院建筑密度不超过 35%。

住院部、医疗区应设计在规划用地的中心位置，门诊和急诊应布置在主要交通干道，靠近主要出入口处。院内交通便捷，并留有足够的公共场地。

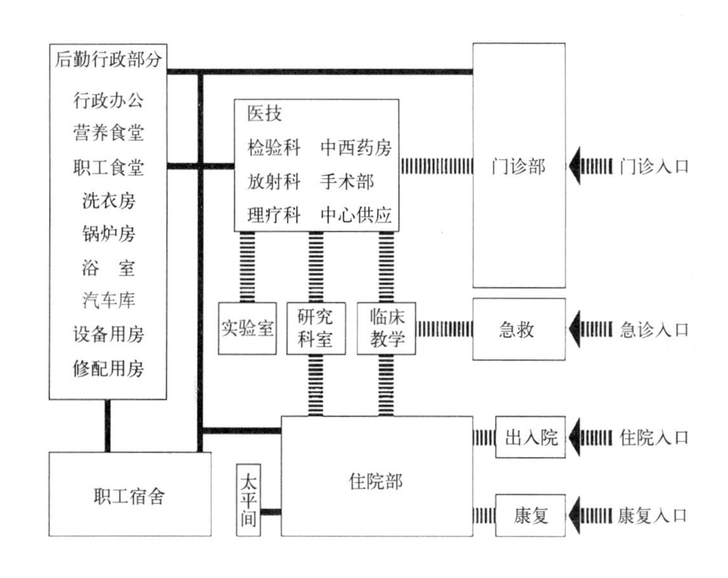

图 9–2 医院功能分区关系示意

做好人车分流，组织好机动车辆与自行车。北京等大城市医院存车数量一般定为轿车 4 ~ 6 辆 /1000m^2，自行车 15 辆 /1000m^2；机动车停车场地上场地面积约 25m^2/ 辆，自行车停车地场上场地面积约 1.2m^2/ 辆，技术供应服务区要与医疗区保持一定距离，互不干扰，同时彼此之间可通过架设廊道，便于联系。

（2）医院交通组织

医院的交通组织应充分考虑医院所处地段的外部交通，并结合医院内部各类交通流线之间的关系进行设计，实现通畅、高效与便捷。

1）交通流线分类

2）交通组织设计原则

为了避免流线之间交叉干扰，应保证医院内部形成有秩序的交通环境（图 9–3）。合理布置建筑内部空间，减少或彻底消除穿插交通。"传染流线与非传染流线"分开，宏观上将传染与非传染进行分离，限定传染病患者的活动范围，以简化普通医院内的交通流线。"洁净流线与非洁净流线"分开，独立设置两类流线，各行其道，单项运作不产生交叉干扰。"住院流线与门诊病人流线"分开，应加强管理探望病人的时间段和人流，合理化分区域管制，使门诊和住院病人在不同区域活动，从而减少彼此干扰，给医院病房区营造舒适的环境和良好的秩序。"洁污过境流线与患者室外休憩流线"分开，应禁止洁污过境流线穿过住院部的绿化区和活动场地，保证空间的适宜性，使病人休憩活动不受干扰。

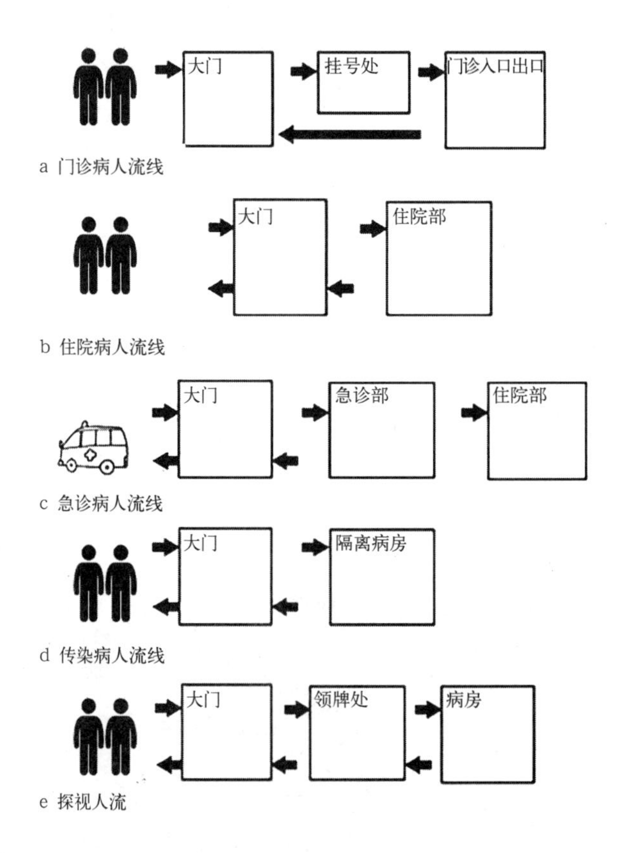

图 9–3　医院人流组织分类

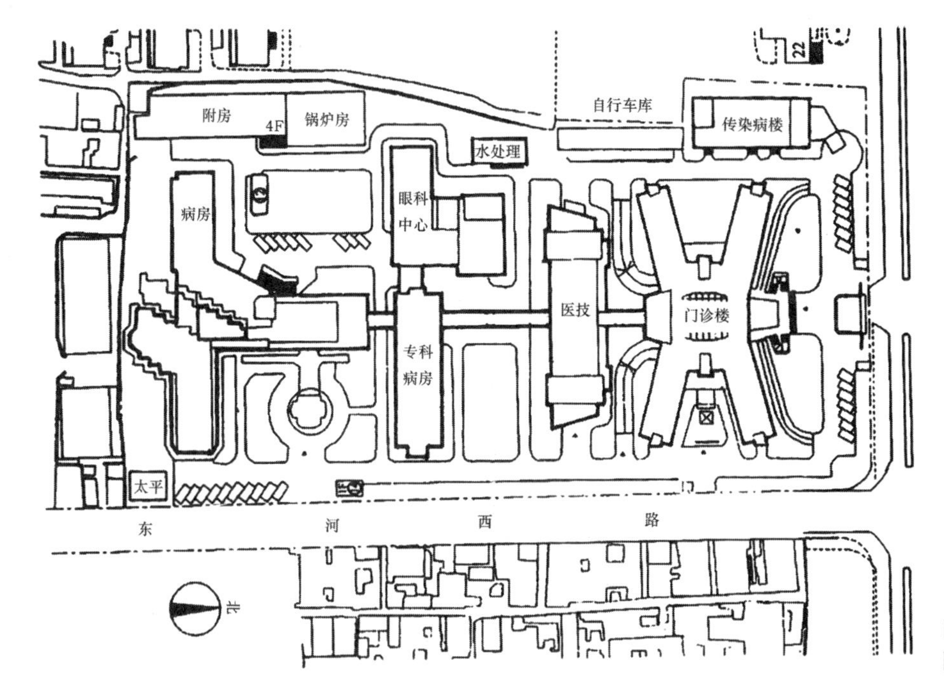

图 9–4 浙江医科大学附属第一医院总平面

(3) 医院建筑布局

医院各功能组成部分的建筑布局应遵循紧凑、集中，避免零乱和松散（图 9–4）。具体要求如下：

1）医院的建筑布局设施应有利于消毒隔离，使医疗与生活区严格分开；门诊与病区相对隔离；传染病区与一般病区应有一定距离的绿化带，并设有单独出入路线；

2）住院部病房相邻建筑应满足日照间距的要求；

3）医技楼除检验科防直射光、放射科有遮光、手术靠无影灯的特殊要求和与住院部考虑病房日照要求的间距外，建筑间距应满足防火要求；

4）医院相对集中紧凑布局的同时，需留出足够的绿化用地和扩建预留用地，为医院的可持续发展留有空间。

(4) 医院场地布置

为适应城市机动车辆快速增长形势，医院总体规划设计中，要求妥善解决好停车场地的面积规模确定及其布置和医院内车辆交通管理等问题，依据医院各功能组成部分合理配备相应场地设施。

1）停车场地布置

门诊、急诊应设置可供人流、车流集散的主入口广场，在广场附近应分别设立机动车和非机动车停车场地；组织机动车与非机动车和人车分流，解决好医院入口的交通组织；机动车与非机动车停车场场地面积可按各地规定的设计要求确定；设置地下停车场要处理好入口与出口的交通关系，并与市政干道相连接。

2）绿化场地布置

优美的绿化环境既起到医院功能分隔、卫生防护、净化空气、去除污染、防风隔声吸声、调节空气微循环、减少细菌感染等作用，还可以调节病人情绪，缓解痛苦与烦躁。医院需有大片水面、花卉、树木、绿茵等，也可布置室外凉亭、喷泉、雕塑等加以点缀；医院绿化选用要求符合土壤和气候条件，也要与建筑和空间场所相适应；医院内原有树木和水池应尽量保留修整；不修剪的高大乔木，应与相邻建筑保持 4 ～ 5m 的安全距离；医院四周宜设防护林，建筑物周围和道路两侧可用绿篱或防护林相隔离，建筑物之间可设隔离林。

9.2.4 医院建筑的总体布局

（1）分散式建筑组合

即将门诊、医技、住院按使用性质分别设计为若干栋相对独立的建筑，有良好的采光通风，但各部联系不便，病人诊疗路线过长（图 9–5）。

（2）集中式建筑组合

又分高层或多层的一栋式和高低层结合的双向发展式，由高层部分和裙房部分组成，门诊、医技设于裙房中，病房设于高层建筑中，适合于用地紧张的大城市，布局高效紧凑（图 9–6）。

（3）综合式建筑组合

门诊、住院、医技分建，并由连廊或连接体建筑组成有分有合的整体，各部分既联系方便，又能根据不同功能有相对的独立性，便于设置各自独立的出入口，枝状布置还能使各科室有一个安静的尽端（图 9–7）。

（4）标准单元组合式

由标准单元组合，便于不断扩建，灵活多变，特点是用于多层或低层的横向发展模式（图 9–8）。

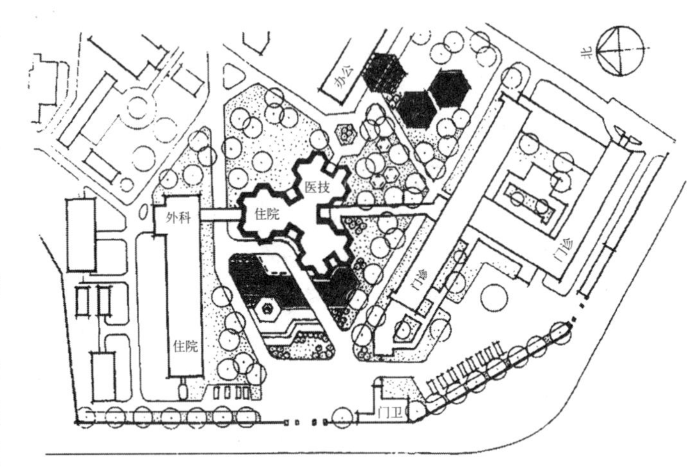

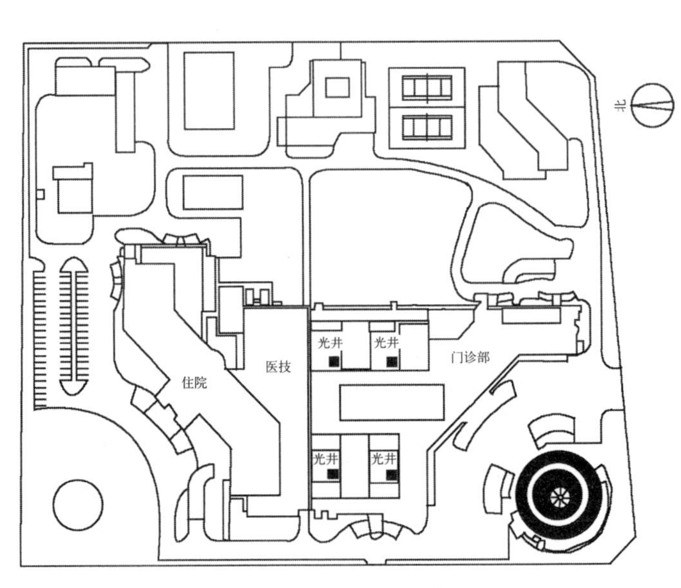

图 9–5（下）
成都中医药大学附属医院总平面图
图 9–6（上）
广东佛山人民医院总平面图

9.3 平面功能关系布局

9.3.1 医疗建筑功能关系

医院的组成要素：

（1）门诊部：医院的前沿和窗口，接待不需住院的非急重病人就诊和治疗。

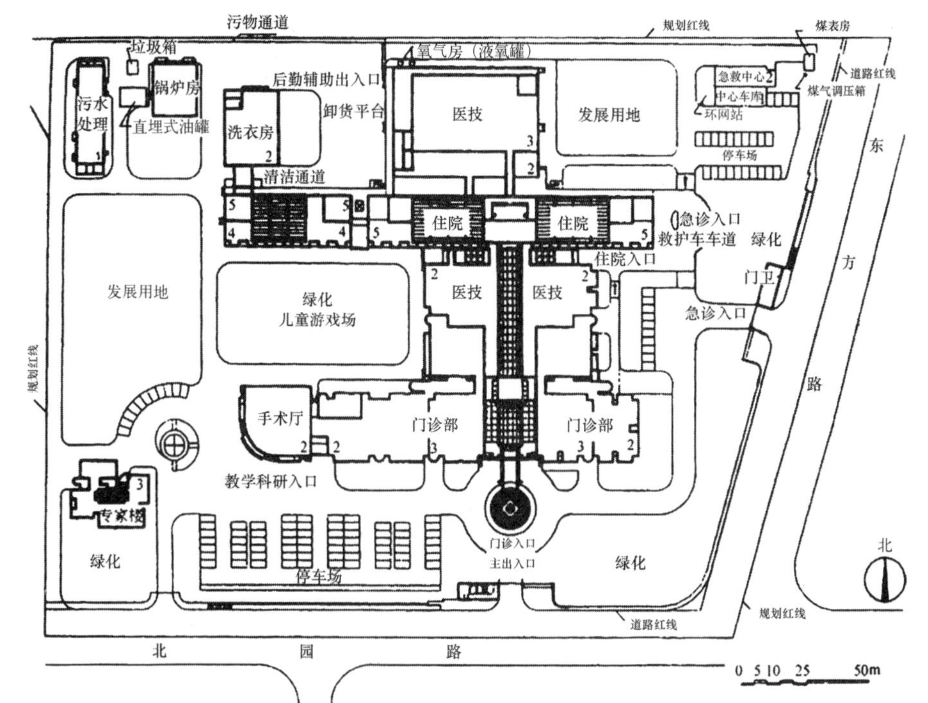

图 9-7　上海儿童医学中心总平面图

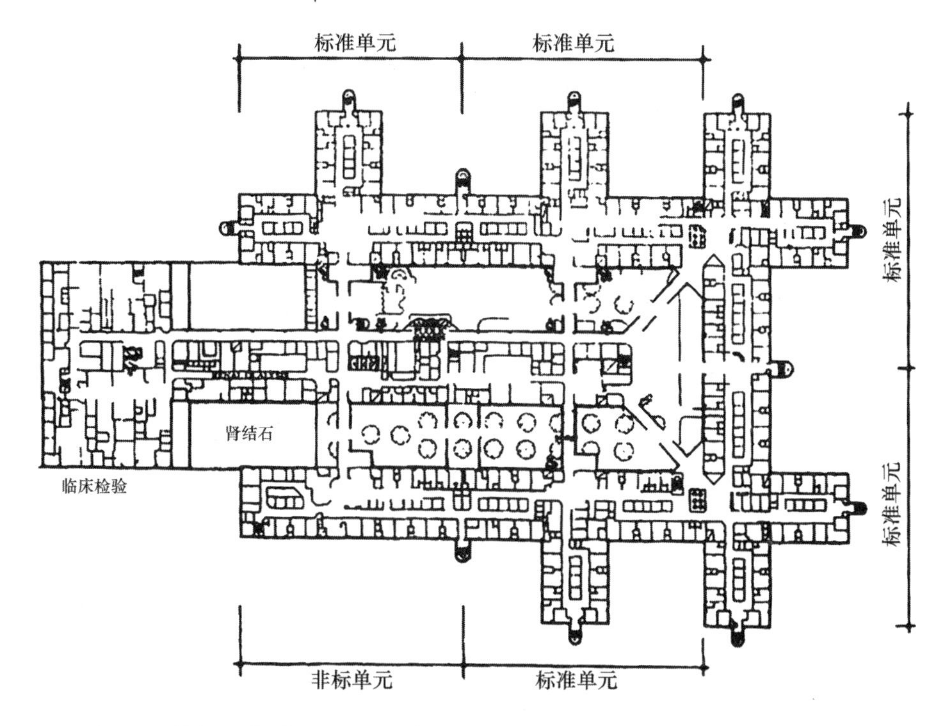

图 9-8　加拿大埃德蒙顿麦肯齐健康中心平面

（2）医技部：集中设置主要诊断、治疗设施的部门。

（3）住院部：由出入院、住院药房和各科病房组成。

（4）后勤部：包括中心供应、营养厨房、中心仓库、洗衣房等医疗辅助部门。

（5）行政办公：包括接待、办公、会议、图书馆、研究室等。

（6）生活服务：包括宿舍、食堂、商店、俱乐部等。

各部门的功能关系：

医院分为医疗、后勤、管理三大部门。

医疗部分门诊在前，住院在后，医技介于两者之间，其中药房、检验、功能检查、放射、核医学等应靠近门诊布置，手术、分娩、中心供应等应适当靠近住院部（图 9–9、图 9–10）。

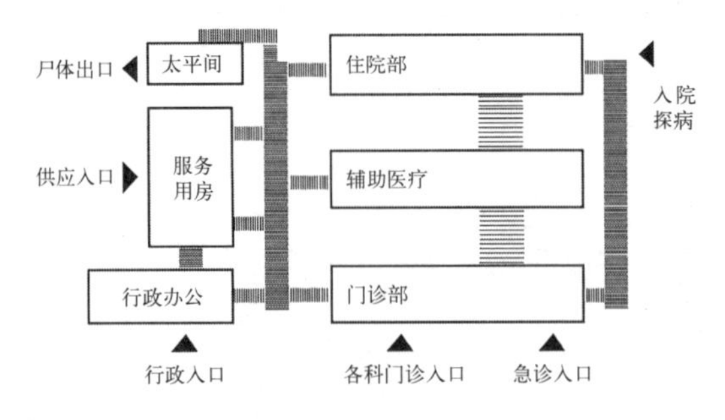

图 9–9 医院建筑功能关系图（一）

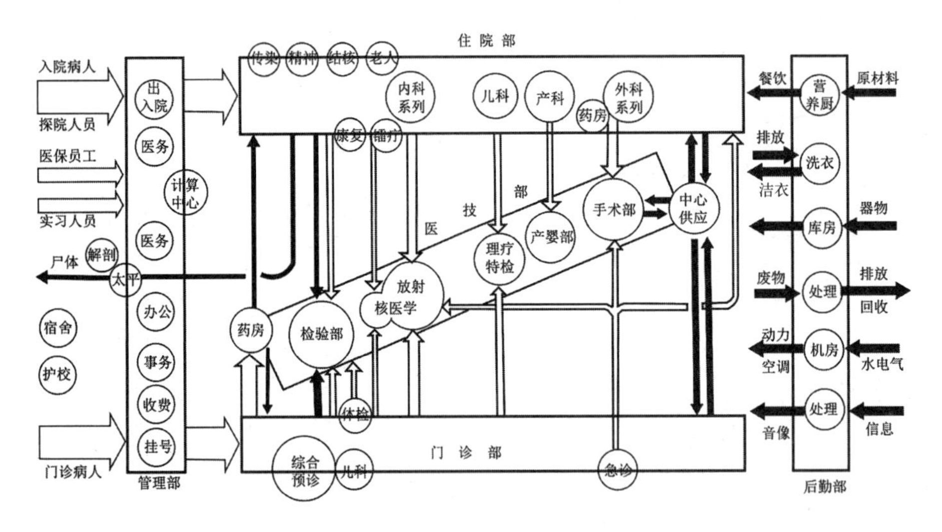

图 9–10 医院建筑功能关系图（二）

9.3.2 医院建筑各部门设计

（1）门诊部设计（图 9–11）

1）门诊空间组合

①街巷式（图 9–12）：俗称医院街，各专科门诊候诊厅通过“街”联系，各科室的内部通道为“巷”，其识别性强，易于辨认，但须注意区分街与巷的尺度，街必宽（大于 6m）、长（大于 50m），巷必窄（4m 左右）、短（30m 左右）。

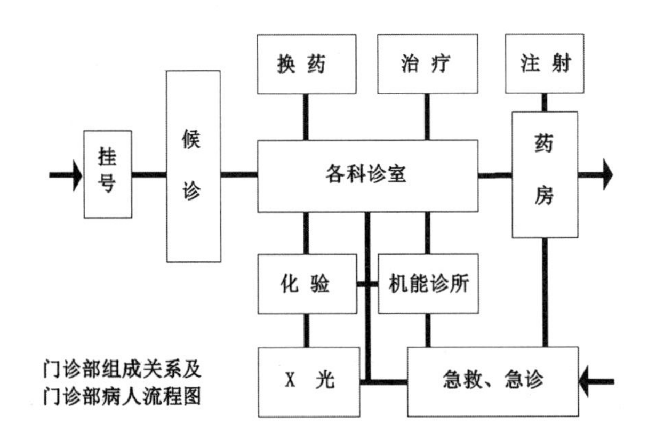

图 9–11 门诊组成及病人流程

图 9-12　街巷式门诊空间

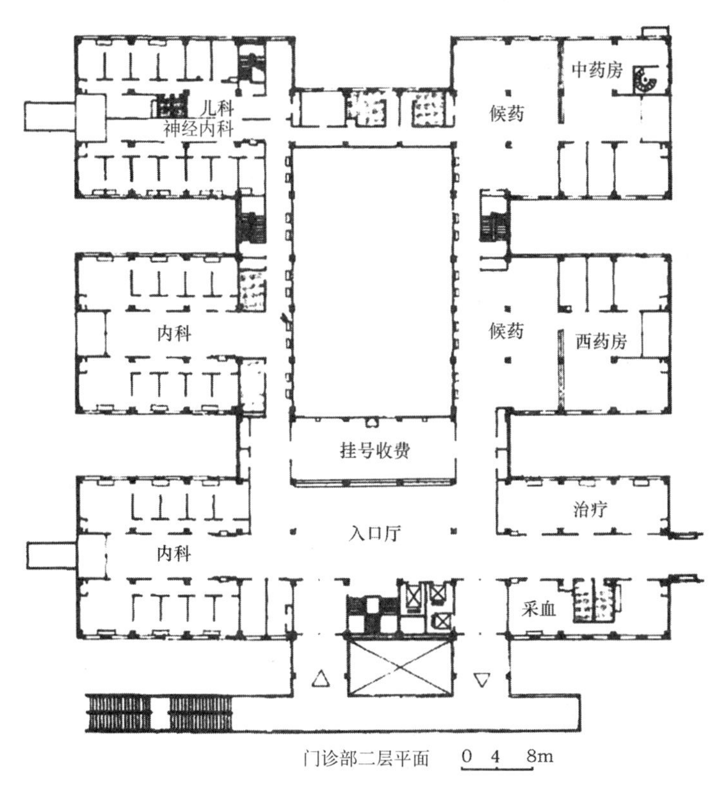

图 9-13　北京中日友好医院门诊楼二层平面

②庭廊式（图 9-13）：由围绕庭院或中庭的通道来联系各门诊科室。

③套院式（图 9-14）：往往受规模、层数影响，同时又要强调良好的通风采光和庭院绿化。需要考虑的问题：如何简化平面交通体系，增强识别性；如何保证各科室的独立尽端；如何解决不利朝向的影响。

④厅式组合（图 9-15）：即通过门诊综合大厅直接与各科室候诊厅联系，减少中间环节，一般小型医院采用环状布置，大型医院则采用枝状布置。

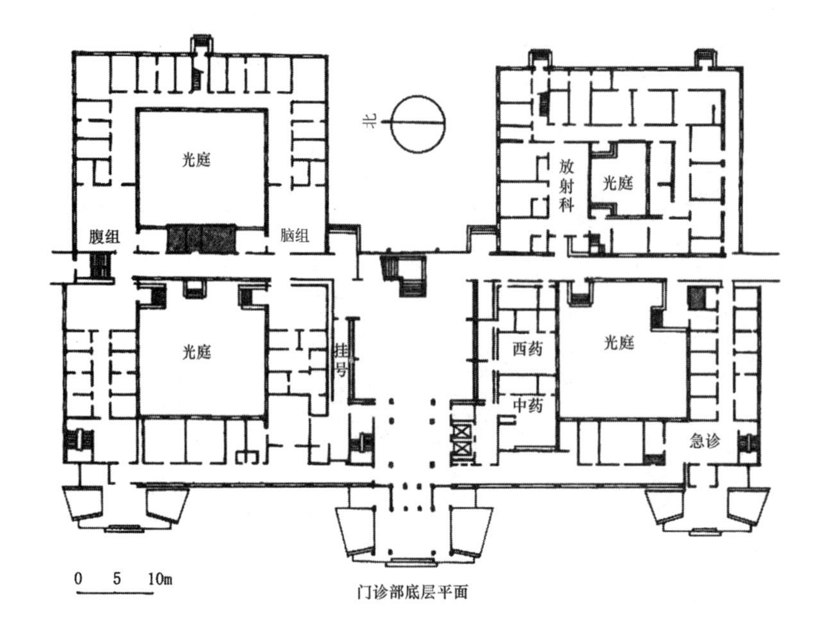

图 9-14 中国医学科学院肿瘤医院门诊部

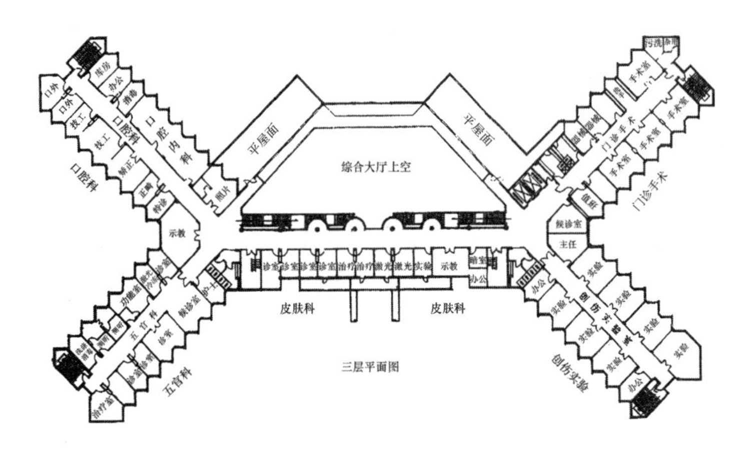

图 9-15 重庆大坪医院门诊部平面

2）内、外科

内科包括诊室、治疗室、隔离室，外科包括诊室、有菌、无菌换药处置室、手术室等（图 9–16、图 9–17）。

3）妇产科

妇产科包括检查室、化验、诊室、休息室、专用卫生间等，妇产科应考虑私密性的需要，防止视线干扰（图 9–18）。

4）耳鼻喉科

包括诊室、测听室、治疗室，洗消室，宜北向，诊室为大空间分设小隔间，分隔间距 1.4m×1.4m×1.8m，测听室要求 5 ~ 6m 测听间距，消洗室应在诊室和治疗室之间（图 9–19）。

5）眼科

包括检查室、验光室、暗室、治疗室、激光诊疗室、眼科手术室等。检查室宜北向，验光室需保证有 5 ~ 6m 进深（有反光镜减半），暗室长度不

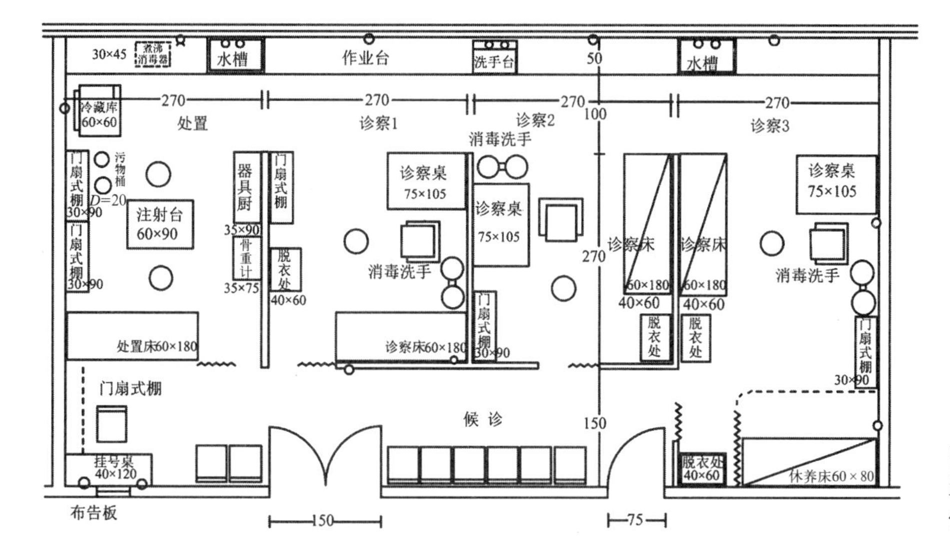

图 9-16　内科诊室处置室平面组合（尺寸单位为 cm）

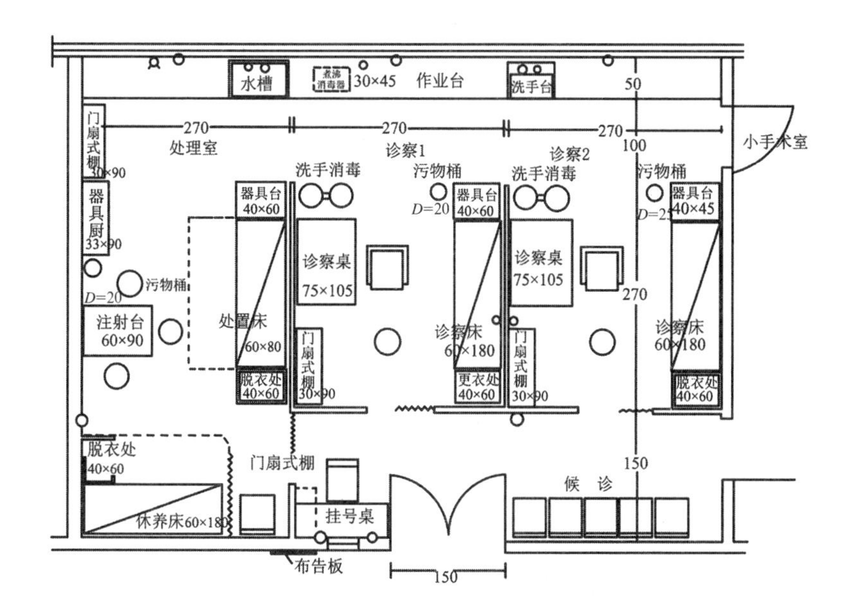

图 9-17　外科诊室处置室平面组合（尺寸单位为 cm）

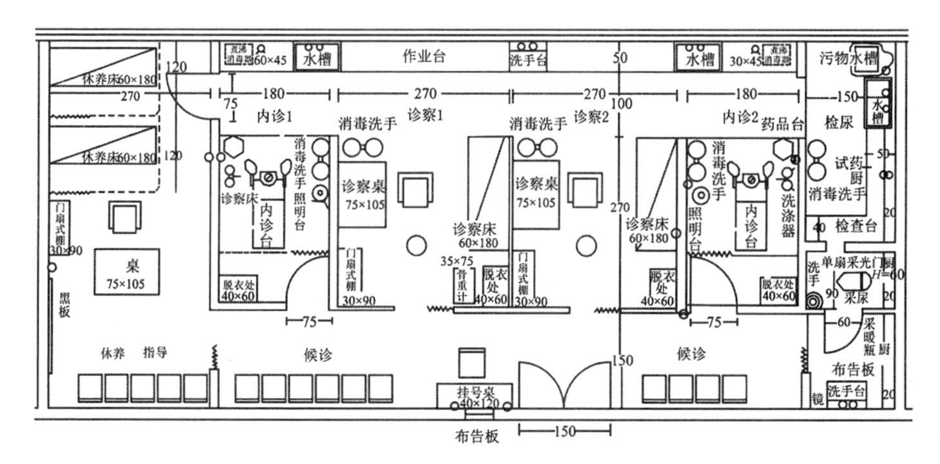

图 9-18　妇产科诊检室平面组合（尺寸单位为 cm）

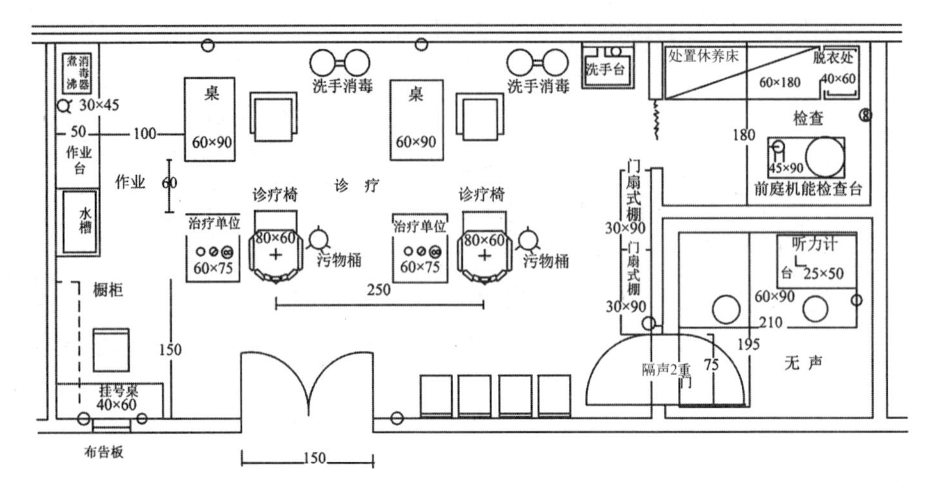

图 9-19 耳鼻喉科平面示意

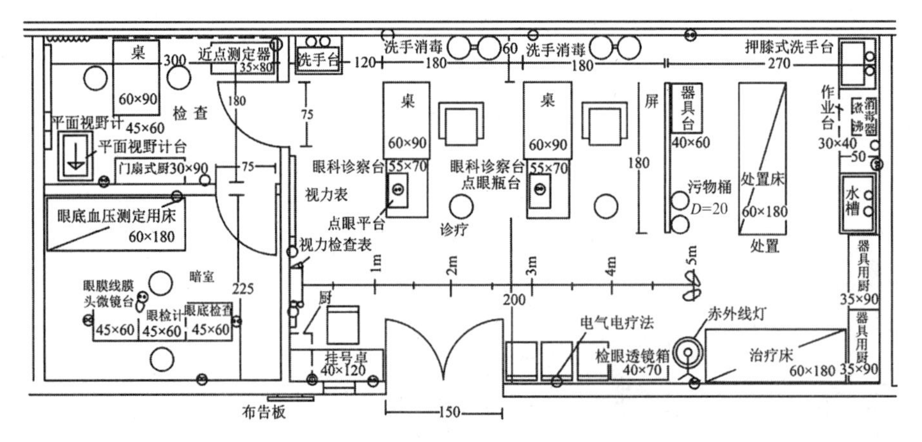

图 9-20 眼科平面布局示例

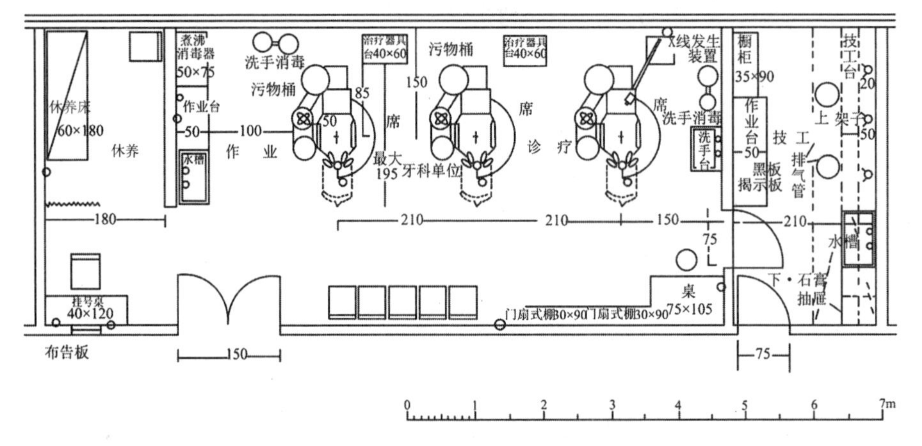

图 9-21 口腔科平面布局示例

小于 6m，激光诊疗室可设 2 ~ 3 个标准间，手术室尺寸最小 4.5m × 5.5m（图 9-20）。

6）口腔科

包括诊疗室、矫形、技工室、洗消室、口腔 X 光室等。诊疗室内治疗椅中距 2 ~ 2.1m，口腔 X 光室面积 $15m^2$ 左右，另设 $5m^2$ 暗室（图 9-21）。

7）儿科

挂号、收费、药房、化验、卫生间等宜单独设置，应设两端开门的隔离诊室。

8）急诊部设计

①分类：独立型、附设型。

②组成：急救医疗服务体系包括院前急救护送、院内急救、院内监护三个部分。

③必须配备的用房：抢救室、诊查室、治疗室、观察室；护士室、值班更衣室；污洗室、杂物贮藏室。

④设计要点：急诊部应设在门诊部之近旁，并应直通医院内部的联系通路。

（2）住院部设计

各科病房、出入院处、住院药房等。各科病房由若干护理单元组成，护理单元必须配备病房、重病房、盥洗室、浴厕、污洗室、护士站治疗室、医生办公室、男女更衣室、库房、配餐间、开水间。

护理组：一个护理单元床位分两组，设两个护士站，共用一套医附用房。

护理层：同层布置单个或多个标准护理单元。

设计原则：①保证护理单元的独立完整，不受公共交通和其他科室穿套和干扰；②一个护理层有两个以上护理单元的时候，同科单元同层布置，外科单元宜与手术部同层或邻层布置；③护士站居中布置，以缩短护理距离，ICU、CCU 紧靠护士站。

护理单元的形态类型

①中廊式条形单元：利用一条内走廊作为主要交通联系空间，易取得良好的自然采光及通风、日照、朝向，且建筑结构简单，易于实施，可单面或双面布置病室。但应注意控制单元护理路线（图 9–22）。

②复廊式条形单元：两条内走廊，病室沿周边布置，辅助用房布置在中间。

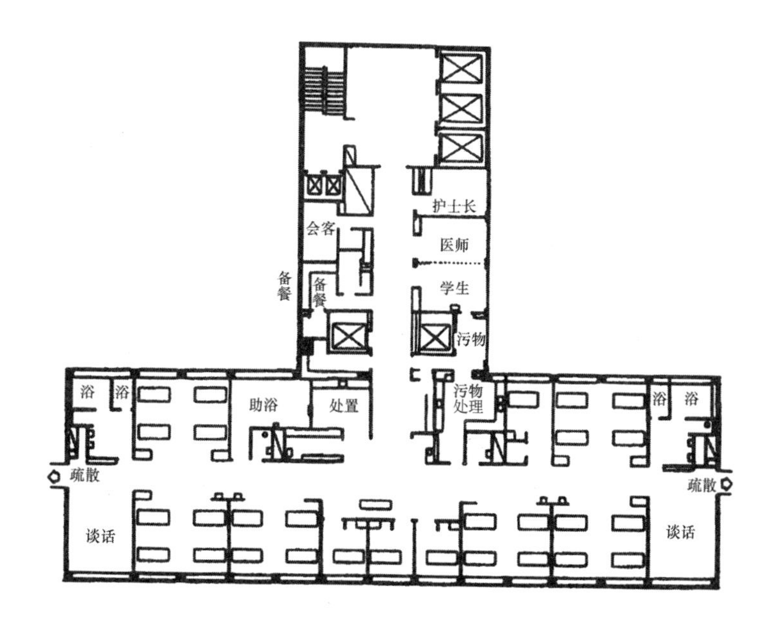

图 9–22　伦敦圣汤姆斯医院的中廊式护理单元

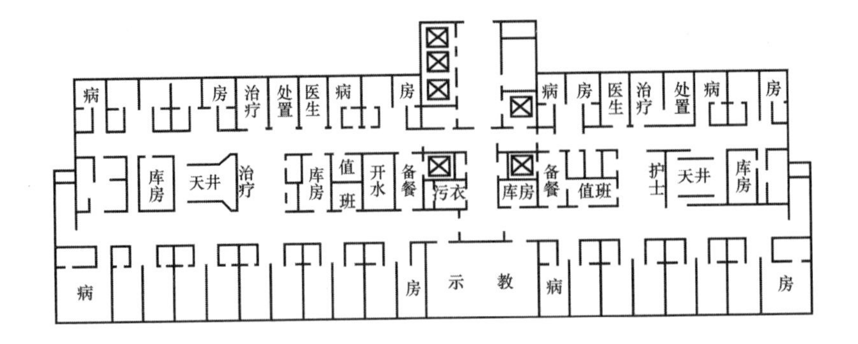

图 9-23　北京整形外科医院的双廊式条形单元

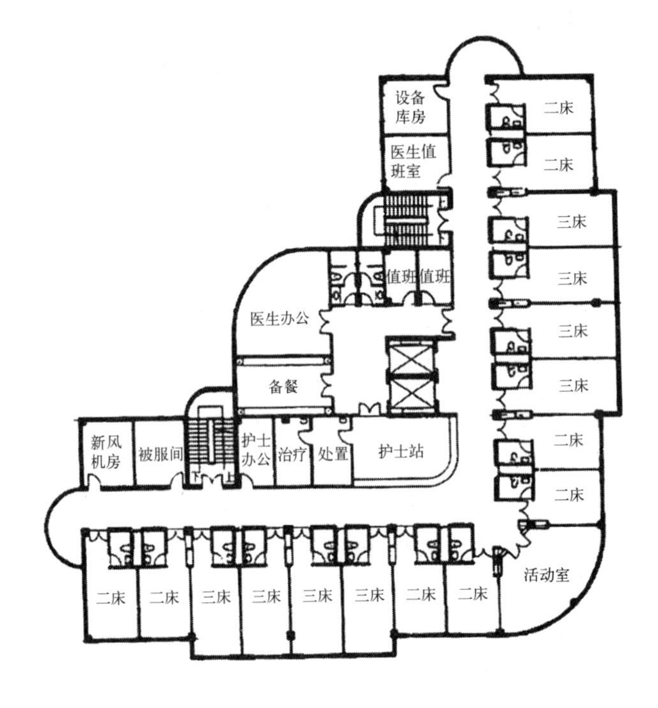

图 9-24　上海闸北特色专科医院半复廊式护理单元

可以缩短护理距离，提高效率，但同时增加交通面积（图 9-23）。

③单复廊式单元：单廊和复廊组合，使绝大多数房间具有自然采光通风，适合双护理单元的组合，对于单护理单元楼层，可将护士站部分设计成复廊形势布置医辅用房，以提高效率（图 9-24）。

④环廊式单元：在单复廊的基础上，形成环状走廊的方形、圆形或多角形单元，使平面更加紧凑，护理路线更短，直观性更强，但是床位受到限制（图 9-25）。

⑤组团式护理单元：将一个护理单元的病室和医、辅用房分成若干组团，组团围绕多个中心布置，分设多个护士站（图 9-26）。

（3）手术部设计

分类：超净手术、无菌手术、有菌手术、感染手术；

组成：各手术室、辅助间、卫生通道、值班管理、洗涤供应等；

规模：其规模视医院规模和手术科室床位的多少而定，我国按每 50 个普通床位设一间手术室计算具体数量；

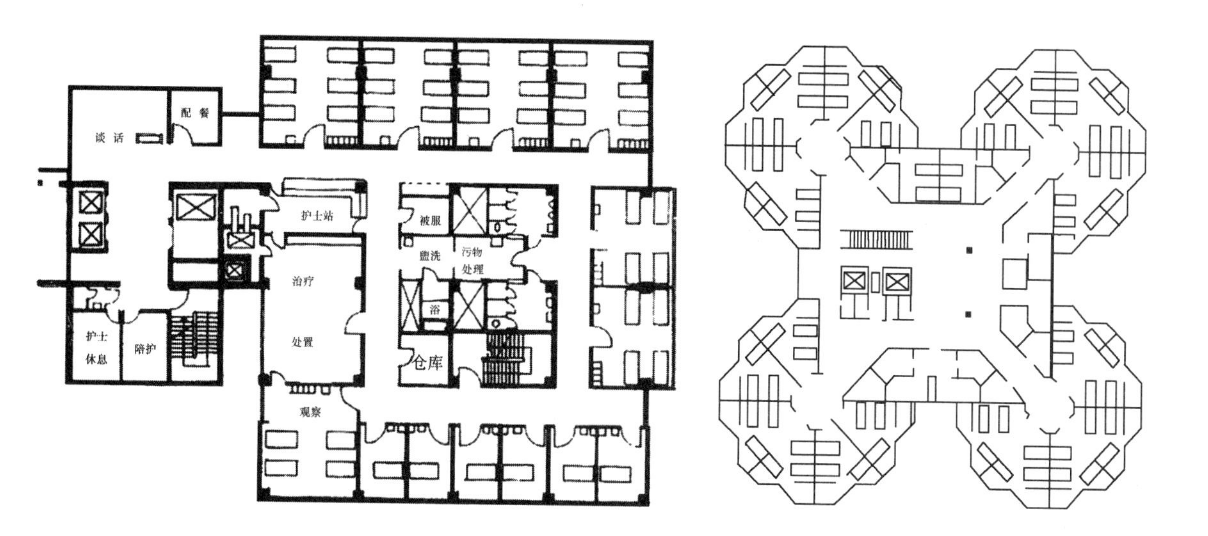

图 9-25（左）
日本千叶县肿瘤中心的方形护理单元
图 9-26（右）
奥地利韦特市立医院护理单元

洁净分区：超净区、净化区、无菌区、清洁区、非清洁区；

设计原则：①保证护理单元的独立完整，不受公共交通和其他科室穿套和干扰；②一个护理层有两个以上护理单元的时候，同科单元同层布置，外科单元宜与手术部同层或邻层布置；③护士站居中布置，以缩短护理距离，ICU、CCU 紧靠护士站。

1）手术部平面布置（图 9-27）

①单廊式：手术部中间只有一条洁净走廊或将此走廊扩大成为洁净厅，一般配备洗涤消毒室，对手术器械进行及时清洗消毒。这种方式消毒处理及时，非清洁运送路线极短，无须设置回收廊，一般用于中小型医院。

②复廊式：由洁净度不同的中廊和外廊组成，使每间手术室都能在一侧与洁净走廊相连，另一侧与准洁净或非洁净走廊相连，洁污分流，单向运行，多用于洁净度要求高、手术室数量较多的大型手术部。

2）中心检验部设计

位置：一般设在门诊与住院之间，便于双向服务，且适当靠近手术部。

组成：常规检验室、生化检验室、功能检查及内窥镜室、微生物检验室、病理检验室、血库等。

3）检验室设计要点

①常规检验室：又称临床检验室，分为血常规（血型、血沉、血小板计数，出凝血时间确定，网络红细胞计数）、体液常规、寄生虫三部分，大型医院多分室设置，或采用大空间内用试验台分隔的方式。其位置应靠近检验部的入口，靠近标本采集室和洗涤间。

②生化检验室：主要研究人体组织在病理状态下的化学变异，通过对标

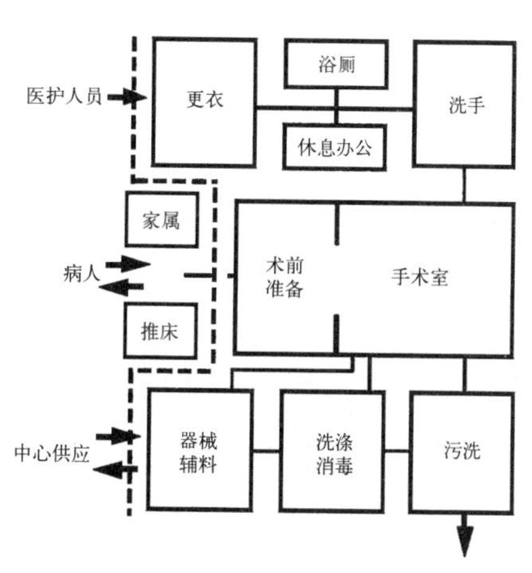

图 9-27　手术部平面组织关系示意

本的化学作用和定量分析来判断病因。如对血液、体液中的糖类、脂类、蛋白质、尿酸及钾、氯等离子进行定量分析；肝肾功能；内分泌等。生化检验室包括电泳、内分泌、电解质、肝功能、血气分析等部分，空间上仍以大空间为好。

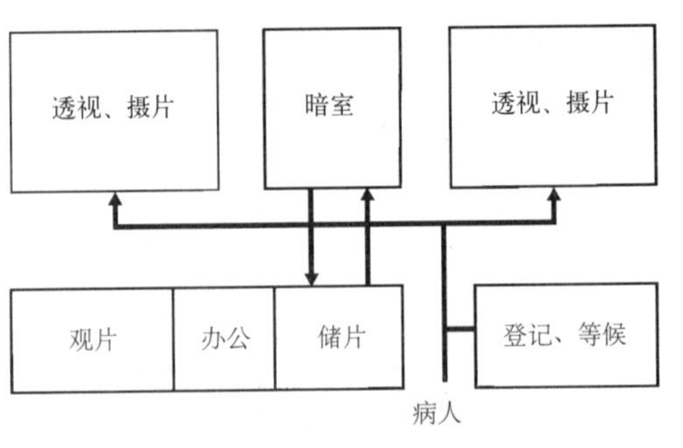

图 9–28 X 射线诊断部功能分析图

③功能检查及内窥镜室：包括心、肺功能、脑电波、肌电图、超声波（CT，彩超）、上下消化道、膀胱镜检查室等（图 9–28）。主要研究疾病发生发展过程中机体的形态、机能、代谢变化及其内在联系，探讨病因和疾病发生和发展的规律，包括活体组织检查、尸体检查和动物试验等。

④血库：一般由献血、采血、存血、配血及相应的辅助用房组成。

9.4 造型设计要素

9.4.1 医院建筑造型特征

由于医院所处地域的不同，并考虑不同地区在社会经济、文化特征、自然环境等因素上的差异，加之建筑使用性质的多样性，因此医院建筑的空间组合形态也不尽相同，总结下来归类如下。

（1）分栋连廊的横向发展模式

采用架空连廊相互连接各功能建筑，从而构成统一整体的多栋相对独立的建筑，此类型在国内外医院建筑中得到广泛应用。按分栋情况分为：三栋式、两栋式、多翼式、分散式。

1）三栋式：分别建设一栋门诊、医技、住院楼，使三者功能独立运行，其他部分或另行布置，或纳入三栋之中，可以通过连廊之间的联系形成“王”字、“工”字形建筑形态；也可形成“山”字、“品”字形建筑形态，以适应基地条件的变化（图 9–29）。

2）两栋式：将医技用房的功能相应纳入门诊和住院楼，形成以门诊楼和住院楼为主体的建筑形态，从而进一步缩小医技用房的基底面积（图 9–30）。

图 9–29（左）湖北红安人民医院“三栋式”建筑形态
图 9–30（右）杭州邵逸夫医院

3）分散式：对于规模较大、用地宽松的医院，将门诊、医技、住院分为4栋或以上单体建筑进行建设，例如住院部可以分为内科楼、外科楼、妇产科楼等。

4）多翼集簇式：住院部分功能相对集中，门诊、医技横向铺展，形成多翼并联，分而不散的紧凑布局。

（2）分层叠加的竖向发展模式

按下、中、上的顺序将医技、门诊、住院叠加，即可形成一栋大型的医疗建筑综合体，常见于因规模大、用地紧张，且强调高效紧凑的现代大型城市医院建筑形态。英国伦敦威灵顿医院因用地受限，采用将门诊、医技、住院集中式布局，形态上沿建筑高度逐层内收，形成金字塔建筑形态。

（3）高低层结合的双向发展模式

医院建筑低层或多层部分布置门诊和医技，高层部分为住院。将低层和多层的平面水平拓展，它的基底面积比高层部分的基底面积多，在建筑造型方面形成鲜明的对比（图9–31）。

（4）同一平层板块发展模式

不需要建设高层建筑，将医院的全部功能及设施合理布置在一个功能相互融合的空间组合内，以保证集约利用土地，提升医疗协调能力。

（5）母体重复的单元拼接发展模式

医院的模块化标准化设计，将各母体单元按照空间网格重复建造，每个体系单元都有统一结构体系、技术参数和构造做法，为了增强其适应性，可以通过灵活的组合拼接方式来适用低层或多层的横向发展模式。

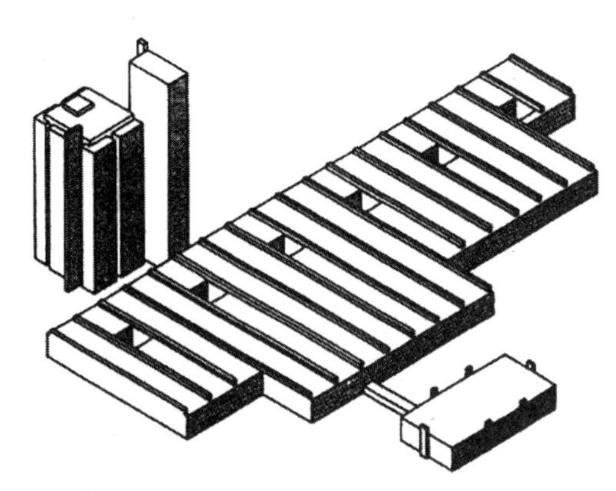

图9–31　哥本哈根赫利夫医院

9.4.2　医院建筑造型设计

医院建筑造型既要体现出自身功能的独特性，又要融合周边环境进行设计，医院建筑造型通过外在空间表现出功能的独特性，重点协调内在的功能美与外在的形式美。在环境方面，医院的优势在于低容积率、高绿化率，营造出建筑、人、环境三者和谐统一的美感。

医院的建筑多以门诊、住院科室的单元组成，无论是横向分栋连廊或竖向分层叠加都极具规律性和韵律感，体块构成单一，空间组合多样，其间桥廊穿插，花木映衬，自有清雅之趣，从而使医院建筑形象简约质朴、自然柔美。所以，在建筑造型方面，应少用大起大落、大虚大实、浓墨重彩的处理手法，减少过度的商业包装，以利于患者保持平和心态，消除不利的负面心理影响。医院建筑造型风格设计主要体现在如下四个方面。

（1）现代简洁风格

功能占据主导地位，形式占据辅导地位。外部环境和内部功能空间关系决定着建筑形式，通过运用新技术，使建筑形式表现出新材料、新工艺、新结构特征，从而体现出新的建筑美学理念。在建筑造型上的追求倾向于简约，改变了以往复杂的装饰，多以抽象的几何形体组合，造型风格表现出简洁、明快、流畅等特点（图 9-32）。

（2）新乡土地域风格

现代风格结合地方特色以适应各地域环境、文化、习俗等的建筑造型艺术风格。多采用地方材料、建造工艺和构造装饰与自由的空间组合，成为地方传统建筑与现代建筑设计理念相融合的产物，风格处理上运用现代手法简化提炼地域传统建筑元素，以获得艺术观感上的亲切随和又具有时代气息。

（3）新古典风格

运用现代手法吸收传统古典建筑形制、比例及细部处理手法，强调类古典风格的比例工整、严谨，造型简洁典雅，多用坡屋顶、花式纹样等古典元素，力求通过神韵替代形似。通常运用在与已有的建筑风格相适应的区域，既可以彰显历史文化，也能表达民族自豪感（图 9-33）。

（4）高技派风格

高技派主张技术因素在现代建筑设计中的决定作用，注重以传统的通用空间来满足不断发展的医院建筑的要求。建筑形态上的艺术性倾向于机械美学，通过纯粹的表现手法使建筑结构、设备管线赋予技术美感，墙面大部分采用有金属光泽的铝合金板材或玻璃幕墙，来体现出技术工艺和医疗技术的完美结合。

图 9-32（左）德国魏玛索菲湖费兰医院鸟瞰

图 9-33（右）北京协和医院

9.5 案例分析：香港大学深圳医院

· 地点：广东深圳市福田区海园一路

· 功能：门诊、急救、康复、住院等

· 设计：深圳市建筑设计研究有限公司

此部分内容可扫描二维码阅读。

二维码 4

第十章

绿色建筑设计

10.1 什么是绿色建筑

10.1.1 绿色建筑的内涵

针对保护环境节约能源所展开的相关研究。目前，在国内普遍认同的“绿色建筑”概念，是通过 2019 版《绿色建筑评价标准》。在全寿命期内，节约资源、保护环境、减少污染，为人们提供健康、适用、高效的使用空间，最大限度地实现人与自然和谐共生的高质量建筑。

这里可以分五个方面来诠释：

（1）应体现在建筑的各个时期，包括建筑设计、材料的生产处理和运输、过程安装、使用年限终结后的处理和再利用；

（2）对于能源和资源节约的建筑；

（3）和谐对待环境的建筑；

（4）关注为社会服务和生产的建筑，同时考虑人的健康、生活需求的建筑；

（5）和谐对待自然的建筑。

绿色建筑也利用雨水系统共计分为 4 步，分别是汇集、储藏、净化、使用。建筑雨水利用和水资源的使用、排水系统、城市生态环境等有关，是一个复杂的建设工程，下面列举四种方式。

（1）屋面雨水集蓄利用

将屋面当成集雨面收集雨水，将用于家庭、公建和工业等方面的杂用水，如浇水、冲水、洗衣、循环等；在重度缺水时，雨水经过多步处理可以饮用。

（2）屋顶绿化利用

屋顶绿化的土层可以将雨水收集、蓄积、过滤处理。为防止被雨水淹没，屋顶绿化一般都设置透水装置和收集排放装置，雨水经土壤过滤后，可去除大部分悬浮物。

（3）绿地雨水渗透利用

绿地是非常好的渗水、蓄水区域，雨水通过绿地可直接下渗补充地下水。可以将雨水引入绿地，增加其下渗和蓄水量。因为绿地蓄水能力有限，土壤的渗透速度和含水率也比较小，所以绿地不能在短时间内处理大量雨水，超过储蓄能力的雨水可以通过其他方式转化。

（4）雨水人工回灌地下水

在一些地质条件较好的地方可以进行雨水回灌人工补给地下水。这种方式技术要求较高，对地质条件回灌水质和水量有严格的要求，而且成本很高，一般少采用。

10.1.2 绿色建筑的构成

借鉴系统论思想和生态学家对生态系统的研究，结合前述"建筑系统"和"建筑生态系统"的特征。本书提出，绿色建筑系统由"绿色建筑物化系统"、"绿色建筑主体系统"以及"绿色建筑实施机制"构成。

（1）绿色建筑物化系统

绿色建筑物化系统即建筑生态系统，是绿色建筑系统的客观要素，是实现绿色建筑目标的物化载体，由生物要素和非生物环境组成。其中，生物要素包括建筑的具体使用者——人，以及与人类生活关系密切的其他生物，诸如植物、动物（家畜家禽、鸟类、宠物、啮齿类动物、蚂蚁、昆虫等）和微生物，生物要素以人为主体。

非生物环境包括人工环境（包括建筑物、构筑物、市政设施、道路等交通设施、景观设施以及其他人工场地环境等）和自然环境（阳光、空气、土壤、岩石、水体等），非生物环境以建筑为主体，其营构的目标是满足物化系统中生物要素生存和进化的要求。非生物环境经过要素整合后可以细分为五个子系统：外环境系统、能源系统、室内环境调控系统、材料与结构系统、水系统。上述五个子系统及其支持技术体系即是本书研究架构和内容的重点。

（2）绿色建筑主体系统

主体系统是绿色建筑系统的主观要素。区别于绿色建筑物化系统中的以人为主体的生物要素，绿色建筑主体系统虽然也由人组成，但该系统中的人不是直接的、具体的建筑使用者，而是抽象的与绿色建筑实施密切相关的利益群体，或代表利益群体的机构。

（3）绿色建筑实施机制

机制一词译自英文"mechanism"，其原意是机械内部的结构以及共同运转的机械各部件构成的系统，也指生物有机体的构造、功能和相互关系，进而引申为事物演化过程的内在原理、模式。在《现代汉语词典》的词条解释中，机制与机理的含义相同，泛指一个复杂工作系统和某些自然现象的规律。可见，机制不是对现象的描述，而是对事物内在的结构原理相互关系、运行过程的本质规律性的抽象提炼。

绿色建筑实施机制是主体作用于客体、驱动系统运行的内在结构关系、运行原理和基本模式。包括主导机制、经济机制、制度机制（内化了国家和地方制定的法规、规范、标准、政策等）管理机制、文化教育机制、宣传推广机制、超越生态安全的预警机制等。

10.2 绿色建筑设计目标

10.2.1 绿色建筑设计观念目标

绿色建筑观念目标是由环保、生态、社会、哲学等学科领域的专家提出，即可持续发展，再由建筑工程师合作来对绿色建筑进行技术研究，同时用在一些实验性、示范性项目中。

10.2.2 中国《绿色建筑评价标准》

《绿色建筑评价标准》GB/T 50378—2019 是中华人民共和国建设部标准定额司组织的，由中国建筑科学研究院、中国建筑材料科学研究院、国家给水排水工程技术中心等单位于 2019 年 8 月共同编制完成的国家标准。自 2019 年 8 月 1 日起实施。原《绿色建筑评价标准》GB/T 50378—2014 同时废止。该标准的编制原则为：

（1）借鉴国际先进经验结合我国国情；

（2）重点突出“四节”与环保要求；

（3）体现过程控制；

（4）定量和定性相结合；

（5）系统性与灵活性相结合。

10.2.3 评价指标体系与等级

（1）指标体系

绿色建筑评价指标体系应由安全耐久、健康舒适、生活便利、资源节约、环境宜居 5 类指标组成，且每类指标均包括控制项和评分项；评价指标体系还统一设置加分项。

（2）评价等级

绿色建筑划分应为基本级、一星级、二星级、三星级 4 个等级。

一星级、二星级、三星级 3 个等级的绿色建筑均应满足《绿色建筑评价标准》GB/T 50378—2019（以下简称本标准）全部控制项的要求，且每类指标的评分项得分不应小于其评分项满分值的 30%；一星级、二星级、三星级 3 个等级的绿色建筑均应进行全装修，全装修工程质量、选用材料及产品质量应符合国家现行有关标准的规定；

当总得分分别达到 60 分、70 分、85 分且应满足本标准表 3.2.8 的要求时，绿色建筑等级分别为一星级、二星级、三星级。

10.3 绿色建筑发展倾向

10.3.1 以"自然观"为主导的研究与实践

传统地域性建筑师与特定的自然地理环境和地域气候条件相适应的、经过长期演变逐渐形成的建筑形式。不同地域的地质、水文、土壤、植被、地形地貌、温度、湿度、太阳辐射、风、降水等自然地理与气候环境条件的差异，引致传统地域性建筑在群体组合功能布局、空间、材料、结构、构造、采光与遮阳、自然通风组织等形式上的丰富多样，进而在深层结构上影响人的社会文化、风俗礼仪、审美情趣等。可以认为，自然地理与气候条件是地域文化生成的重要影响因素之一，而地域性建筑是对这种影响直接反应并可供解读的物质载体。

（1）冬季寒冷气候特征地区

寒冷、严寒地区的传统地域建筑重点要解决防寒保温问题，采用的主要对策包括：减小建筑体形系数；加强外围护结构保温绝热性能；冬季充分利用太阳能获取热量为室内采暖；降雪量较大的地区多采取坡屋面利于排除积雪；在冬季主导风向上采取避风或挡风措施，减少冬季热损失，降低采暖能耗。

居住在北极的爱斯基摩人建造的"冰雪屋"采用半球形，体形系数最小化，有利于最大限度地减少热损失；用冰雪块作外围护结构，内衬动物皮毛作隔热层；"冰雪屋"没有窗，入口采用下沉式处理，门口挂兽皮门帘，以减少外界冷空气进入。通过上述措施，在北极圈室外 −50°C 的气温条件下，可以使冰雪屋室内温度满足安全过冬的要求。

中国北方传统合院式民居（图 10–1）分布于东北、华北、西北等地，采用内向封闭院落用于调节微气候、排除污浊空气、改善小环境。表现为内院的半开敞围廊形成气候缓冲层；门窗洞口向内院开启，可以避开冬季寒风和风沙侵害；主房面南背北，门窗在南向开设，冬季避寒风，夏季迎风纳凉；建筑南北向间距较大，可以获取更多的太阳照射；采用保温性能好、蓄热性能强的厚重土坯墙体，有助于冬季防寒，并对外界温度变化产生迟滞作用。

地处青藏高原寒冷干燥气候条件下的藏族民居（图 10–2），聚落选址因循地势选择背山、向阳、避风的坡地。由于降水稀少、太阳辐射充足，建筑采用平屋顶，用于晾晒、起居、交通眺望等。采用封闭院落，大部分门窗朝向院落，可以调节微气候，降低风沙侵袭。南侧主要布置卧室、厨房等，开大窗；北侧设置储藏等辅助房间，不开窗或开小窗，呈现南向开敞、其他三面相对封闭的建筑形态，有利于更多地采纳阳光，并避开冬季寒风。建筑形体方正，空间低矮，可以降低体形系数，减小热损失，且有助于阻风、抗风。采用厚重的土石墙体和土质屋面作为建筑外围护结构，屋面、墙体保温性能好，蓄热系数大，可以将蓄热体白天蓄积的热量在夜晚缓慢释放出来，适合于昼夜温差大的环境气候特点。

（2）干热干冷气候特征地区

干热、干冷气候条件下，传统地域建筑应对环境气候的对策为：采用蓄

图 10-1（左）北京四合院民居
图 10-2（右）藏族民居

热性能好的厚重墙体，将白天吸收热量在夜晚低温时缓慢释放出来；依据深层土壤的恒温特性采用覆土建筑；运用多种遮阳措施，加强自然通风；进行空气加湿处理等。

中东地区传统民居中院落和屋顶采用半开敞的外廊，有利于遮阳和组织自然通风，调节微气候。高出建筑的捕风塔将自然风引入风道后，通过装有冷水的陶罐和潮湿的木炭层进行加湿、冷却处理，再将风流导入室内，例如巴基斯坦海德拉巴地区的捕风塔。出挑很大的阳台等构件在墙面上形成大面积阴影，可以减少围护结构吸热量。木板帘、花格窗等细节构造可以遮阳、降温。泥砖砌筑的外围护结构绝热性能好，蓄热系数大，有助于维持室内温度的稳定。为应对冬季干冷、夏季干热气候条件，我国黄土高原地区的窑洞采用独立式、下沉式、靠崖式等空间形式，以黄土和砖石为建材，能源消耗低。突尼斯的窑洞、土耳其卡帕多西亚地区的岩居等也有同样生态功效。

（3）湿热气候特征地区

湿热气候地区传统地域建筑应变气候的对策为：组织顺畅的自然通风；加强建筑防水排水；进行建筑防潮去湿处理；采用建筑遮阳等。

福建泉州官式大厝是典型的“多天井民居”，综合采用了室内空间、小尺度露天空间（院落和天井）和半开敞的“灰空间”，按照一定的秩序组构出丰富的空间层次。狭长的庭院空间处于屋盖相互遮蔽的建筑阴影区内，有利于减少夏季太阳辐射和加强空气对流，内向的空间格局可以维持较稳定的庭院微气候环境；轻质通透的围护结构使室内热空气容易排出（图 10–3）。

我国干阑式民居选址于地势高、向阳地段，或择水而居，有利于夏季建筑通风散热。建筑平面通透开敞，采用轻质通透的竹、木等围护结构，使夏季自然通风顺畅。底层架空减少了地表潮湿的影响，加强通风散热，便于排洪防涝，也避免破坏土壤自然生境。采用出挑深远的大坡屋顶利于排水、遮阳，也能使室内热空气上升排出。我国典型干阑式建筑主要有云南傣族竹楼、广西壮族干阑、贵州苗族干阑、黔湘桂交界的侗族干阑、海南黎族的“船屋”干阑民居等类型（图 10–4）。

图 10-3（左）
福建多天井民居
图 10-4（右）
云南傣族竹楼

10.3.2 以“技术观”为主导的研究与实践

以“技术观”为主导倾向的绿色建筑师，偏重于在建筑设计和运营中采用高新科学技术方法来解决提高建筑资源、能源利用效率和降低环境影响等问题。

（1）巴克敏斯特·富勒的建筑研究与实践

巴克敏斯特·富勒是美国最杰出的工程师和建筑家之一，他将自己发明的新技术应用到现代建筑中，被称为“宇宙科学时代的国际主义建筑探索者”。实际上，他也是以“技术观”为主导倾向的绿色建筑研究与实践的先驱。富勒于 1922 年提出并于 1938 年系统阐释了“少费多用”的概念和思想。“少费多用”即是通过整体性系统的建构，用尽可能少的消耗产生尽可能大的功效，这与绿色建筑节能、节材、环保的目标相符合。基于该思想富勒极具创新性地发明了“迪马西翁”住宅和“张力杆件穹窿”。

1）“迪马西翁”住宅：“迪马西翁”住宅是富勒遵循其“少费多用”建筑思想的一项重要发明，来自于他在 1927 年开始设计的移动式住宅汽车，1929 年研制完成，1945 年又进行了更新设计。其住宅的主要特点：

建筑所有构件都在工厂生产线上生产加工完成，可以拆卸并组装，价格低廉；建筑部件尺寸和重量适中，一个成年男子可以独立完成组装工作；住宅可以通过运输设施、起重设备整体吊装到任何地域环境中安装使用；针对生活用水量最大的淋浴和洗衣，采用了节水设备和中水系统等；在住宅居中的核心部分采用直接与独立基础相连的不锈钢柱体，通风设备、用水设施等都设置在该柱体中。结构体系采用从地坪标高逐渐向上升装的施工方法；建筑屋顶、顶棚和地面等都采用金属铝材料制品。

“迪马西翁”住宅由于对地域环境影响的忽略和采用高能耗建材而受到质疑。富勒希冀提供具有“普适性”的建筑整合产品，虽然没有得到推广，但不可否认，其为“自维持住宅”等以“技术观”为主导倾向的绿色建筑研究与实践奠定了重要基础。

2）张力杆件穹隆：张力杆件穹窿是富勒基于“少费多用”思想的另一项具有重大影响的发明，具有轻质、高强、节材、高效等特征，以四面体和八面

图 10-5（左）
蒙特利尔世博会美国馆
图 10-6（右）
自维持住宅

体连接形成基本结构单元。该结构空间跨度越大，结构越坚固、稳定，被认为是最具效率的整体性空间结构系统。采用"张力杆件穹窿"的典型案例是1967 年蒙特利尔世界博览会的美国馆（图 10-5）。

（2）自维持住宅

对"自维持住宅"的研究始于 20 世纪 60 年代，以约翰·弗雷策、布兰达和罗伯特·威尔夫妇等为代表。所谓"自维持住宅"是指"除接受相邻自然环境的输入外，独立维持自身运营的住宅"（图 10-6）。该类住宅的主要特征如下：

其一，"自维持住宅"力求建立相对封闭的自循环建筑生态系统，建筑完全脱离供电、供暖、供燃气、给水排水等市政设施而独立运行。

其二，建筑运营依赖太阳能、风能等可再生能源，以及部分利用废弃物转换的能源，如沼气等；主要资源来自于建筑周边环境，其中建筑用水来源于经过净化处理的雨水和生活废水，而建筑周围种植和养殖的生物产品成为建筑用户主要食物来源。

其三，对能源和资源的利用，既需要便于用户使用和维护的"适宜性技术"，诸如废弃物收集再利用技术、被动式太阳能技术等；也需要新技术，例如当时技术门槛很高的太阳能光电转换设施、高效储存风力发电能量的液体电池技术等。

其四，为实现建筑的完全自维持，适当降低了使用者的舒适要求。

其五，建筑周边环境的生态承载力（承载使用者的生活行为并消解部分废弃物）和生物生产力对住宅"自维持"状态起着重要作用，这也决定了"自维持住宅"不具有环境依托的普适性。

"自维持住宅"早期的典型案例是由布兰达和罗伯特·威尔夫妇根据他们 1975 年出版的《自维持住宅》提出的原理设计的自宅，1994 年建于英国索斯维尔市。该住宅由生物质能供热设备（4.5kW 燃烧速生木材的火炉）供热，利用面积为 20m^2、南向坡度为 45° 的光伏电池板提供 50% 以上住宅所需的电能。住宅用水由雨水收集和净化设施提供。据统计，该住宅年二氧化碳排放量（64kg/m^2）仅相当于英国住宅年均排放量（100kg/m^2）的 1/1.563。

"特鲁普村"位于哥本哈根城市边缘，是由具有生态和社会理想的居民，于1990年开始建造的自维持生态住区，包括30栋住宅和一个社区中心，该住区力求在能量、食物供给方面基本实现自维持。住区用地原来是13hm^{2}的农场，建设完成后仍然保持10hm^{2}耕地，可以满足住区居民的食品需求。住区能源主要来自于风力发电和被动式利用太阳能，建筑用水来自于经过净化处理的废水和雨水。住区内基本不用汽车，居民只有外出旅游才会利用附近的铁路交通。

与上述的"自维持住宅"不同，维拉·维珍生态住宅是由工厂加工制造的"孤立型"绿色建筑。建筑采用高技术供电和供热，并保障水和其他资源的减量消耗和循环利用。建筑运营通过计算机程序实现智能化精确控制，例如室内灯具的开关根据人的活动和室外光线状况，利用光敏设备进行调控。该建筑强调自身的"独立生存"能力，不倡导与地域环境的有机融合，因此需要高技术支持。在这个意义上，维拉·维珍住宅与富勒的"迪马西翁"住宅在建筑设计观念上更接近。

(3) 高科技派的绿色建筑研究与实践

"高科技"是指在建筑形式上突出当代最新科学技术特色，彰显高科技主导力量的建筑风格流派(图10–7)。其主要特点是运用精细化的现代工业结构、工业构造、工业构件和工业材料，经过处理形成具有象征性意义的符号，提升美学价值。

"高科技"派建筑风格可以上溯到意大利未来主义建筑师桑蒂里亚于1914年发表的《未来主义建筑宣言》，该宣言主张技术是推动建筑发展的动力，是机械美学的核心。"高科技"建筑最初出现于20世纪30年代，受美国20世纪60年代以宇航技术发展为标志的"第三次科技革命"的影响，20世纪70年代以后逐渐形成系统性的设计潮流。例如，很多"高科技"派建筑都采用由马克斯·门格林豪森发明的由标准件、金属接头、金属管组成的"MERO"建筑构造系统。

图10–7 德国柏林国会大厦改扩建

进入 21 世纪后，"高科技" 派建筑面临着新的发展趋势。高科技派建筑师，诸如诺曼·福斯特、伦佐·皮亚诺、理查德·罗杰斯、托马斯·赫尔佐格、尼古拉·格雷姆肖、迈克尔·霍普金斯等，开始更关注生态、关注环境，力求利用高新技术解决建筑的节能、环保、舒适健康等问题，并在设计实践中不断探索和尝试。

10.3.3 以"城市观"为主导的研究与实践

美籍意大利裔建筑师鲍罗·索勒里基于对城市与建筑多年的研究，创新性地提出了"城市建筑生态学"的概念和理论，并通过设计实践不断地对理论进行修正和深化。

（1）"城市建筑生态学"理论

1）理论背景与内容：鲍罗·索勒里"城市建筑生态学"理论的提出源于两个基本认知：

其一，传统设计思想和方法忽略了对资源和能源利用效率的充分考虑，造成了城市运营过程中巨大的资源浪费和污染排放；

其二，在自然界生物进化中存在一种现象，越高级的生物占据的空间越小，趋向于形成"内向爆裂的"具有"复杂性—缩微化"特征的系统。

基于此，鲍罗·索勒里提出建构结构缩微化的、高度复杂的、高效利用资源、能源和空间的、集中聚居的生态化理想城市。城市中建筑布局高度综合、集中紧凑，建筑具有适当的高度和密度，以提高土地利用效率；最大限度地利用风能、太阳能等可再生能源；城市内部不考虑汽车运行，城市交通是以步行为主的绿色交通；尽可能减少城市污染和废弃物排放。

应用"城市建筑生态学"理论，鲍罗·索勒里构想了理想城市模型，城市是可以容纳 1.7 万人口聚居的巨构容器，居住区设置在容器表层，服务设施布置在容器内核。容器中居民可以同时享用内核的服务和外部环境的自然生态景观。

2）理论修正：鲍罗·索勒里将经过修正后的"城市建筑生态学"新理论命名为"两个太阳的生态学"。其中一个"太阳"意指物质性的太阳，它是地球生命现象存在的基础；另一个"太阳"则是人类精神意义上的。新理论提出了依托太阳能利用的六种效应：

基于物理学原理的四种"无机效应"和两种需要人类行为参与的"有机效应"。其中，四种为"无机效应"包括温室效应、烟囱效应、半圆顶效应、蓄热效应；两种是"有机效应"包括园艺效应和城市效应。

①温室效应——朝向太阳采用透明界面围构空间以利于被动式采集太阳能的效应。

②烟囱效应——热空气上升产生对流，进而促进自然通风的效应。

③半圆顶效应——朝向太阳的半圆顶结构所形成的被动式利用太阳能的效应。半圆顶在冬季采集太阳能为室内供热，在夏季则形成有助于降低局部温度的阴影区。

④蓄热效应——利用蓄热物体蓄积热量并缓慢释放热量，逐渐改善空间热环境的效应。

⑤园艺效应——在人类活动干预下的物种生长，与温室效应共同作用，为城市提供食物。

⑥城市效应——人类相互交流作用的效应。

鲍罗·索勒里希望通过以上六种效应组合来实现优化人类聚居环境的目的。

（2）设计实践

1）阿科桑蒂城：阿科桑蒂城是鲍罗·索勒里依据“城市建筑生态学”理论规划设计、于1971年开始建造的综合性生态城镇。城镇位于亚利桑那州菲尼克斯市以北70英里的沙漠，设置有住区和商业、文化、教育、加工业、休闲娱乐、工作室等公共设施，规划可以容纳5000人聚居。该城镇符合索勒里提出的缩微化的、高度复杂的、高效利用资源、能源和空间的、集中聚居的生态化理想城市特征。

城镇采用紧凑布局，只占用了4060英亩土地中的25英亩用作建设用地。规划中充分考虑了人员流动、资源流动和能量流动，尽可能利用太阳能、风能等可再生能源。在城镇南侧设置了大面积带状的“围裙”温室，温室中栽植绿化植被，用作城镇的公共园林，也作为冬季采集太阳能为建筑设施供热的空间。

索勒里认为，阿科桑蒂城是按照他提出的缩微化、高度复杂、高效利用资源能源和空间、具有示范意义的实验性生态城市。如果建设运营成功，它可以作为世界城市发展的参照模式。

2）“巨构建筑”：“巨构建筑”是鲍罗·索勒里1996年创构的符合“城市建筑生态学”理论的新城市模型。方案选址于洛杉矶和拉斯维加斯之间的莫吉夫沙漠，从社会特征上，选择该地段欲与现代消费型高能耗城市形成鲜明对比；从自然特征上，莫吉夫沙漠干燥、炎热，昼夜温差大，选址于该处可以体现城市对苛刻自然地理气候条件的适应性。

“巨构建筑”包括两大部分：一座高约1000m的塔楼，其周围环绕着的名为“室外会场”的半圆形裙房。高层塔楼的交通、设备等设施布置在核心，2/3人口的居住空间和部分公共服务空间在建筑外围；“室外会场”布置了约1/3人口的居住空间，还可以容纳各种类型的城市活动。“巨构建筑”总建筑面积约为1044万m^2，能满足约10万人口聚居。“巨构建筑”充分考虑可再生能源和资源的高效利用，包括风能、太阳能和水的循环利用等，大大减少对常规能源的依赖。

10.3.4 以“系统观”为主导倾向的研究与实践

绿色建筑、生态建筑、可持续建筑等概念在业内都曾被语义广泛地引用，对设立了节能、环保目标并应用了相关技术的建筑都笼统称之为绿色建筑（或冠以相类似的名称）。随着研究与实践的深化，人们逐渐认识到绿色建筑的实施并非简单的技术应用，而是多学科领域交叉、跨越多层级尺度范畴、贯穿全生命周期、涉及众多相关主体、硬科学与软科学共同支撑的系统工程。

在宏观层面，基于土地适宜性分析和生态安全网络建立，制定区域生态规划、城市生态规划、生态城市设计；在中观层面，研究生态住区规划设计、生态产业园区规划设计、生态景观设计的对策；在微观层面，进行绿色建筑单体设计的研究与实践，包括建筑设计、结构设计、暖通空调。

涉及众多相关主体——与绿色建筑实施相关的主体有政府机构，房地产投资与开发机构，规划与建筑设计机构，科研机构，建筑施工企业，咨询策划机构，建筑材料、设备与部品生产企业，绿色建筑的使用者等。各相关主体相互影响、相互作用、相互制约。

硬科学与软科学共同支撑——实施绿色建筑既需要研究和应用各种新技术、新材料、新设备等“硬科学”；也需要探索支持各种科学技术得以采用和推广的运行机制（软科学），包括主导机制、经济机制、制度机制、运营管理机制等。

10.4　绿色建筑设计

本章以系统方式研究了绿色建筑设计策略，在了解其内涵和梳理绿色建筑主要发展倾向的基础上，对建筑外环境系统、室内环境系统、能源调控等设计对策及其相关技术，通过对国内外典型案例的分析，总结归纳出绿色建筑设计的方法。

10.4.1　建筑节能

（1）建筑能耗

可以从广义和狭义两方面来了解建筑能耗。广义建筑能耗是指建筑在整个生产、运输、设计、施工、安装、运行、拆除的过程中所消耗的能量。其中，建筑运行过程能耗约占整个生命期能耗的 75% ～ 85%。

狭义建筑能耗是指建筑消耗其在运行过程中的能量，包括采暖、空调、通风、家用或办公电器等方面的能耗，其中暖通空调的能耗约占建筑运行能耗的 65%，所以有效地降低暖通空调能耗是实现建筑节能的关键环节。

（2）围护结构节能

建筑外围护结构及设施用来保护人类免受自然界恶劣的环境气候威胁。性能良好的建筑围护结构可以更好地满足建筑保温、隔热、透光、通风等各种要求，达到维持良好的室内物理环境和降低建筑采暖、空调能耗的目的，是实现建筑节能的基础和前提。围护结构及设施主要涉及外墙保温与隔热、屋面和楼地面保温与隔热、外窗和玻璃幕墙节能、遮阳设施等。

（3）实体墙体节能

实体节能墙体包括单一材料和复合材料的节能墙体两种。按照现行建筑节能设计标准要求，建筑墙体需具有较高的热阻（较低的传热系数）。我国地域气候差异较大，南方地区（夏热冬冷地区、夏热冬暖地区）墙体保温性能要求不高，部分地区采用单一材料基本可以满足节能要求。北方地区（严寒地区、寒冷地区）对于墙体的保温性能有很高的要求。

1）单一材料节能墙体：保温隔热是由材料自身的绝热性能决定的。其优点在于施工简便，耐久性好。在我国的南方地区，冬夏两季室内外温差不大，通过墙体传热引起的采暖、空调负荷都不大，建筑节能设计标准对墙体热阻的要求不高，能通过采用高保温性能的墙体材料，实现单一墙材的结构安全和保温隔热。

2）复合节能墙体：采用两种或两种以上的材料通过构造方法组合在一起的节能墙体，围护结构层（传统墙材）与保温隔热层分设。复合节能墙体根据绝热材料在墙体中的位置，分为内保温、外保温、夹芯保温和综合保温等形式。

3）节能墙体保温材料：常用的节能墙体保温材料主要有石膏板、玻璃棉板、阻燃聚苯板、水泥聚苯板、珍珠岩板、加气混凝土砌块等。其中，加气混凝土砌块既可以作为单节能墙体使用，也可以与其他实体墙组构成复合节能墙体。

4）特殊节能墙体：指充分利用太阳能并通过特殊的材料、介质构造方式以及附属部品、设施等建构的节能墙体，例如特隆布墙、透明热阻材料墙、水墙等。

（4）屋面节能

1）保温屋面：指的是选择适当的保温绝热材料并通过特定的构造方法将其设置在建筑屋面，用于改善建筑顶层空间的热工状况，实现提高室内热舒适、节约建筑能耗的目的（图 10–8）。

2）种植屋面（屋顶绿化）：在建筑屋顶种植绿化，其意义在于利用植被茎叶遮阳；利用植物的光合作用，将部分太阳能转化为生物能，利用植物叶面的蒸腾作用增加蒸发。应注意的是屋顶绿化的土壤层散热慢，热传递时间延迟较长，在白天的隔热效果良好。在晚上，土壤层作为散热源将白天吸收的热量传到室内（图 10–9）。

3）蓄水屋面：一方面通过蒸发吸热和流动散热；另一方面，在屋面上蓄积一定厚度的水可以增大屋顶的热阻和热惰性，降低屋面内表面的最高温度。此外，屋面蓄水可以改善混凝土的使用条件，避免直接曝晒引起混凝土急剧伸缩。而且，混凝土长期浸泡在水中有利于后期强度的增长（图 10–10）。

4）通风屋面：利用屋顶上通风层的空气流动带走太阳辐射热量和室内对楼板的传热，从而降低屋顶内表面温度（图 10–11）。

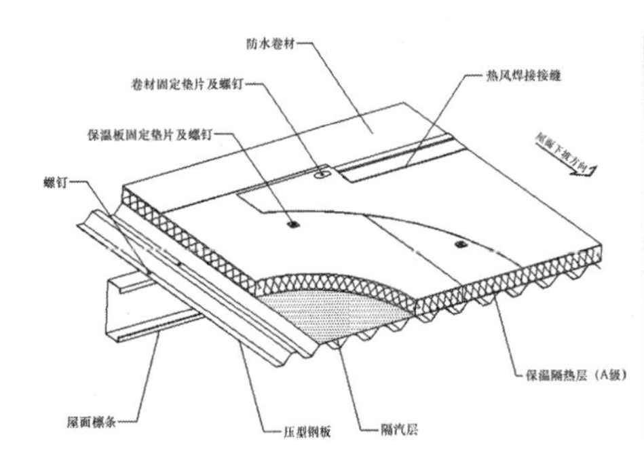

图 10–8（左）保温屋面
图 10–9（右）种植屋面

图 10-10（左）
蓄水屋面
图 10-11（右）
通风屋面

（5）楼地面节能

建筑围护结构中楼地面是与人直接接触的部分，它的作用是支撑、围护、蓄热，同时可以调控室内温度。经验证明，在采用不同材料的楼地面中，即使其表面温度相同，人站在上面的感觉也不一样。例如，木地面与水磨石地面相比，后者使人感觉凉得多。地面舒适感觉取决于地面的吸热指数 B 值，B 值越大，地面从人脚吸取的热量越多，也越快。

10.4.2 建筑节水

绿色建筑的水系统规划的主要工作：其一，根据区域用水整体情况和《城市居民生活用水量标准》GB/T 50331 对建筑的用水量和水量平衡进行估算；其二，选用经济、合理的节水卫生器具和设备；其三，根据实际情况利用再生水、雨水等非传统水源，再生水包括市政再生水、建筑中水。绿化、洗车、道路冲洗、垃圾间冲洗等非饮用水采用非传统水源。对于缺水环境，再生水利用率应该提高，而在不缺水地区，可以不考虑污水再生利用；多雨地区需要根据当地的水资源条件考虑加强雨水利用。

（1）建筑给水系统节水

高层建筑的生活给水大多需要二次加压，目前应用较普遍的是水池—水泵—高位水箱的加压供水方式。高位水箱容易出现二次污染，造成水质在加压输送和储存过程中下降。大部分高层建筑中的消防水池存在贮水时间过长、存水变质的问题；其中受污染的水会被处理，需要消耗大量自来水来清洗给水系统。

（2）建筑热水系统节水

热水系统普遍存在严重的水量浪费，由于热水的供水管未进行保温处理，管道热损失较大。

建筑集中热水供应系统的循环方式主要有支管循环、立管循环、干管循环三种方式；控制局部热水供应系统管线长度，采用家用燃气热水器热水管线越长，水量浪费越大。

因此，在建筑设计中除考虑建筑功能和布局外，应尽可能减少热水供水管道长度。也可以通过研发与燃气热水器配套的循环装置，进一步减少无效冷水量。

（3）建筑节水器具

所有用水器具，包括水龙头、便器、淋浴装置、节水型电器等，应满足《节水型生活用水器具》的要求，极度缺水地区可选用真空节水技术。

1）节水龙头：主要有陶瓷阀芯水龙头，充气节水龙头，水力式、充电感应式和电容感应式延时自动关阀水龙头，停水自动关闭水龙头等。缩短了水流时间，也节省了水的流量；充气水龙头是在国外使用较广泛的节水龙头，效果更明显。由于空气注入和压力等原因，节水龙头的水束显得比传统龙头要大，水流感觉顺畅。

2）节水便器：我国目前推广使用6L水箱节水型坐便器。据统计，使用6L坐便器比使用9L坐便器节水14.3%。而采用两档水箱式坐便器比使用9L坐便器节水60%（两档水箱在冲洗小便时冲水量不大于4L，冲洗大便时冲水量不大于6L）。

3）节水淋浴器：用水可以采用灵敏度高、水温可调节的冷热水混合器、电磁式淋浴节水装置和非接触自动控制淋浴装置等。配合节水淋浴头使用，可节水40%以上。

4）节水型电器：住宅、家用或办公、商场类建筑节水型电器主要有节水洗衣机、洗碗机等。

（4）建筑中水处理技术

中水处理是指去除污水中的悬浮物、有机物、氮磷等污染物，使其达到中水水质要求。

1）物化处理法：有混凝沉淀、过滤、活性炭吸附消毒（紫外线、氯气、臭氧或二氧化氯）等组合方法，用于处理优质杂排水，去除原水中的悬浮物和少量有机物，适用于规模较小的中水工程。活性炭是多孔物质，具有很大的表面积，吸附效果好，可以使污水中的物质被吸附在固体的表面而去除。

2）生物处理法：是目前应用最广的生活污水处理方法。主要利用水中微生物的吸附、氧化分解污水中的有机物，有好氧生物法、厌氧生物法等。其中好氧生物法应用较多，包括活性污泥法、接触氧化法、土地处理法、CASS法等。厌氧生物法污染物去除率高，可以将住宅小区或建筑群的污水进行集中处理。该技术方法污水处理过程利用自流，不需要动力提升设施和其他设备，处理设施为地下构筑物，建成后覆土可以栽植绿化。

3）膜生物反应器处理法：是一种“膜分离单元”与“生物处理单元”相结合的新型水处理技术。该方法能使污水中的大分子难降解成分在体积有限的生物反应器内有足够的停留时间，达到较高的去除效果。

10.4.3 建筑场地设计

（1）建筑选址与场地安全

1）建筑选址相关要素：建筑选址是实现绿色建筑的第一步，选址之前需要全面调查和收集与建筑场地综合环境相关的自然和人文要素的信息数据，并进行整理、分析。

这些要素包括建筑所在区域的气候条件：太阳辐射照度、冬季日照率、冬夏两季最冷月和最热月平均气温，空气湿度，冬夏季主导风向，建筑物室外微气候环境等。

2）建筑选址的原则：绿色建筑选址在具体实施过程中，应遵循以下原则。第一，符合生态城市和生态社区（园区）规划提出的要求，符合控制性详细规划的规定。第二，避免破坏当地文物。第三，充分利用周边环境中的城市公共交通系统，并注意减少城市交通压力。第四，应力求实现建筑用地和空间的高效集约利用。将受污染区域、废弃地等低生态效应的地区作为首选项，以利于节约土地资源。场地上已有的旧建筑应尽量加以利用。第五，应确保场地安全范围内无电磁辐射危害、火灾、爆炸等发生的可能性；确保安全范围内无海啸、滑坡、山洪、泥石流及其他地质灾害发生的可能性确保场地土壤中的有毒污染物及放射性物质符合要求；保证场地内部无排放超标的废气、废水、噪声及废物等污染源；保证用户的身体健康。

（2）场地污染处理

1）根据《民用建筑工程室内环境污染控制规范》GB 50325 中的强制性条文规定，新建及扩建的民用建筑项目于建设前必须对场地土壤中的有毒污染物及放射性物质进行检测，使其含量符合要求，并提供检测报告。

2）检测建筑场地污染源的污染物排放是否超标，保证场地内部无排放超标的废气、废水、噪声及废物等污染源；对油烟未达标排放的厨房、车库、超标排放的垃圾站、垃圾处理厂、场地周围非封闭污水沟塘及其他项目等可能污染源进行处理，使建筑项目周围无排放超标的污水源。

3）利用废弃场地，例如工业废弃地进行开发建设，应对原有场地土壤是否含有有毒物质进行检测，并对污染较严重的场地采取处理措施后再加以利用。

（3）场地总体规划布局

在滨水和地表水系发达地区，由于水陆热力性质差异而产生有规律的风流变化水陆风；而在山区中，由于山坡和山谷受热不均匀而形成白天和夜晚风向发生变化的山谷风。规划布局设计可充分利用水陆风、山谷风改善夏季热环境，降低制冷能耗。

场地热环境与规划布局室外热环境影响因素包括城市上空大气环境、太阳辐射、城市风环境、建筑群体布局、建筑体形局部的下垫面属性、人工排热（空调、汽车等）等。场地热环境调控的主要目标是提高环境热舒适度，降低城市“热岛效应”，改善微气候。

“热岛效应”是指城市市区气温明显高于周围的郊区和乡村，其等温线图类似于岛屿等高线的一种气温分布，一般情况下有热岛强度表与之对应。季节与气候变化、城市人口密集、工业及交通排热、居民生活用能释放、城市建筑结构及下垫面特性的综合影响等是热岛效应产生的主要原因。

随着城市建设发展和人口迅速膨胀，城市热岛效应在我国渐趋显著。目前，大多数城市下垫面（地面、屋面等）多为硬质铺装，坚硬密实、干燥不透水，且颜色较深，其热容量和导热率比郊区绿地大，对太阳辐射的反射率比郊区绿地小，在相同的太阳辐射条件下，城市比郊区的下垫面吸收更多的热量，并通过长波辐射将热量释放到大气中。再加上粗糙的下垫面降低风速、城市中的绿地和水面较少使蒸发作用减弱等原因，使大气得不到冷却，造成城市气温显著高于周边郊区。另外城市大气透明度低，云量较高，影响了夜间对天空的长波辐射散热；城市中的建筑物光亮的外表面反射强烈光线进入室内导致温度上升；建筑制冷设备的运营排放更多的热量等都加剧了热岛效应。

（4）场地绿化配置

降低城市"热岛效应"的主要对策包括：

1）通过整体规划布局有效组织自然通风，带走场地环境中的热量，降低环境温度；

2）在景观规划中采用透水地面替代传统的硬质表面（屋面、道路、人行道等），改善城市下垫面；

3）利用绿化植被和景观水体形成对场地环境的冷却效应；

4）使用大面积玻璃幕墙。

（5）透水性铺装

1）透水性铺装的概念与特征：多在公园、广场、停车场、运动场、人行道及轻型车道铺设，主要是为解决由砖石、沥青、水泥等坚实不透水建材铺筑的城市下垫面造成的城市夏季"热岛效应"、城市排水压力和城市洪涝灾害隐患等问题而采取的技术措施。

2）透水性铺装的类型：包括透水性混凝土铺装、透水沥青混合料铺装、透水性地砖铺装、新材料透水性铺装和其他透水性铺装等类型。

3）透水性混凝土铺装：由特定级配的集料、水泥、特种胶粘剂和水等制成，含有很大比例的贯通性孔隙。

4）透水沥青混合料铺装：多用于广场、停车场与道路，其强度和耐久性主要受原材料和混合料配合比的影响，孔隙率一般在13%以上。透水性沥青混合料的透水性和强度都很好，能长期保持良好的性能。

5）透水性地砖铺装：采用高强度等级的硅酸盐水泥、普通硅酸盐水泥、快硬或矿渣水泥等，与特殊级配集料、胶粘剂和水等经特定工艺制成，含有大量连通孔隙，具有高渗性。按透水方式与结构特征，透水性地砖可分为正面透水型和侧面透水型两类。值得注意的是透水性地砖经过长期使用后其透水性能会明显降低。

6）新材料透水性铺装：石米地毯在纤维树脂中添加天然卵石、五彩石或琉璃粒等装饰性树脂铺装，厚度为7～12mm，具有良好的透水透气性、较强的吸声效果和防滑功能；砂基透水砖是以砂子为原料加工制成的透水地砖。通过破坏水的表面张力透水，加工致密如镜面，不易积灰，具有长时效的透水性。

7）其他透水性铺装：包括嵌草砖、植草板和透水性木料铺装等。其特点是防滑、透水性强、不耐腐蚀且成本较高。

（6）场地光环境

场地光环境调控主要是避免和消除白天来自建筑玻璃幕墙和夜间来自场

地照明的光污染，调控对策如下：

1）对于有可能对住宅造成光污染的建筑，不应采用涂膜玻璃或镀膜玻璃幕墙。

2）仅对场地中需要的区域进行照明。夜间室外不鼓励采用玻璃幕墙。

3）仅对场地中需要的区域进行照明。夜间室外满足照度要求即可，避免过强。

4）减少景观和道路照明中射向天空的直射光，对满足照度要求即可，避免过强。

10.5 案例分析

二维码 5

伦敦贝丁顿零能耗社区、清华大学超低能耗楼、杭州绿色建筑科技馆、深圳万科中心案例可扫描二维码阅读。

第十一章
建筑工业化

11.1 概念辨析

与建筑产业工业化模式相关的概念主要有建筑工业化、建筑产业化和新型建筑工业化。建筑工业化指通过对建筑产品研发、工厂生产、建筑施工与构件安装等从建筑设计到施工等的一系列建造过程；建筑工业化的目标是实现建筑设计标准化、建筑构配件标准化、建筑施工程序化和项目管理科学化。建筑产业化的概念则更宽泛，针对整个建筑产业流程的产业化，建筑工业化是实现建筑产业化的基础，而新型建筑工业化则和建筑工业化与信息化的紧密结合程度相关。

建筑工业化思想起源于格罗皮乌斯对装配式预制混凝土建筑的设计生产和施工过程的思考，1910 年格罗皮乌斯在《先锋》杂志中发表他对住宅建筑工业化设计与建造基本原则的认识，这是建筑工业化思想形成的基础。

"二战"后，由于战后建设需求的集中爆发，各国的建筑工业化发展迎来高潮。然而，各国在建筑工业化发展的侧重点上有所不同，美国在推广建筑工业化的同时更重视住宅的个性化需求，有些国家强调建筑工业化的大规模、装配化、快复制的特点。

1974 年，联合国发文明确"建筑工业化"的含义为"按照工业化的生产方式取代传统手工业生产从而提高生产效率的建筑建造过程"。它主要通过对设计过程的标准化、建筑构件生产的工厂化、装修过程的装配化等过程的控制缩短建筑设计周期，提高建造效率，控制建筑产品质量，从而有效提高建筑质量、降低工程成本。

1953 年，我国提出逐步在建设过程中实现社会主义工业化的目标，标志着建筑工业化思想开始出现在中国。1956 年国务院发布的《加强和发展建筑工业决定》中提出应在工厂、住宅等建筑中采用装配式构配件，1958年开始研发预制装配式构件组成的实验住宅，并于1963年开始推广。1976年由于唐山大地震后城市建设的需要，引进发展了一种预应力装配式结构体系，20世纪80年代后由于经济发展水平所限，装配式建筑发展和规模开始萎缩，不到十年时间建筑预制构配件工厂基本销声匿迹。1995年为提高建筑生产效率，国家再次提出大力发展建筑工业化，并于次年提出住宅建筑工业化的现代化发展目标。

新时期，由于我国人口红利渐不明显，传统建造方式的低效率、环境污染严重等原因，国家逐步出台一系列扶持建筑工业化发展的政策。然而，国内学术界将建筑工业化发展偏向于装配式发展的方向，想通过提高建筑的预制装配率迅速提高建筑工业化程度，这种片面追求预制装配率的方式可能为建筑工业化带来负面影响。因此，如何明确建筑工业化的发展方向，引导建筑工业化发展，是值得探讨的问题。

建筑工业化思想在中国的发展一直深受行政政策的影响，其发展规律也从引进先进国家水平到结合自身特点改造再到自主研发，在城乡协同发展的新型城镇化建设背景下，国家对建筑行业的健康生态发展提出了更高的要求。

工业化是推动建筑行业健康发展的重要方式，是推动环境可持续发展、建筑节能、实现高效率设计建造的重要保证。一直以来我国基础建设行业依靠各专业施工部门独立完成工作，而各专业施工部门由于信息不对等、建设科技含量低、人员数量大等特点存在建筑施工安全、建筑工程管理控制、科技含量水平低等问题。在建筑行业升级转型的大背景下，推动建筑工业化发展势在必行，是推动建筑产业健康发展的保障之一。

在国家提出全面深化改革，促进城乡建设一体化的大背景下，建筑行业也逐渐产生了新的模式。其转型促使建设领域的产业升级，也使传统的行业生产方式发生变革，在这种情况下，新型工业化已经被证明是建筑产业转型的重要发展方向，因为建筑工业化有生产效率高、生态环保等特点，迎合了国家大力提倡的可持续发展目标。建筑工业化通过改善传统的依靠手工和人口红利为主的低效率、高人员密集程度的建设生产模式，使其向结合现代技术的大工业高效率生产模式转变，即通过结合现行发展的现代运输、现代制造业、现代科学管理等高科技技术的大工业运行模式代替传统分散的、封闭的、高人员密集度的传统手工生产模式。

1998年，从国家层面开始建设技术研发推广中心，提出协调发展建筑工业化关键技术的研发与推广。

2000年后，科技发展和产能升级为钢结构的大量运用提供了必要条件，与此同时，钢结构建筑占比也越来越大。由于钢结构的轻质高强的优点，这种现代建筑材料在房地产行业中的利用一直处于较高水平。

尽管新千年后钢结构建筑发展较快，但是这种材料的利用还大多集中在大型运动场馆、超高层建筑、大跨度公共建筑，及厂房等工业建筑中，在大量性的学校、住宅、商业等民用建筑中的利用仍处于较低水平。因此，在建筑工业化方面，钢结构建筑体系应用的范围和深度仍有较大的发展前景。

谈及建筑工业化，最重要的部分就是住宅建筑工业化。由于城市的发展和人口的大量聚集，钢结构住宅逐渐出现在住宅产业中，相对于传统住宅，钢结构住宅有以下特点：

钢结构住宅在美、欧等国家和地区发展历史悠久，结构强度高、易于复制。价低高效的生产方式给传统的住宅建筑行业带来了新的生产模式。我国人口众多，住宅的需求量极大，钢结构住宅的应用可以快速生产大量住宅供人居住，新产业体系的产生也为国民经济的发展提供了新的动力。

此外，传统的住宅建筑需要使用大量的黏土砖，出于环境保护和国土资源可持续发展的考虑，国家已经逐渐严厉禁止黏土砖的使用，钢结构住宅的发展也填补了因无法使用黏土砖建筑住宅的困境。

综合钢结构住宅的各种优势，可以展望，钢结构住宅将是未来住宅建筑发展的重要方式，钢结构拥有的质轻、高强、低价、标准化、可持续等特点是未来实现资源环境可持续发展的重要保证。

11.1.1 装配式钢结构建筑

钢结构住宅从不同专业角度考虑有不同定义，从建筑学角度来说，钢结构住宅指通过使用工厂生产的钢结构建筑骨架为基础，以轻质保温隔热材料组成的围墙、内部隔断等围护构件结合而成的住宅建筑。其产业化思维是将其作为一个工业产品，通过综合各方社会生产资源，采用大工业生产的对设计过程的标准化、建筑构件生产的工厂化、装修过程的装配化等过程的控制缩短建筑设计周期，提高建造效率，控制建筑产品质量，从而有效提高建筑质量、降低工程成本的整体建造组织过程。其产业化发展也是未来发展的重要方向。

11.1.2 装配式混凝土结构建筑

对国内装配式混凝土建筑的技术类型进行梳理，目前的装配式混凝土建筑体系主要包括：装配整体式框架结构体系、装配整体式剪力墙结构、预制叠合剪力墙结构体系、装配整体式框架—现浇剪力墙结构体系等（表 11–1）。

各类装配式混凝土结构体系组成预制情况 **表11–1**

名称	梁、柱	剪力墙	楼板	外墙板	阳台楼梯
装配整体式框架结构体系	预制（柱、叠合梁）	—	叠合楼板	预制	预制
装配整体式剪力墙结构	—	预制	叠合楼板	预制	预制
预制叠合剪力墙结构体系	—	叠合预制	叠合楼板	预制	预制
装配整体式框架 – 现浇剪力墙结构体系	预制（柱、叠合梁）	现浇	叠合楼板	预制	预制

11.1.3 低多层住宅户型

由于经济的发展和技术的进步，关于低多层建筑的概念也有了新的定义，在原《民用建筑设计通则》中对住宅建筑层数的定义为：低层住宅（1～3层），多层住宅（4～6层），中高层住宅（7～9层）、高层住宅（10层及10层以上）。非住宅建筑只有单层、多层和高层的概念，如小于24m为多层或单层建筑，大于24m为高层建筑。

在新版《建筑设计防火规范》GB 50016—2014中不再将住宅建筑的层数作为衡量建筑的方法，而是规定住宅建筑（包括住宅小区商业网点）中，其高度大于27m的住宅建筑为高层住宅。

11.2 装配式建筑研究现状

11.2.1 国外研究现状

纵观国内外建筑史，建筑的发展和革新离不开技术的进步。工业革命为建筑设计带来新技术和新材料，20世纪开始，钢材作为主要的建筑结构体系和围护材料开始被现代主义建筑设计大师所使用。

1851年伦敦世界博览会水晶宫场馆于英国万国博览会建成，该建筑是一座以钢铁为骨架，玻璃为围护结构的建筑，是19世纪英国的重要建筑奇观。

1909年一座由普·贝伦斯设计的钢材组成的通用电气公司透平机工厂在德国柏林建成，该建筑的建成标志着建筑不再仅从自身角度出发，而是可以结合工业设计的特点，为建筑工业化打下坚实基础。

1929年由密斯设计的巴塞罗那世博会德国馆由轻便的墙体和水平大屋顶组成，标志着钢结构建筑结构体系为现代建筑空间变化提供了新的可能。

1949年密斯为一名女医生设计了一座由钢材和玻璃组成的住宅，名为范斯沃斯住宅，该建筑以玻璃代替传统隔断，使建筑在公园风景中得到景观效益最大化。

1970年以后，随着钢材产量的增加和价格的降低，钢结构建筑在全球各国家均有所发展。

近年来，钢结构建筑的著名案例包括美国世界贸易中心大厦、马来西亚吉隆坡双子塔大楼、美国旧金山金门大桥、中国北京国家体育场、中国台湾101大厦等。钢结构建筑结构体系的产生使建筑高度、跨度均有了质的飞越。

西方国家相对于我们而言钢结构住宅产生和发展的过程更长，也更成熟，因此其工业化应用水平也更高。目前，国外发达国家在住宅钢结构使用的规模、体系等方面均远超我国，并且在住宅建筑产业化方面已经从传统的建筑构件工业化生产向住宅体系灵活组合以提供多种多样的住宅户型选择等方面转变。这种寻求建筑工业化多样化发展的路线是值得借鉴和学习的。

法国作为欧洲主要国家是世界范围内最早将建筑工业化提出并发展的国家之一。自20世纪50年代起法国开始奉行以全装配式大板为主要结构体系的装配式住宅，到 20 世纪 70 年代衍生出一种现浇模板为基础的建筑模数化构件机制，以此实现建筑工业化，该阶段使用这种模式生产了大量的住宅，于是在城市新区出现了大量居民区解决当时趋紧的住房问题。1977 年法国开始设立城市“构件建筑协会”以促进装配式建筑构件的生产和使用。20 世纪 80 年代政府开始推广一种生产和施工等环节相分离的建造方式，从宏观角度大力推广标准化构配件，并在此基础上形成《构件逻辑系统》一书。20 世纪 90 年代开始讲标准化构配件分门别类形成各种建造系统。

意大利构建了一种适用于多层建筑的 BASIS 建筑工业化结构体系，该体系由意大利钢铁公司于 1986 年向中国推广。该体系具有建筑结构强度高、结构受力合理、材料分布恰当、施工难度小、建筑空间品质高、便于使用现代的设计手段如 CAD 辅助绘图、CAM 辅助制造系统等优势，除在欧洲十分受欢迎外，该体系还在非洲、中东等地区大量应用。BASIS 建筑工业化结构体系所有的构件都由工厂生产，现场安装。在现场使用中除基础、楼板安装等位置外，没有多余的湿作业区域。安装构件仅需通过螺栓、螺母解决，各连接构件经过标准化设计，设计施工效率大大提高。

美国也是世界范围内最早将建筑工业化提出并发展的国家之一，也是最早采用钢结构体系作为住宅结构体系的国家。美国住宅产业化市场成熟，住宅建筑构件标准化率高。其钢结构住宅具有造型个性化、结构体系多样化等特点，由于美国住宅用地私有化的特点，用户对住宅的个性化需求更高，因此多样化的建筑结构体系是住宅方案个性化定制的重要保障。这种特殊用地条件造成的住宅需求迫使美国住宅工业化由大规模标准化生产向个性化、多样化发展，这也为钢结构住宅的发展带来新的选择。从 20 世纪 80 年代至 21 世纪初的 20 年时间里，美国新建普通低、多层钢结构住宅占比由 15% 攀升至 75%，与之相关的规范、建设标准、建造技术等也处于世界领先地位。

日本是钢结构住宅占比最多的国家，钢结构体系住宅占住宅总面积的 50%，并且已经实现住宅构件工厂化生产。“二战”后为迅速解决住房不足的问题，日本开始研究并发展住宅产业化生产建造模式，特别近年来钢结构住宅发展极快，这是由于日本是地震多发国家，而钢结构体系住宅具有极好的抗震能力。此外，日本工业化住宅已占新建住宅面积的 20%，建筑用钢占总体钢产量的 48%，住宅用钢占比也不断提高。由于日本住宅产业化和钢结构住宅的大力推广和深入研究，其住宅建筑工业化程度很高。

11.2.2 国内发展概况

20 世纪 50 年代我国在第一个五年计划中借鉴苏联和东欧国家的发展经验，提出逐步在建设过程中实现社会主义工业化的目标，标志着建筑工业化思想开始出现在中国。自第三个五年计划以后的 20 年时间是我国装配式建筑的持续缓慢发展时期。

1956 年国务院发布的《加强和发展建筑工业决定》中提出应在工厂、住宅等建筑中采用装配式构配件，1958 年开始研发预制装配式构件组成的实验住宅，并于 1963 年开始推广。

20 世纪 70 年代后期多种装配式建筑体系发展迅猛，如砖混结构建筑中的楼板采用低碳预应力钢丝拉结楼板结构，在保证楼板结构强度的前提下该楼板每平方米用钢量为 3 ～ 6kg，由于其质轻高强的特点，在施工时无需支模，节约人力的同时还减小了施工难度。该结构楼板还具有生产简易的特点，在各地均能迅速展开生产，碳预应力钢丝拉结楼板结构是当时我国装配式结构中使用范围最广的结构产品。

1976 年由于唐山大地震后城市建设的需要，引进发展了一种预应力装配式结构体系，20 世纪 70 年代末，低层住宅已经不能满足北京地区人口发展需求，为建设高层住宅，从欧洲引入大板住宅结构体系，其结构构件、围护构件均由预制厂生产后直接现场装配，并且在施工中无需支模，施工速度极快，当时一般使用该结构体系的住宅层数为 10 ～ 13 层，甚至有住宅建筑将该结构体系运用到 18 层住宅建筑中。

20 世纪 80 年代后由于经济发展水平所限，装配式建筑发展和规模开始萎缩，不到十年时间建筑预制构配件工厂基本销声匿迹。

1995 年为提高建筑生产效率，国家再次提出大力发展建筑工业化，并于次年提出住宅建筑工业化的现代化发展目标（表 11–2）。

装配式建筑中的混凝土装配式建筑很好地满足了新中国建设初期的建设需求，主要原因为：

国内发展情况 **表11–2**

发布时间	政策文件
1999 年 8 月 20 日	《关于推进住宅产业现代化提高住宅质量的若干意见》（国办发〔1999〕72 号）
2013 年 1 月 1 日	《国务院办公厅关于转发发展改革委住房城乡建设部绿色建筑行动方案的通知》（国办发〔2013〕1 号）
2014 年 3 月 16 日	国务院出台《国家新型城镇化规划（2014—2020 年）》
2014 年 7 月 1 日	住房和城乡建设部《关于推进建筑业发展和改革的若干建议》（建市〔2014〕92 号）
2014 年 9 月 1 日	住房和城乡建设部关于印发《工程质量治理两年行动方案》的通知（建市〔2014〕130 号）
2014 年 5 月 15 日	国务院印发《2014—2015 年节能减排低碳发展行动方案》
2016 年 2 月 2 日	《国务院关于深入推进新型城镇化建设的若干意见》（国发〔2016〕8 号）
2016 年 2 月 6 日	中共中央国务院《关于进一步加强城市规划建设管理工作的若干意见》（中发〔2016〕6 号）
2016 年 9 月 30 日	《关于大力发展装配式建筑的指导意见》（国办发〔2016〕71 号）

（1）中华人民共和国建设初期，战后建设对居住建筑的迫切需求，所以对建筑的建造水平和形式要求较低，较易进行标准化生产和快速建设；

（2）同样的原因，建筑建设最主要是为了满足居住功能，对建筑设计强度、抗震能力要求较低；

（3）由于生产力的限制和科技水平较低，装配式构件生产量不大，预制构件厂的产能足够满足建设需求；

（4）建设初期建筑支模辅助建材短缺、钢材短缺，不得不选择用钢量更低的装配式混凝土建筑；

（5）中华人民共和国成立初期属于计划经济时代，用工模式属于固定用工方式，装配式的操作方式有助于节约劳动力投入。

需要指出的是，尽管装配式建筑拥有诸多优势，其缺点却很明显。20 世纪 80 年代末开始，建筑产业中装配式构件参与度越来越低，大量的预制构件厂倒闭。装配式建筑的缺点主要为：

（1）结构强度低，抗震强度相对较弱。相比之下，现浇混凝土结构强度好于装配式混凝土结构。

（2）限于之前预制装配式建筑施工质量差、施工水平低下等原因，建筑密封性、保温隔热性等物理性能差，也间接导致建筑能耗过大。

装配式建筑使用率越来越低的同时，现浇混凝土结构体系开始在建筑中大量使用，其主要原因有以下几点：

（1）经过初期的粗放式发展之后，建筑设计的规模越来越大，无论是工厂产能还是建设速度，装配式建筑已经无法满足建筑行业规模的增长。

（2）经济的发展和社会的进步导致更多的功能需求和审美需求的产生，装配式建筑平面变化少，难以实现现浇建筑个性化、多样化和丰富化的需求。

（3）大量农民工涌向城市谋求工作，农民工低廉的用工价格为现浇建筑结构体系的发展提供了基础保障。

（4）钢产量的增加促使钢模板的产生，胶合木材料的发展促使胶合木模板的产生，以及脚手架的普及改善了前期因模具不足受到阻碍的发展情况。

（5）此外，钢产量的急剧增加和价格下滑导致建筑用钢率更高，楼面板的用钢量不再是限制建设的原因。因此，在经过了一段时间的装配式建筑发展和装配式建筑弊端凸显的前提下，建设规模的增长和其他外部因素的促进导致现浇建筑结构体系在当时大量产生。

经过一段时间的发展，装配式建筑逐渐淡出市场，在现浇混凝土建筑体系大行其道的背景下，行业内开始重新审视现浇混凝土建筑体系。主要原因在于经过多年的发展，建筑施工行业十分依赖大量农民工，随着老一代农民工逐渐退场，极少有年轻人愿意投身施工行业，越来越少的工人数量和越来越大规模的建筑市场形成鲜明对比，也直接导致建筑施工劳动成本攀升，从可持续发展的角度来说，大量的现浇混凝土结构在拆除时只能成为建筑垃圾，有悖于该理念；并且随着城市文明水平的提升，施工场地环境卫生、施工对周边环境的影响逐渐得到重视，而采用现浇混凝土结构由于湿作业，需要大量建筑原始材料的配合，会造成水资源、运输资源、建筑材料等的浪费，也会产生噪声污染、扬尘污染等；现浇混凝土由于需要工人现场参与，其施工质量难以得到保证，现场监理和验收没办法像工厂一样严格；从可持续发展角度来说，现浇混凝土建筑一次现浇整体成型，在拆卸时难度较大，无法满足可持续发展的需求，在全社会推动可持续发展的前提下，现浇混凝土建筑的改革势在必行。于是基于建筑产业化发展的建筑工业化模式再一次进入行业视野，中央和地方纷纷出台政策响应这一趋势。在这种趋势和背景下，我国基于建筑产业化发展的建筑工业化模式迎来了新的发展契机，在对传统建筑工业化弊端思考的基础上，重新研发形成了装配式剪力墙结构、框架结构等符合现如今建筑行业发展的多种结构模式，并形成了新的装配式建筑技术。近年来，基于这些新的工业化发展形成了众多规范和技术规程，如《装配式混凝土结构技术规程》JGJ 1—2014、《钢筋套筒灌浆连接应用技术规程》JGJ 355—2015 等。近年来，全国各地纷纷就新背景下的建筑工业化展开工作，如江苏省要求新建住宅产业化率不低于 50%，并就住宅建筑产业化提供诸多优惠政策以推广该项建筑模式的发展。

在我国快速城市化的背景下，城市里越来越多的高层建筑拔地而起，这也促使钢结构在建筑中的应用发展迅猛，钢结构由于其强度高、质量相对较轻、结构性能好、结构强度高、施工速度快、施工容易、工厂预制难度小、材料可循环利用等优点广泛应用于住宅建筑建设中，为配合该趋势发展和催生了大量的现代化建造机械，使用新技术和新工具促进了建设周期加快，很好也很及时地满足了人民日益增长的住房需求，促进了住宅现代化发展。

1986 年我国冶金部建筑设计研究院与意大利钢铁公司合作研发并建设了一栋新型轻钢结构住宅样板房，该住房结构体系由热轧 H 型钢梁柱组成，楼板采用新型组合式预制楼板，外墙是采用陶粒和混凝土混合而成的外墙板。并结合当时的建筑功能需求使用了太阳能热水系统，并安装了空调，丰富建筑功能的同时也改善了居住品质。

1988 年日本积水株式会社向同济大学建筑与城市规划学院赠送两栋新型轻钢结构预制住宅，建筑结构构件由冷弯型钢梁柱组成，研发的新型复合墙体作为屋架、外围护墙等部位的墙体，内部功能设备均可移动、可组装。

1998 年同济大学建筑设计研究院高新建筑技术设计研究所为顺应市场需求，研发并建造了一栋住宅面积约为 150m^2 的独立住宅样板间。该住宅建筑结构构件为由冷弯薄壁型钢柱和工字型钢梁组成的梁柱体系，预制混凝土薄板为建筑楼面板，为增强楼面板强度，在该楼面板的基础上现浇混凝土形成双层结构的楼面板以提高其结构强度，外墙采用 GRC 墙面板，卫生间则一体成型直接嵌入建筑功能体块内。

2001 年，山东莱芜开始出现新型钢框架 - 现浇混凝土剪力墙结构住宅。该住宅位于山东莱芜樱花园小区，为一规模约 1.2 万平方千米的小区住宅楼栋，使用新型钢框架 - 现浇混凝土剪力墙结构作为结构体系，该结构体系内的结构构件由灌有混凝土的圆形钢管组成，梁为 Q345 钢材制成的 H 型钢梁；围护结构为由 EPS 聚苯乙烯发泡板和由钢丝网水泥夹芯板组成的围护墙体，内分隔墙为由玻璃纤维增强水泥板组成的墙体，内分隔墙主要使用在分户墙、卫生间、厨房等重要位置，隔墙为由石膏砌块组成的墙体，楼板考虑结构要求仍为普通现浇混凝土楼板。

1998 年竣工的天津市河东区卫国道丽苑小区云丽园小区 1 号楼是由建设部主持的钢结构住宅示范工程项目，该项目是我国第一栋由钢结构建成的中高层住宅，总建筑面积约 8200 平方米，高度为 33m。其框架由钢管混凝土框架组成，核心筒由钢骨混凝土核心简体系组成。

2002 年北京出现钢结构住宅标准示范工程，该住宅为由建设部批准的北京金宸公寓开发的 3、4 号楼"钢结构住宅示范工程"，地上均为 13 层，两栋楼总面积约 5.5 万平方米。建筑高度分别为 38.98m 和 39.5m，住宅地上标准层高为 2.9m。其结构形式为钢框架—混凝土核心筒结构体系组成的结构体系。

近年来，众多的钢结构住宅产业化实践和技术的发展标志着我国钢结构住宅产业化发展迈向了新的台阶，相关技术标准和国家、地方规范也及时根据各地需求作出调整，能源领域钢材产量充足，各高校和科研院所对钢结构住宅产业研发倾注大量精力，也得出很多成果，种种条件和进步预示着我国钢结构住宅产业化升级有良好基础。尽管如此，也应清楚意识到我国钢结构住宅产业还处于起步阶段，住宅产业还不够成系统，很多问题仍需要在实践中探索，钢结构住宅产业距离现如今的商品房标准差距仍较大。在社会意识方面，钢结构住宅的社会认可度仍不高，因此推广钢结构住宅的优点也是发展钢结构住宅的重要内容；钢结构通常需要与其他结构配合使用，目前国内相关的混合结构建筑技术标准仍不成形，因此在认识到钢结构住宅优势的同时还需要理性思考，发现并完善其劣势以促进钢结构住宅的良好发展。

11.2.3 国内相关理论

邹晶（2008）在其发表的论文《我国钢结构住宅体系适用性分析》中通过对传统现浇混凝土住宅和钢结构住宅实际工程项目的调研，对比分析了两种类型住宅的土建造价差别，试图探寻影响钢结构住宅和传统现浇混凝土住宅价格差异的原因是用钢量的差别和墙体材料的价格差异。基于该种方法分析不同层数住宅综合效益并与传统的各层住宅进行对比后发现，钢结构住宅在同等条件下有自重轻、强度高、施工快、可使用面积大等优势，综合来看钢结构住宅综合性能优于传统现浇混凝土住宅，由于相比于传统现浇混凝土住宅的突出优势，随着住宅层数的增长，其优势将更加明显。

研究结果表明，当住宅层数为低层、多层和高层时，使用钢结构的住宅造价远高于传统砖混结构和传统现浇混凝土住宅，这种差别会随着住宅高度增加而逐渐变小，因此层数越高，钢结构住宅在维持其自身优势的同时，其价格劣势将越来越小。

不同的评价标准和体系对钢结构住宅的性能评价结果影响很大。从住宅市场化的角度来看，可以分为按照单位建筑面积造价和按照单位使用面积造价两个方面来评价，如按照单位建筑面积评价，相同的面积下钢结构住宅结构性能优于普通砖混住宅和传统现浇混凝土住宅，但是造价更高，如果按照单位使用面积评价，相同面积钢结构住宅结构性能优于普通砖混住宅和传统现浇混凝土住宅，而且造价接近，随着高度增加越来越近。

基于环境性能的住宅效益评价从是否节水、节地、节材、节能，是否生态环保可持续、建筑空间质量是否合格等三个方面对钢结构住宅性能、普通砖混住宅和传统现浇混凝土住宅性能分析对比后发现，钢结构住宅建造和使用过程中节水、节地、节材、节能效益远好于另两种住宅形式，且其室内环境更适宜居住，这一点也在实际使用中得到印证。因此，随着科技的发展和国家的大力支持，钢结构住宅未来将发展前景广阔。

李佳莹（2010）在其发表的论文《中国工业化住宅设计手法研究》中通过对工业化建筑在集合住宅方面发展历史的阐述，分析现如今世界范围内多个国家和地区建筑工业化的发展。并指出运用建筑工业化思维进行建筑设计对我国住宅建设也曾发挥作用，并阐述如今运用建筑工业化思维进行建筑设计是未来建筑设计发展的重要方向。随着社会发展和技术进步，人们对居住空间质量、居住空间功能适用性等方面的要求越来越高，探讨并针对性研发运用建筑工业化思维进行建筑设计对促进住宅建筑发展有积极作用，未来这种住宅模式和类型将发挥更大作用。

由于中华人民共和国成立初期材料和科学技术的限制，工业化建筑呈现出的是一幅廉价、空间环境差、施工质量差的景象，经过多年的发展，工业化建筑早已通过技术的手段摆脱了原始状态。

肖星（2012）在其发表的论文《模数化准则下北方钢结构高层住宅户型平面设计研究》中通过对我国钢结构住宅发展历程的剖析发现，我国钢结构住宅的发展经历了萌芽、发展、平淡和迅速发展等时期，现如今钢结构住宅建设规模越来越大。全国各地对钢结构住宅的实验和示范都作了较多尝试。尽管如此，相对于传统混凝土结构住宅而言，钢结构住宅的市场占比仍很少。而且都集中在大型公共建筑物、城市综合体、超高层建筑物等类型建筑中，专门用于住宅建筑的钢结构极少，这种情况也直接导致钢结构住宅问世的作品较少，现有的钢结构主要也仅仅局限于小型低层住宅。

这种局面与现行结构设计规范滞后有关。目前的住宅建筑结构设计规范还停留在结构计算、结构设计、结构验算、构件设计和安装等过程，这种传统的设计模式没办法对新型的钢结构住宅设计产生指导作用。规范和设计模式的滞后是影响钢结构住宅发展的原因之一。

并且与钢结构住宅相关的预制墙体、预制楼盖系统、预制整体厨卫等配套构件的研究十分匮乏，研究较少，问世的产品更少，这也是钢结构住宅建造成本高的原因之一，少数的产品价格无法与大量生产的构件价格比较，限制了钢结构住宅实现建筑产业化发展。钢结构住宅是由多个预制部件现场组装而成的成品，这种建造模式是钢结构建筑优势的重要保证，衍生开来，甚至可能出现将整个户型产品直接吊装到指定楼层实现其建筑工业化发展。

11.3 工业建筑研究现状

工业建筑是指为工业生产提供场所的建筑，一般为工业厂房、车间、工业设备间等。工业建筑根据不同层数可分为单层、多层和混合工业厂房。一般单层工业厂房采用砖混结构、预制混凝土拼装排架结构、钢结构及多结构混合结构；多层厂房结构更加复杂。我国单层预制混凝土拼装排架结构始于20世纪80年代，该种结构体系是基于当时相关部门研发颁布的《厂房建筑模数协调标准》和《单层预制混凝土拼装排架结构图集》。现如今，因经济发展和技术进步，钢结构在厂房建筑中应用也十分广泛，相比于钢结构住宅，钢结构厂房的工业化水平和施工质量更高。

从建筑工业化的发展和现状来看，我国还处于建筑工业化的初期阶段，建筑工业化水平仍有很大提升空间，因此，大力推广提倡建筑工业化的应用对推动建筑行业产业升级有重大意义。建筑工业化不仅可以提升建筑建造过程的效率、提升建筑产品质量、提升建筑寿命，还能提升居住质量。近年来，由于建筑行业以现浇体系为主，建筑施工行业十分依赖大量农民工，随着老一代农民工逐渐退场，极少有年轻人愿意投身施工行业，越来越少的工人数量和越来越大规模的建筑市场形成鲜明对比，也直接导致建筑施工劳动成本攀升，从可持续发展的角度来说，大量的现浇混凝土结构在拆除时只能成为建筑垃圾，出于可持续发展的考虑和大量建设工程的要求，推动建筑工业化发展刻不容缓。而现状则是我国建筑工业化体系不够完善，相关规范和设计图集不符合国情，概念化设计到施工的路途还很遥远。通过对现有研究的分析发现，应当从建筑模数、建筑结构类型、建筑构件材料和构造节点设计等角度考虑，以提升建筑工业化水平。

11.3.1 建筑模数

模数制即建筑构件模数统一制，模数制是为实现建筑设计、建造施工过程统一标准化而规定的建筑构件的标准尺寸，模数制是实现建筑预制构件的通用性和互换性，根据相关规范图集规定，预制构件应符合一定的模数要求。我国最早的模数制出现在宋代李诫所著的《营造法式》中，相关叙述为"材分模数制"，有"材分制""斗口制"等。"凡构屋之制，皆以材为祖，材有八等，度屋之大小，因而用之。"规定了八个等级的"材"的相关尺寸及其应用范围。由中华人民共和国住房和城乡建设部主编的《建筑模数协调标准》GBT 50002—2013规定，我国基本模数为数值100mm即1m为基本模数，在此基础上衍生出分模数和扩大模数，为适应快速发展的住宅产业化，每年都会更新住宅产业化部分构件目录，但这些构件目录主要针对预制构件生产产品而编制，由于这些构件不成体系，对建筑整体产业化促进不大。因此，应以建筑模数为基础，引导建筑构件生产企业对应设计，这既有利于生产企业确定产品类型和尺寸，也有利于建筑构件产业化。

11.3.2 建筑结构类型

如前所述，使用传统的预制构件建筑房屋其房屋结构强度差，在人口逐渐集聚的今天，房屋的设计层数和高度越来越大，因此要推广工业化建筑，首要考虑的就是其预制构件的结构强度，建筑结构体系的设计和建造质量是工业化安全性设计的重要内容之一。一般来说建筑工业化构件结构主要有剪力墙结构和框架结构，我国现有的工业化建筑可按照其结构类型和施工工艺进行划分。其主要类型有砌块建筑、大板建筑、装配式框架板材建筑、装配式剪力墙建筑及其混合建筑等。我国现有的工业化建筑的主要模式有全装配式结构建筑和部分现浇部分装配式建筑。适合于应用建筑工业化的建筑结构体系主要有：

（1）全预制装配式钢筋混凝土剪力墙结构体系；

（2）全预制装配式框架结构体系；

（3）全预制装配式板柱结构体系；

（4）全预制装配式网架结构体系；

（5）预制和现浇相结合的钢－钢筋混凝土框架结构体系；

（5）预制装配式框架、剪力墙、网架、板柱组合结构体系。

11.3.3 构件材料选择

结构强度与材料选择息息相关，材料强度是建筑构件强度的重要保证，高效、合理的建筑工业化结构体系需要合理使用科学性的建筑材料作支撑。建筑工业化的良好发展依赖于新型高强环保高能低价材料的研制，积极选用轻质、高强、可推广的建筑材料是实现建筑工业化发展的重要保障。结合我国现阶段材料科学的发展情况，应当积极选择使用高性能、高强度、低能耗、可持续、可再生的新建筑材料。如高强纤维再生混凝土、轻质高强骨架混凝土、高强度结构钢材、高强度混凝土、合成有机无机材料等，鼓励在建筑的结构构件和围护构件中多加使用。

11.4 装配式结构体系特征分析

由于多年的城市化发展和城市基建的技术积累，我国目前建筑施工水平和管理技术已基本达到世界先进国家水平，基于可持续发展及经济效益最大化的原则，积极探索新时代背景下建筑工业化的新模式、新方法、新手段对实现建筑产业现代化有积极作用。

尽管如此，当前我国建筑行业对建筑工业化的理解和践行方式还不够合理，导致目前建筑市场应用建筑工业化主要集中在使用装配式混凝土结构，甚至有些地区认为使用装配式混凝土结构的建筑就是工业化建筑，究其原因也主要是对建筑工业化的认识不足。尽管使用装配式混凝土结构属于建筑工业化的范畴，但是以偏概全使用单一观念理解这种建筑思维是不可取的，因此还需要大力宣传建筑工业化的相关专业知识并推广其他诸如钢结构建筑、现浇装配混合结构等。目前，建筑工业化的主要问题集中在装配式混凝土结构体系存在的问题、现浇结构体系在工业化方面应解决的问题、钢结构体系在工业化方面面临的问题三个方面。

11.4.1 装配整体式框架结构

框架结构是指由梁和柱构成承重体系的结构，即由梁和柱组成框架共同抵抗使用过程中出现的水平荷载和竖向荷载，结构中的墙体不承重，仅起到围护和分割作用。如整幢房屋均采用这种结构形式，则称为框架结构体系或框架结构房屋。框架的主要传力构件有板、梁、柱。全部或部分框架梁、柱采用预制构件构建成的装配整体式混凝土结构，称作装配整体式混凝土框架结构，简称装配整体式框架结构（图 11–1）。

装配整体式框架结构的优点是，建筑平面布置灵活，用户可以根据需求对内部空间进行调整；结构自重较轻，多高层建筑多采用这种结构形式；计算理论比较成熟；构件比较容易实现模数化与标准化；可以根据具体情况确定预制方案，方便得到较高的预制率；单个构件重量较小，吊装方便，对现场起重设备的起重量要求低（图 11–2）。

（1）世构体系

世构体系（Scope）技术是从法国引进的一种预制预应力混凝土装配整体

图 11–1 装配整体式框架结构

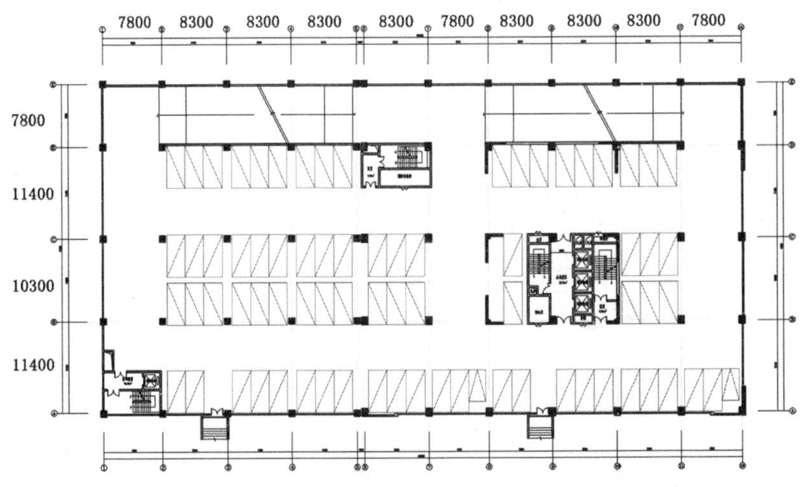

图 11–2 南通政务中心装配整体式框架结构标准层平面布置优化方案

式框架结构体系，其预制构件包括预制混凝土柱、预制预应力混凝土叠合梁、板，属于采用了整浇节点的一次受力叠合框架。是采用预制钢筋混凝土柱，预制预应力混凝土叠合梁、板，通过钢筋混凝土后浇部分将梁、板、柱及节点连成整体的新型框架结构体系（图 11–3）。

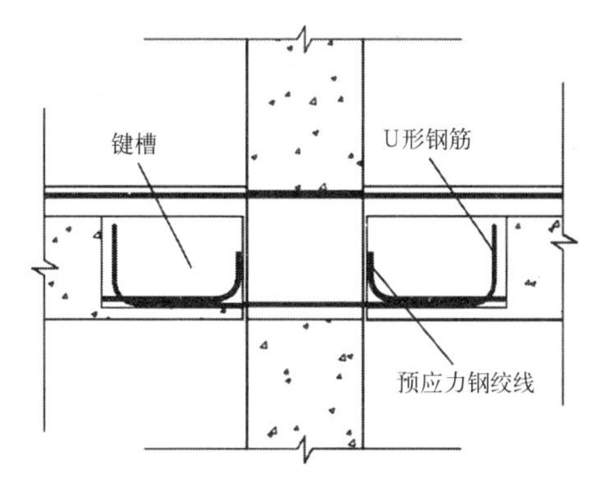

图 11–3　世构体系节点示意

它的节点由键槽、U 形钢筋和现浇混凝土三部分组成，其中的 U 形钢筋主要起到连接节点两端，并且改变了传统的将梁的纵向钢筋在节点区锚固的方式，改为与预制梁端的预应力钢筋在键槽即梁端的塑性铰区实现搭接连接（图 11–4、图 11–5）。

图 11–4（左）梁端槽口
图 11–5（右）世构体系施工节点

（2）美国预制混合型抗弯框架结构体系

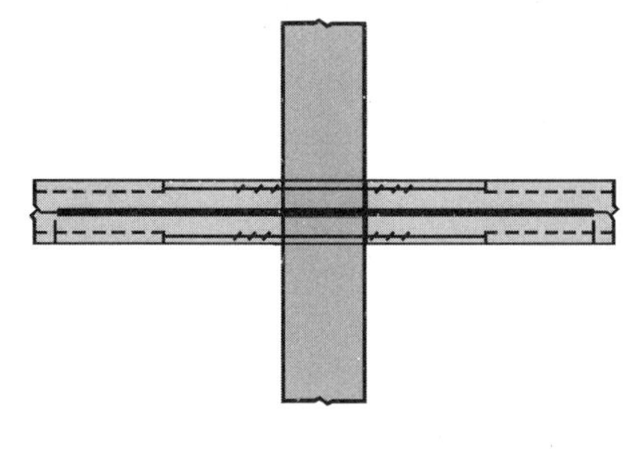

图 11–6　美国预制混合型抗弯框架结构体系节点示意

采用高强度的后张预应力和普通钢筋进行连接，预应力筋穿过在梁纵向中轴线位置预留好的预应力筋孔道将柱两侧的横梁连接在一起，预应力筋部分粘结，在柱内和柱附近的梁内为无粘结或全无粘结普通钢筋通过梁上下纵筋位置预留的孔道穿过柱子，并于现场灌浆，为了使得普通钢筋不过早屈服，也可以在部分区段采用无粘结方式（图 11–6）。

在地震作用下，柱子产生侧移，梁中的普通钢筋就可伸长以吸收大部分的能量，而预应力筋则可将柱和梁拉回原来的位置。

（3）中南 NPC 体系

在工厂里预制钢筋混凝土柱、梁、板等，再运输到施工现场后，结合工厂里的预埋件、预留钢筋插孔等，现场灌浆，将梁、板、柱等连成整体，形成整体结构体系，实现 90% 工厂化施工，10% 现场安装，让生产模块化、加工工厂化。

11.4.2 装配整体式剪力墙结构

高度较大的建筑物如采用框架结构，需采用较大的柱截面尺寸，通常会影响房屋的使用功能。用钢筋混凝土墙代替框架，主要承受水平荷载，墙体受剪和受弯，称为剪力墙。如整幢房屋的竖向承重结构全部由剪力墙组成，则称为剪力墙结构。全部或部分剪力墙采用预制墙板构建成的装配整体式混凝土结构，称作装配整体式混凝土剪力墙结构，简称装配整体式剪力墙结构（图 11–7）。

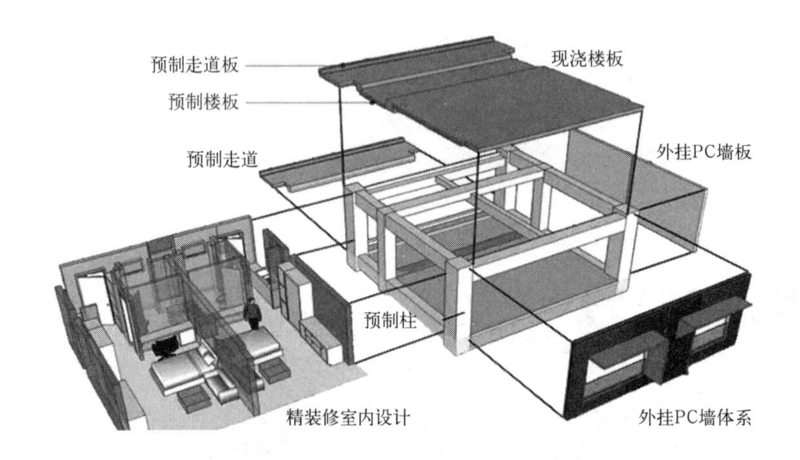

图 11–7　装配整体式剪力墙结构模型

抗震设计时为保证剪力墙底部出现塑性铰后具有足够大的延性，对可能出现塑性铰的部位加强抗震措施，包括提高其抗剪切破坏的能力，设置约束边缘构件等，该加强部位称为"底部加强部位"。为保证装配整体式剪力墙结构的抗震性能，通常在底部加强部位采用现浇结构，在加强区以上部位采用装配整体式结构。

装配整体式剪力墙结构房屋的楼板直接支承在墙上，房间墙面及顶棚平整，层高较小，特别适用于住宅、宾馆等建筑；剪力墙的水平承载力和侧向刚度均很大，侧向变形较小。另外，剪力墙作为主要的竖向及水平受力构件，在对剪力墙板进行预制时，可以得到较高的预制率。

装配整体式剪力墙结构的缺点是结构自重较大，建筑平面布置局限性大，较难获得大的建筑空间。另外，由于单块预制剪力墙板的重量通常较大，吊装时对塔式起重机的起重能力要求较高。

国内主要的装配整体式剪力墙结构体系的主要区别在于预制剪力墙构件水平接缝处竖向钢筋的连接技术以及水平接缝构造形式。

（1）套筒灌浆连接技术

钢筋的套筒灌浆连接广泛用于结构中纵向钢筋的连接，在保证施工质量的前提下性能可靠。当套筒灌浆连接技术应用于剪力墙竖向钢筋连接时，就形成了钢筋套筒灌浆连接的装配整体式剪力墙结构体系。

在预制墙体时，要求套筒的定位必须精准，浇筑混凝土前须对套筒所有的开口部位进行封堵，以防在套筒灌浆前有混凝土进入内部影响灌浆和钢筋的连接效果。由于套筒直径大于钢筋直径，施工时要保障套筒及其箍筋的混凝土保护层厚度，因此被连接的钢筋与采用搭接连接的钢筋不在同一平面。另外，套筒处如设计中需要设置箍筋，不能因为套筒较粗导致施工不便而省去箍筋，套筒连接处通常位于剪力墙的根部，箍筋存在的意义重大。同时，计算箍筋用料时要考虑其长度大于其他部位箍筋下料长度（图 11–8）。

图 11–8　装配整体式剪力墙住宅结构模型

套筒灌浆连接技术保障了装配整体式剪力墙结构的可靠性，但由于其对构件生产要求精度高、施工工序较为繁琐，且由于剪力墙内竖向钢筋数量大，逐根连接时仍会存在成本较高，生产、施工难度较高等问题。因此，《装配式混凝土结构技术规程》JGJ 1—2014 规定：当剪力墙采用套筒灌浆连接时，剪力墙边缘构件中纵筋应逐根连接，竖向分布钢筋可以采用间隔连接的形式，间隔连接时，连接的钢筋仍可用于计算水平剪力和配筋率，未连接钢筋不得计入（图 11–9）。

（2）约束浆锚搭接连接技术

螺旋箍筋约束的钢筋浆锚搭接连接是拥有我国自主知识产权的钢筋连接技术，可以应用于预制装配式剪力墙的竖向钢筋连接。其工艺流程为：在预制构件底部预埋足够长度的带螺纹的套管，预埋钢筋和套管共同置于螺旋箍筋内，浇筑混凝土剪力墙后待混凝土开始硬化时拔出预埋套管；预制构件运输、就位后将待连接钢筋插入预留孔洞后由灌浆孔处注入灌浆料，完成钢筋的间接连接。

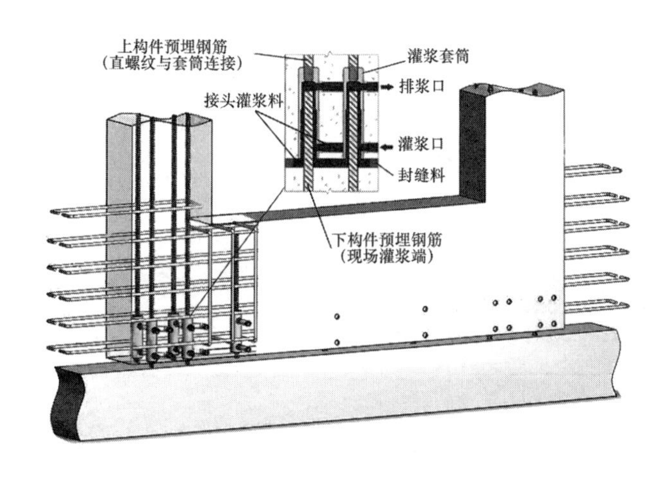

图 11–9　套筒灌浆连接剪力墙（钢筋间隔连接）

预留孔洞内壁表面为波纹状或螺旋状界面，以增强灌浆料和预制混凝土的界面粘结性能。沿孔洞长度方向布置的螺旋箍筋能够有效约束灌浆料与被连接钢筋。与套筒灌浆连接技术的区别在于，预埋套筒不等同于套筒，其作用是为形成孔洞的模板，起到套筒约束作用的是螺旋箍筋，套筒需要在预制墙的混凝土完全硬化前及时取出（图 11–10）。

应用约束浆锚搭接连接技术的装配整体式剪力墙结构即称为钢筋约束浆锚搭接连接剪力墙结构体系，其主要施工流程与套筒灌浆连接装配整体式剪力墙相同，包括工厂预制、现场就位后临时支撑、封堵、灌浆完成连接。

（3）波纹管浆锚搭接连接技术

江苏中南建设集团自澳大利亚引进了钢筋的金属波纹管浆锚搭接连接技术，主要应用于预制剪力墙的竖向钢筋连接。本技术的原理为在预埋钢筋附近预埋金属波纹管，在波纹管内插入待插钢筋后灌浆完成连接。本技术中金属波纹管较薄，在连接中仅起到预留孔洞的模板作用，不需取出但波纹管直径较大，被连接的两根钢筋分别位于波纹管内、外，连接钢筋和被连接钢筋外围混凝土外无其他约束（图 11–11）。

11.4.3 预制叠合剪力墙结构

预制叠合剪力墙是指采用部分预制、部分现浇工艺生产的钢筋混凝土剪力墙。在工厂制作、养护成型的部分称作预制剪力墙墙板。预制剪力墙外墙板外侧饰面可根据需要在工厂一体化生产制作。预制剪力墙墙板运输至施工现场，吊装就位后与叠合层整体浇筑，此时预制剪力墙墙板可兼作剪力墙外侧模板使用。施工完成后，预制部分与现浇部分共同参与结构受力。采用这种形式剪力墙的结构，称作预制叠合剪力墙结构（图 11–12）。

预制叠合剪力墙的外墙模有单侧预制与双侧预制两种方式。单侧预制的预制叠合剪力墙一般作为结构的外墙，预制墙板一侧设置叠合筋，现场施工需单侧支模、绑扎钢筋并浇筑混凝土叠合层；双侧预制叠合剪力墙可作为外墙也可作为内墙，将剪力墙沿厚度方向分为三层，内、外两层预制，中间层后浇，预制部分由两层预制墙板和桁架钢筋组成，在现场将预制部分安装就位后于两层板中间穿钢筋并浇筑混凝土。双侧叠合剪力墙利用内、外两侧预制部分作为模板，中间层后浇混凝土可与叠合楼板的后浇层同时浇筑，施工便利、速度较快。一般情况下，相邻层剪力墙仅通过在后浇层内设置的连接钢筋进行结构连接，

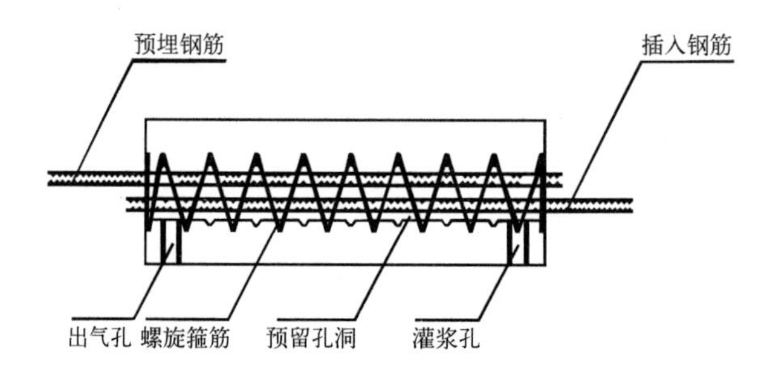

图 11–10　约束浆锚连接示意

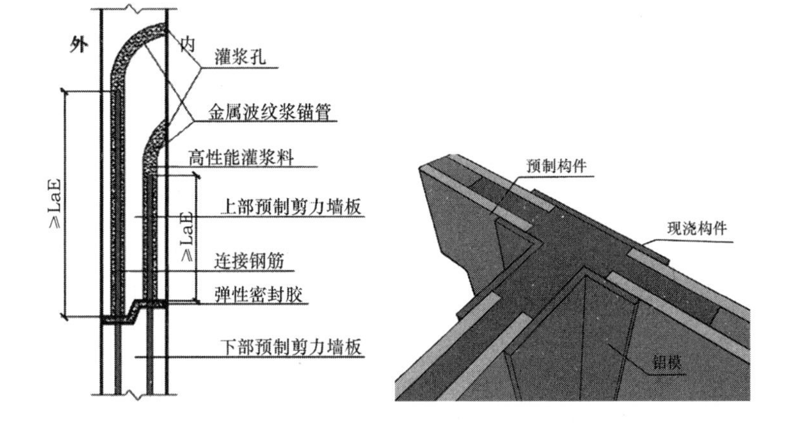

图 11–11（左）
金属波纹管浆锚搭接连接示意
图 11–12（右）
叠合剪力墙

虽然施工快捷，但内、外两层预制混凝土板与相邻层不相连接（包括配置在内、外叶预制墙板内的分布钢筋也不上、下连接），因此预制混凝土板部分在水平接缝位置基本不参与抵抗水平剪力，其在水平接缝处平面内受剪和平面外受弯有效墙厚大幅减少。因此，叠合剪力墙的受剪承载力弱于同厚度的现浇剪力墙或其他形式的装配整体式剪力墙，其最大适用高度也受到相应的限制。另外，按照我国规范，剪力墙结构应在规定区域设置构造边缘构件或约束边缘构件的要求，在该体系中不易完全得到满足，这也会大幅度弱化这种结构体系的固有优势。

为增强结构抗震性能，叠合剪力墙体系提出了改进措施，增加后浇边缘构件或采用多扣连续箍筋约束的边缘构件构造方式，后者同时将边缘构件的竖向受力主筋移至后浇区内。这两种构造措施的改进使叠合剪力墙结构的抗震性能得到明显的改善。

预制叠合剪力墙结构的特点是结构主体部分与全现浇剪力墙结构相似，结构的整体性较好；主体结构施工时节省了模板，也不需要搭设外脚手架；相较于传统现浇的剪力墙，预制叠合剪力墙通常比较厚；现场吊装时，预制墙板定位及支撑难度大；由于预制墙板表面有桁架筋，现浇部分的钢筋布置比较困难；这种体系的结构通常难以实现高预制率。

11.4.4 装配整体式框架—现浇剪力墙结构

为了充分发挥框架结构平面布置灵活和剪力墙结构侧向刚度大的特点，当建筑物需要有较大空间且高度超过了框架结构的合理高度时，可采用框架和剪力墙共同工作的结构体系，这称为框架剪力墙结构。框架－剪力墙结构体系以框架为主，并布置一定数量的剪力墙，通过水平刚度很大的楼盖将二者联系在一起共同抵抗水平荷载，其中剪力墙承担大部分水平荷载。将框架部分的某些构件在工厂预制，如板、梁、柱等，然后在现场进行装配，将框架结构叠合部分与剪力墙在现场浇筑完成，从而形成共同承担水平荷载和竖向荷载的整体结构，这种结构形式称作装配整体式框架－现浇剪力墙结构（图 11–13）。

装配整体式框架－现浇剪力墙结构的特点是：在水平荷载作用下，框架与剪力墙通过楼盖形成框架－剪力墙结构时，各层楼盖因其巨大的水平刚度使框架与剪力墙的变形协调一致，因而其侧向变形属于介于弯曲型与剪切型之间的弯剪型；由于框架与剪力墙的协同工作，框架层层间剪力趋于均匀，各层梁、柱截面尺寸和配筋也趋于均匀，这也改变了纯框架结构的受力及变形特点；框架－剪力墙结构比框架结构的水平承载力和侧向刚度都有很大提高；框架部分的存在有利于空间的灵活布置，剪力墙结构的存在有利于提高结构的水平承载力；由于仅仅对框架部分的构件进行预制，预制楼盖、预制梁、预制柱等单个预制构件的重量较小，对现场施工塔式起重机的起重量要求较小；由于剪力墙部分现浇，现场施工难度较小。

图 11-13　装配整体式框架—现浇剪力墙结构

装配整体式框架－现浇剪力墙结构具有较高的竖向承载力和水平承载力，可应用于较高的办公楼、教学楼、医院和宾馆等项目。与现浇框架剪力墙结构不同，装配整体式框架－现浇剪力墙结构通常避免将现浇剪力墙布置在周边。如果剪力墙布置在结构的周边，现场施工时，仍然需要搭建外脚手架。

11.4.5　装配式钢结构体系

钢结构体系建筑与工业化的联系最为密切。钢结构体系建筑的梁柱等结构构件、内外墙隔断等围护结构都可以通过工厂预制后运送至施工现场组织人工焊接安装，其设计流程本身就具有很好的工业化水准，并且钢材有轻质、高强、施工简易、施工周期短、环境污染小等优点，因此钢结构建筑是一种成熟的工业化建筑结构体系。美国、加拿大、新加坡等发达国家的工业化建筑基本都为钢结构体系建筑。我国经过数十年的发展，钢结构建筑占比显著提升，但是钢结构建筑在市场推广、产业化方面还有很大的发展空间。这些问题主要为建造成本、钢结构设计队伍、现场焊接作业、钢结构住宅的问题等。

（1）建造成本

相比于传统的现浇结构体系，尽管钢结构建筑优点众多，其建造成本更高的问题无可避免，其建造成本主要体现在钢结构构件需要通过市场化的方式形成订单－生产－运输－施工的流程，在形成订单前需要对建筑构件进行二次设计，而不同建筑因造型不同导致结构需求不同可能出现不同的结构形式，所以这些构件不是标准化构件，定制的构件必然不能实现量产，加工成本高成为必然。并且钢结构构件施工的安装过程较为复杂，对吊装设备的依赖很好，吊装设备通常耗资较大，对技术人员的操作水平、施工现场项目管理水平要求也很高。高素质人才的需求也是建造成本高的原因。但是综合考虑目前国内钢材产量过剩，钢材价格适中，钢结构体系未来发展前景广阔。

（2）钢结构设计队伍

传统的现浇混凝土结构体系存在时间很久，属于传统的建设领域，其从业人员众多，技术技能积累深厚，而钢结构体系建筑属于近年来的新型产业，从业人员较少，且钢结构建筑一般结构构件复杂，施工精度要求高，对从业人员的专业素质要求更高，因此一般从事结构和构件设计的专业人员更愿意从事现浇混凝土建筑设计，导致目前钢结构体系建筑方面的专业人才匮乏。

（3）现场焊接作业

目前的钢结构体系建筑一般采用框架结构，钢结构的梁、板、柱的连接方式较为单一，梁柱是通过将梁的腹板与柱用高强螺栓连接，梁的翼缘与柱采用坡口焊接，与楼板的连接同样是焊接。单一的构件连接方式导致现场施工需要大量的焊接工作，要想改善这一问题需要设计人员研发更多的构件连接方式。此外，超高层建筑的钢材梁板柱采用更厚的结构材料，需要的焊接工作量更大，对焊接工艺要求更高，焊接产生的环境污染更大，对建筑构件强度的影响也更大。建筑施工质量难以保证。

（4）钢结构住宅

住宅作为大量性建筑与我们的生活息息相关，要想实现钢结构建筑产业化发展，必须将钢结构住宅的研发推广作为主要的发展方向，但是钢结构住宅的使用需要解决包括钢材防火、防腐等问题，尽管已经有众多团队在技术攻关，也出现在钢材表面涂抹各种耐火惰性材料的处理方式，但是这些问题仍未得到根本解决。钢结构住宅通常采用框架结构体系，而为了实现钢结构住宅的高强度，室内会出现较多的梁柱，影响美观和使用，此外，要想推广钢结构住宅还需要研发集成保温隔热材料、功能管线为一体的钢结构构件，尽管设想众多，但实际发挥作用的体系仍未出现。

住宅产业化的推广难度较大，因为住宅产业化实际上会对传统居住方式产生影响，也对住宅生产方式有影响。产业化后的住宅其实是为实现由传统半手工半机械化生产方式转变成现代机械化的工业化生产方式。20世纪中叶至今，随着城市发的发展，大量公共住宅在城市出现，美国、日本、加拿大等发达国家纷纷颁布住宅工业化产业标准及推广政策，推出促进住宅工业化发展的长效机制，鼓励科研机构研发钢结构住宅产品，推动住宅工业化的发展和技术进步，在发展过程中也逐渐形成了各自的钢结构住宅体系及技术标准。经过数十年的努力，这些国家纷纷实现了住宅建筑工业化，在改善传统建造方式、节约能源、减少污染方面有重大进步。

11.5　我国建筑工业化发展建议

近年来，众多的钢结构住宅产业化实践和技术的发展标志着我国钢结构住宅产业化发展迈向了新的台阶，相关技术标准和国家、地方规范也及时根据各地需求作出调整，能源领域钢材产量充足，各高校和科研院所对钢结构住宅产业研发倾注大量精力，也得出很多成果，种种条件和进步预示着我国钢结构住宅产业化升级有良好基础。如江苏省要求新建住宅产业化率不低于50%，并就住宅建筑产业化提供诸多优惠政策以推广该项建筑模式的发展。

实现工业化建筑的推广目标，离不开建筑技术的研发和政策的支持。自中华人民共和国成立初期工业化建筑的粗放、低技术发展到中期淡出历史舞台再到重新发展，多年的建筑工业化发展是未来建筑工业化良好发展的坚实基础，目前现浇混凝土建筑、预制装配式混凝土建筑结构主导的建筑工业化发展模式出现瓶颈，高昂的建造成本、噪声及环境污染等问题不得不解决。正确认识新时期建筑工业化发展的目的和要求，实现新型建筑工业化需要提高建造施工效率、减少人力成本投入、降低环境污染、节约能源以促进建筑行业发展和产业升级。

11.5.1 全面推进多模式建筑工业化工作

纵观建筑工业化在中国的发展，要想实现建筑工业化的产业化健康发展，应清楚地认识到建筑工业化不只是传统意义上的装配式混凝土结构体系，还应同时推广和研发现浇结构工业化建筑体系、钢结构体系及混合结构体系等多种建筑工业化模式的发展。在全面多方向推进的过程中，政府相关管理部门应当在充分进行市场调研、听取各方意见的基础上形成建筑工业化发展的上层规划蓝图，通过行政管理、各地政府结合自身情况分地区实施建筑工业化管理，并组织专家学者研发颁布实施指南及技术图集，明确建筑工业化发展的正确方向为多种工业化建筑结构模式协调发展的方式。

11.5.2 加强研发与工程示范应用

建筑工业化的市场化推广离不开技术的支撑及建成作品的示范作用。因此，应当政府主导，鼓励各高校配合相关科研院所展开技术攻坚，积极寻求与相关工业化建筑企业的产业合作，积极响应国家“十三五”重点专项“绿色建筑与建筑工业化”课题的研发及十九大提出的建筑可持续的重要内容，加强关键技术研发，做好重点工程项目的应用试点，在科学研发和实践工程经验总结的基础上完善建筑工业化相关标准体系。建筑工业化不只是一个构想，也不只是对建筑构件的工厂化生产和安装，建筑工业化需要从优化建筑结构体系，完善建筑构件节点连接方式，促进建筑构件的标准化和模数化生产，积极使用新技术、新软件如BIM等，积极开发建筑构件装配设备研发，优化现场施工流程等方面入手；对现浇混凝土建筑结构体系要促进混凝土的绿色生态生产、促进新型铝材模板的研发和改进、促进钢筋绑扎工厂化生产、研发高效建造集成平台等；钢结构建筑体系则需要强化钢结构构件节点设计、积极使用BIM一体化设计平台优化施工组织、研发集成度高的钢结构集合墙体等。

11.5.3 注重市场化引导

建筑工业化的终极目的是实现建筑工业化这一新型建造方式的市场化，

而我国幅员辽阔，气候分区复杂，从热带到寒带的气候特点需要的建筑性能差异巨大，因此推广建筑工业化需要各地区政府、各工业化建筑企业立足于当地的气候条件、经济水平及市场需求，根据不同的需求选取不同的工业化建筑结构体系，以在满足实际需求的前提下取得建筑效益的最大化。如装配式混凝土结构一般应用于高层住宅、大型商场等建筑类型中。

为了促进装配式建筑构件产能最优化，应促进各预制构件生产企业积极拥抱市场，推广自身预制构件生产参数和产能，改变传统的将预制构件产业线作为本企业的后备工厂的观念。同时，还应促进预制构件生产厂商积极开发新生产线，促进产能扩大，积极服务市场需求。

11.5.4 推进建筑工业化全产业链建设

多年的建筑工业化技术发展和实践表明，单纯从工业化构件设计角度出发，要想实现工业化建筑的产业化是不合理的，建筑工业化的过程是一套从传统的建筑产业模式向新型建筑产业模式的转变，这个过程贯穿建筑方案设计、建筑装配式构件设计、构配件运输、现场施工安装、施工流程组织优化及最终成果验收等步骤。建筑共同工业化的实现需要建筑设计师作为牵头人，统筹设计、施工、管理、监理等各专业内容，重点把控构件设计及其工厂生产，在施工过程中贯穿绿色可持续理念，使用现代化整合的 BIM 平台实现建筑全生命周期管理，以达到降低环境污染、降低建筑能耗、降低劳动人口依赖的目的。

实现建筑工业化的目标需要厘清包括现浇结构工业化建筑体系、钢结构体系及混合结构体系等多种建筑工业化模式需要的不同设计标准和设计方法，根据各模式使用适宜的设计方法和施工构件，提高建筑效率。

同时，整合的工业化建筑是一个多学科、多专业配合实现的建筑过程，引入 BIM 建筑信息模型技术有助于各专业的协调配合，BIM 提供的多专业配合平台还能收集项目在设计、采购、生产、配送、存储、施工、财务、运营、管理、后评估等各个环节集成的技术信息，通过信息积累和技术进步可实现建筑设计管理过程的长效进步。

11.6 结语

本章首先简要回顾了我国建筑工业化的发展历程，针对我国工业化发展历史中的问题结合当时的时代背景和技术水平分析了建筑工业化的优缺点，提出包括现浇结构工业化建筑体系、钢结构体系及混合结构体系等多种工业化模式，并指出通过建筑工业化可有效提高建造施工效率、减少人力成本投入、降低环境污染、节约能源。并对多种模式的建筑工业化结构体系作了具体分析，针对建筑工业化发展的历史和现状提出我国建筑工业化发展的建议为：

（1）通过多维度、多模式发展并推广建筑工业化，可以实现建筑工业化的可持续发展。

(2) 鉴于我国建筑市场复杂、气候分区多样，提出应结合不同地区特点加强建筑工业化技术研发和实际工程试点，完善建筑工业化相关技术规程和规范，为规范、合理的建筑工业化进程提供保障。

(3) 建筑工业化尽管优势明显，但是其造价仍处高位，因此要想实现其产业化发展不仅需要技术研发和工程试点，还需要政府出台积极的市场化引导政策。

(4) 工业化建筑的产业化发展还需推进建筑工业化全产业链建设，积极使用 BIM 技术配合贯穿从建筑设计、生产制作、运输配送、施工安装到验收运营的全过程。

第三篇　建筑实例

第十二章

普利兹克建筑奖简介

普利兹克奖，有建筑界的诺贝尔奖之称。表彰一位或多位当代建筑师在作品中所表现出的才智、想象力和责任感等优秀品质，以及他们通过建筑艺术对人文科学和建筑环境所做出的持久而杰出的贡献。

12.1 发展历史

这一国际性奖项由美国芝加哥普利兹克家族通过旗下凯悦基金会于 1979 年创立，每年评选一次，授予一位或多位做出杰出贡献的在世建筑师。该奖项通常被誉为"建筑界的诺贝尔奖"和"业界最高荣誉"。

本奖项冠名源自芝加哥的普利兹克家族，他们拥有著名的凯悦酒店集团，旗下酒店遍布世界各地，并因此扬名海外。他们还长期积极赞助各项教育、科学、医疗及文化活动。普利兹克建筑奖由杰伊·普利兹克（1922—1999 年）和妻子辛迪共同创立。长子汤姆士·普利兹克是凯悦基金会的现任主席，他解释说："作为一个土生土长的芝加哥人，生活在摩天大楼诞生的地方，那里到处都是路易斯·沙里文、弗兰克·劳埃德·赖特、密斯·凡德罗等建筑伟人设计的经典作品，因此我们对建筑的热爱不足为怪。"

"1967 年，我们买下了一幢尚未竣工的大楼，作为我们亚特兰大凯悦酒店所在地。它那高耸的中庭大堂成为我们全球酒店集团的一个标志。很明显，这个设计对我们的客人以及员工的情绪有着显著的影响。如果说芝加哥的建筑让我们懂得了建筑艺术，那么从事酒店设计和建设则让我们认识到建筑对人类行为的影响力。因此，在 1978 年我们想到要表彰一些当代的建筑师。我的父母相信，设立一个有意义的奖项，不仅能够鼓励和刺激公众对建筑的关注，同时能够在建筑界激发更大的创造力。"

普利兹克建筑奖似乎自成体系，从第一届得主菲利普·约翰逊（1979 年）开始，到凯文·罗奇（1982 年）、丹下健三（1987 年）、雷姆·库哈斯（2000 年），勾勒出一条影响深远的现代主义和后现代主义的建筑思潮脉络；它能打破地域偏见，显示了评选范围的全球性特征；出生于巴格达的女建筑师扎哈·哈迪德（2004 年）的登场，多少弥补了它在性别取向上的一些遗憾；而对弗兰克·盖里（1989 年）的关注，足以表明它的前瞻和远见：当时盖里只在美国西海岸做过一些美学冒险性建筑，其一生中最伟大的作品——毕尔巴鄂古根海姆博物馆尚未出现，但后来的事实证明，弗兰克·盖里确实能够为世界创造惊人的建筑。

12.2 提名程序

任何领域里的任何人，不分国籍、种族、信仰和意识形态，只要了解并有志于推动建筑学的发展，都可以被提名为候选人。

过去获奖者、建筑师、学者、评论家、政治家、文化推广者，以及其他对建筑领域感兴趣和拥有丰富经验者都可以向常务理事推荐候选人，供普利兹克建筑奖评审委员会审议。

提名按年度进行，于每年的 11 月 1 日截止。推荐者可将候选人的姓名和联系方式发送至常务理事的电子邮箱。未能获奖者自动成为下一年的候选人，陪审委员会通常会在年初进行审议，并在当年春季宣布获奖者。

12.3 评审委员会

独立评审委员会由五至九位专家组成，每名成员任期数年以确保新旧成员的比例均衡，他们在各自的建筑、商业、教育、出版和文化范畴均有专业的地位。审议程序一般在年初的几个月进行，期间普利兹克家族成员或外部观察员均不得参与。

12.4 颁奖礼与奖章

正式的颁奖仪式每年举行一次，通常在 5 月份，地点选择在世界各地著名的建筑物内。此举突显了建筑环境的重要性，而且每年不同的特别场地，正好向其他时代和历届普利兹克奖得主的建筑作品致敬。由于每年的典礼选址在揭晓得奖者之前已经确定，因此两者之间并无关联。

应邀出席颁奖礼的嘉宾来自世界各地和主办国，仪式内容包括主办国名人致欢迎辞、评审团主席发表评语、汤姆士·普利兹克颁奖，以及得奖者致谢辞。

得奖者可获 10 万美元和一枚铜质奖章，这枚普利兹克建筑奖章是根据路易

图 12-1　普利兹克建筑奖奖章

斯·沙利文的设计而铸造的，他是芝加哥著名的建筑师和公认的摩天大厦之父。奖章的一面是奖项的名称，另一面则刻有三个词："坚固、价值和愉悦"，呼应古罗马建筑师维特鲁威提出的三条基本原则：坚固、实用和美观（图 12-1）。

12.5　历届获奖者及部分获奖者作品赏析

历届获奖者及部分获奖者作品赏析，可扫码阅读。

二维码 6

附录1：表格来源

表1-1　作者自绘

表1-2　作者自绘

表2-1　作者自绘

表2-2　作者自绘

表2-3　作者自绘

表2-4　作者自绘

表2-5　作者自绘

表3-1　作者自绘

表3-2　作者自绘

表5-1　作者自绘

表5-2　根据《托儿所、幼儿园建筑设计规范》JGJ 39-2016作者自绘

表5-3　根据《托儿所、幼儿园建筑设计规范》JGJ 39-2016作者自绘

表5-4　《建筑设计资料集(第4分册)：科教·文化·宗教·博览·观演(第三版)》

表5-5　作者自绘

表5-6　《托儿所、幼儿园建筑设计规范》JGJ 39-2016

表5-7　《幼儿园设计大全》

表5-8　作者自绘

表5-9　《托儿所、幼儿园建筑设计规范》JGJ 39-2016

表5-10　《幼儿园设计大全》

表5-11　《托儿所、幼儿园建筑设计规范》JGJ 39-2016

表5-12　《托儿所、幼儿园建筑设计规范》JGJ 39-2016

表5-13　《托儿所、幼儿园建筑设计规范》JGJ 39-2016

表5-14　首都儿科研究所.2015年中国九市七岁以下儿童体格发育调查[J].中华儿科杂志,2018(3):192-199.

表5-15　《幼儿园设计大全》

表5-16　《建筑设计资料集(第4分册)：科教·文化·宗教·博览·观演（第三版）》

表5-17　《幼儿园设计大全》

表5-18　《幼儿园设计大全》

表5-19　《幼儿园设计大全》

表6-1　根据《旅馆建筑设计规范》JGJ 62-2014作者自绘

表6-2　《旅馆建筑设计规范》JGJ 62-2014

表6-3　《旅馆建筑设计规范》JGJ 62-2014

表6-4　作者自绘

表6-5　http://www.doc88.com/p-20981491026.html

表6-6　根据《旅馆建筑设计规范》JGJ 62-2014作者自绘

表6-7　根据《旅馆建筑设计规范》JGJ 62-2014作者自绘

表6-8　根据《旅馆建筑设计规范》JGJ 62-2014作者自绘

表6-9　《旅馆建筑设计规范》JGJ 62-2014

表6-10　《旅馆建筑设计规范》JGJ 62-2014

表6-11 《旅馆建筑设计规范》JGJ 62-2014
表6-12 https://wenku.baidu.com/view/8dfa9460f5335a8102d220de.html?re=view
表7-1 《建筑设计资料集（第4分册）：科教·文化·宗教·博览·观演（第三版）》
表7-2 《建筑设计资料集（第4分册）：科教·文化·宗教·博览·观演（第三版）》
表7-3 作者自绘
表7-4 《建筑设计资料集（第4分册）：科教·文化·宗教·博览·观演（第三版）》
表7-5 《建筑设计资料集（第4分册）：科教·文化·宗教·博览·观演（第三版）》
表7-6 作者自绘
表8-1 《建筑设计资料集（第7分册）：交通·物流·工业·市政（第三版）》
表8-2 《建筑设计资料集（第7分册）：交通·物流·工业·市政（第三版）》
表8-3 作者自绘
表8-4 《建筑设计资料集（第7分册）：交通·物流·工业·市政（第三版）》
表8-5 作者自绘
表8-6 作者自绘
表8-7 《建筑设计资料集（第7分册）：交通·物流·工业·市政（第三版）》
表8-8 《建筑设计资料集（第7分册）：交通·物流·工业·市政（第三版）》
表8-9 《建筑设计资料集（第7分册）：交通·物流·工业·市政（第三版）》
表8-10 作者自绘
表8-11 作者自绘
表8-12 作者自绘
表8-13 作者自绘
表9-1 根据《建筑设计资料集（第6分册）：体育·医疗·福利（第三版）》改绘
表9-2 根据《建筑设计资料集（第6分册）：体育·医疗·福利（第三版）》改绘
表9-3 根据《建筑设计资料集（第6分册）：体育·医疗·福利（第三版）》改绘
表11-1 作者自绘
表11-2 作者自绘

附录2：图片来源

图1-1　https://max.book118.com/html/2016/0815/51522835.shtm
图1-2　http://blog.sina.com.cn/s/blog_8e3061f90100yuwk.html
图1-3　http://www.51wendang.com/doc/b831e1eb7c291975101180a3/45
图1-4　https://baike.baidu.com/item/%E5%9B%9B%E7%BE%8A%E6%96%B9%E5%B0%8A/617449?fr=aladdin
图1-5　http://m.sohu.com/a/117601217_501363/?pvid=000115_3w_a
图1-6　http://finance.sina.com.cn/roll/2016-11-24/doc-ifxyasmv1726152.shtml
图1-7　https://www.sohu.com/a/168601661_661628
图1-8　http://www.lvyou114.com/tuku/67/67975.html
图1-9　https://you.ctrip.com/travels/shanxi100056/2456645.html
图1-10　https://diyitui.com/content-1477184388.59663908.html
图1-11　https://baike.baidu.com/item/营造法式
图1-12　http://bbs.hsw.cn/read-htm-tid-19993990-fpage-3.html
图1-13　https://baike.baidu.com/item/%E5%8C%97%E4%BA%AC%E6%95%85%E5%AE%AB
图1-14　http://www.win4000.com/wallpaper_big_150628.html
图1-15　http://www.win4000.com/wallpaper_big_113726_6.html
图1-16　https://you.ctrip.com/sight/1635979/12550-dianpingCategory4.html
图1-17　https://baike.baidu.com/item/%E5%8F%A4%E5%B8%8C%E8%85%8A%E6%9F%B1%E5%BC%8F/7965712
图1-18　https://huodong.ctrip.com/ottd-activity/dest/t15751774.html
图1-19　https://baike.baidu.com/item/%E7%BD%97%E9%A9%AC%E4%BA%94%E6%9F%B1%E5%BC%8F
图1-20　https://you.ctrip.com/travels/antalya549/2035049.html
图1-21　https://www.utepo.com/article/detail/907.html
图1-22　http://www.mafengwo.cn/sales/2705553.html
图1-23　https://touch.travel.qunar.com/comment/5723879?bd_source=ucsousuo
图1-24　http://m.sohu.com/a/131950250_654547
图1-25　《建筑初步》（第二版）田学哲主编
图1-26　http://bbs.zhulong.com/102010_group_773/detail40971445/
图1-27　作者自绘
图1-28　https://www.zcool.com.cn/work/ZMjExODcyMjg=.html
图1-29　http://www.zmdz.com/BBS/forum_read.asp?id=94556&page=2&property=0&ClassID=4
图1-30　https://www.csjcs.com/news/show/309/1250007_0.html
图1-31　https://huodong.ctrip.com/ottd-activity/dest/t15396199.html
图1-32　http://www.sohu.com/a/41409460_148329
图1-33　http://fs.wenming.cn/wmfs/201706/t20170616_4546916.shtml
图1-34　http://bbs.zhulong.com/104030_group_768/detail40278671/
图1-35　http://travel.qianggen.net/2010/0427/9904_6.html

图1-36　http://bbs.01ny.cn/thread-3282872-1-1.html
图1-37　http://news.suning.com/wtoutiao/witem2_2341557620.html
图1-38　http://www.hunantoday.cn/article/201709/20170916165720460 7001.html
图1-39　http://www.sohu.com/a/120151040_130514
图1-40　http://www.tastebest.com.tw/
图1-41　http://www.tastebest.com.tw/wp-content/uploads/2019/04/sThe-Parisian-Macao-exterior-3.jpg
图1-42　https://you.ctrip.com/travels/aegean1031/1933261.html
图1-43　http://tech.hexun.com/2018-12-21/195626076.html
图1-44　http://www.lvmama.com/lvyou/poi/sight-175830.html
图1-45　作者自绘
图1-46　http://www.heze.cn/news/2014-08/27/content_211111.htm
图1-47　https://www.zcool.com.cn/work/ZMzQxOTMzMTI=.html
图1-48　https://www.justeasy.cn/render/2694.html
图1-49　https://touch.travel.qunar.com/comment/5593746?bd_source=zhitui4
图1-50　http://travel.qunar.com/p-oi7471324-sulamanifota-1-4?rank=0
图1-51　http://app.myzaker.com/news/article.php?pk=5cbf4b7877ac64746838d2d2
图1-52　http://www.mycchina.com/index.php/article/559
图1-53　https://you.ctrip.com/sight/ali99/13607-dianpingCategory4.html
图1-54　http://www.fjqlaz.cn/news_info.asp?sortid=53&id=366
图1-55　http://www.sohu.com/a/164637754_99980951
图1-56　http://www.zhxsjy.com/Index/adetail/id/6.html
图1-57　https://www.zcool.com.cn/work/ZMjc0NTE3NDg=/2.html
图1-58　http://www.xwxq.gov.cn/xxxq/xwzx3/content/7e74b78a-6cd1-4b7e-a0c3-0d011efe3a49.html
图1-59　https://www.enterdesk.com/download/26206-166130/
图1-60　作者自绘
图2-1　作者自绘
图2-2　作者自绘
图2-3　http://blog.163.com/login.do?err=403
图2-4　作者自绘
图2-5　作者自绘
图2-6　作者自绘
图2-7　闫寒.建筑学场地设计[M].3版.北京：中国建筑工业出版社，2012.
图2-8　作者自绘
图2-9　闫寒.建筑学场地设计[M].3版.北京：中国建筑工业出版社，2012.
图2-10　彭一刚.建筑空间组合论[M].3版.北京：中国建筑工业出版社，2008.
图2-11~图2-13　赵晓光.民用建筑场地设计[M].北京：中国建筑工业出版社，2004.
图2-14　作者自绘
图2-15　闫寒.建筑学场地设计[M].3版.北京：中国建筑工业出版社，2012.
图2-16　建筑设计资料集（第三版）.教科·文化·宗教·博览·观演，2017.
图2-17~图2-20　彭一刚.建筑空间组合论[M].3版.北京：中国建筑工业出版社，2008.
图2-21　建筑设计资料集（第三版）.教科·文化·宗教·博览·观演，2017.
图2-22~图2-26　倪吉昌.设计前期与场地设计[M].北京：中国建筑工业出版社，2018.
图2-27~图2-32　闫寒.建筑学场地设计[M].3版.北京：中国建筑工业出版社，2012.

图2-33 作者自绘
图2-34 https://www.docin.com/p-1387088499.html
图2-35 https://www.docin.com/p-1387088499.html
图2-36 https://www.docin.com/p-1387088499.html
图2-37 https://www.docin.com/p-1387088499.html
图3-1 http://tianjinss.com/pod.jsp?id=199
图3-2-a https://www.justeasy.cn/render/2128.html
图3-2-b http://cruisej.ctrip.com/poi/ncl-getaway/category-bb.html
图3-3-a http://www.sdrm668.com/zhsh.asp?id=178650
图3-3-b http://www.cddrzs.com/index.php?m=content&c=index&a=show&catid=27&id=328
图3-4-a https://www.zcool.com.cn/work/ZMjkwNzk5NzI=.html
图3-4-b http://fjejjt.com/product_view.aspx?id=12
图3-5-a http://baijiahao.baidu.com/s?id=1634669114185512269&wfr=spider&for=pc
图3-5-b http://s11.sinaimg.cn/orignal/61680936g77ba432585ea&690
图3-6 http://www.zhenningtech.com/case.php?class_id=21
图3-7 http://www.sohu.com/a/251426376_652964
图3-8 http://www.jia360.com/ztnew/jinteng/details/id/3688
图3-9 作者自绘
图3-10 作者自绘
图3-11 作者自绘
图3-12 作者自绘
图3-13-a https://www.justeasy.cn/works/case/523414.html?t=1531354569927
图3-13-b http://www.sohu.com/a/255993336_171296
图3-14 https://bbs.zhulong.com/101010_group_201802/detail10128650/
图3-15 https://xiaoguotu.to8to.com/p10589187.html
图3-16 http://blog.sina.com.cn/s/blog_d161da650102vtuy.html
图3-17 https://zhidao.baidu.com/question/1610375505394188467.html
图3-18 http://ttjiancai.com/louti/1528/
图3-19 http://www.szbsa.com/newsinfo_27079.html
图3-20 http://www.333cn.com/shejizixun/201911/43497_147693.html
图3-21 http://blog.sina.com.cn/s/blog_a598306e0102xuwb.html
图3-22 http://www.sohu.com/a/216339653_697365
图3-23 http://bbs.zhulong.com/102050_group_300170/detail33921673/
图3-24 http://uadrc.btoebiz.cn/index.php?m=content&c=index&a=show&catid=52&id=10
图3-25 http://www.zhiyuanguanjia.cn/common/404
图3-26 http://www.szkeling.com/M_ShowProducts/?63-1.html
图3-27 https://www.tuozhe8.com/thread-1175919-1-1.html
图3-28 http://www.sohu.com/a/138493022_790696
图3-29 http://www.360doc.com/content/17/0830/08/12290794 _68320 5631.shtml
图3-30 https://bbs.zhulong.com/101040_group_200407/detail33460861/
图3-31 http://www.sohu.com/a/208350036_213687
图3-32 http://soujianzhu.cn/news/display.aspx?id=5202
图3-33 http://blog.sina.com.cn/s/blog_62d0f68f010103i3.html

图3-34　https://bbs.zhulong.com/101010_group_201808/detail10000405/
图3-35　http://www.360doc.com/content/17/1204/22/10547805_70997 0240.shtml
图3-36　https://pixabay.com/zh/photos/nuremberg-hangman-s-bridge- 200891/
图3-37　作者自绘
图3-38　https://www.yan.sg/sancheng36jiegou/
图3-39　作者自绘
图3-40　https://www.archdaily.cn/cn/757269/house-in-tinos/5008b33a28ba0d50da001852-house-in-tinos-mx-architecture-photo
图3-41　https://bbs.zhulong.com/101010_group_201802/detail10037260/
图3-42　https://www.duitang.com/blog/?id=759119083
图3-43　http://www.sohu.com/a/273017451_663589
图3-44　https://www.zhihu.com/question/20342520/answer/37400036
图3-45　http://gc.100xuexi.com/ExamItem/ExamDataInfo.aspx?id=0CDF2D2D-7B19-4AB9-AE25-757D7339A9FE
图3-46　作者自绘
图3-47　https://you.ctrip.com/sight/tokyo294/5170-dianpingCategory2.html
图3-48　http://www.bjnews.com.cn/travel/2018/10/28/515164.html
图3-49　https://huaban.com/boards/39987430/
图3-50　http://www.nipic.com/show/7869884.html
图3-51　http://travel.qunar.com/p-pl4160040
图3-52　http://www.gist.edu.cn/2018/0428/c17a16580/page.htm
图3-53　https://youmeiwen.cn/p/37808
图3-54　https://you.ctrip.com/travels/sanfrancisco249/2443607.html
图3-55　https://www.uniqueway.com/countries_pois/eRK6brVl.html
图3-56　http://wrj.sohu.com/show/single/33954
图3-57　http://www.sohu.com/a/121516800_426211
图3-58　https://you.ctrip.com/travels/pingyao365/2275470.html
图3-59　http://www.l99.com/EditPicture_photoArrayView.action?arrayId=867351
图3-60　https://www.zcool.com.cn/work/ZMTU2NDk3NzI=.html?switchPage=on
图4-1　https://www.iqbbs.com/picture/view/20161045286662
图4-2　吕令毅，吕子华.建筑力学[M].2版.北京：中国建筑工业出版社，2010.
图4-3　http://www.cditv.cn/show-1171-1360570-1.html
图4-4　http://www.win4000.com/wallpaper_detail_86499.html
图4-5　https://www.klook.com/zh-TW/activity/5999-day-tour-mycenae-epidaurus-athens-greece/
图4-6　http://www.sohu.com/a/17468808_190193
图4-7　http://m.deskcity.org/mip/bizhi/54219.html
图4-8　https://dp.pconline.com.cn/dphoto/list_3455815.html
图4-9　http://bbs.fengniao.com/forum/1649698_p29377321.html
图4-10　http://img.xhgj.zhongguowangshi.com/News/201506/20150607155323_4968.jpg
图4-11　https://dp.pconline.com.cn/photo/list_2098706.html
图4-12　https://www.zcool.com.cn/work/ZMzE0MTgyMDQ=.html?swi tchPage=on
图4-13　https://fashion.huanqiu.com/article/9CaKrnK0ZAy
图4-14-a　http://new.rushi.net/Home/Works/mobilework/id/19749.html

图4-14-b　https://www.archdaily.cn/cn/photographer/ezra-stoller-esto
图4-15　http://www.archcy.com/focus/helsinki_guggenheim_museum/95b4be602de68bf2；http://imgsrc.baidu.com/baike/pic/item/54baacfb4f607b394f4aeab6.jpg
图4-16-a　http://blog.sina.com.cn/s/blog_6e25fb7c0102x22f.html
图4-16-b　http://blog.sina.com.cn/s/blog_6e25fb7c0102x22f.html
图4-17　http://www.archcollege.com/archcollege/2018/3/39655.html?tdsourcetag=s_pcqq_aiomsg
图4-18　http://www.sohu.com/a/251656936_658802
图4-19　http://www.sohu.com/a/251656936_658802
图4-20　http://www.sohu.com/a/251656936_658802
图4-21　http://www.sohu.com/a/251656936_658802
图4-22　https://newoss.zhulong.com/tfs/pic/v1/tfs/T1zeV_B5KT1RCv BVdK.jpg
图4-23-a　http://www.sohu.com/a/314942794_120042831
图4-23-b　https://www.mianfeiwendang.com/doc/4f4b4388265b07240631 c394/3
图4-24　http://www.ahsj-group.com/index/lists/003002
图4-25　http://www.xn--fiqs8srwb2uvfk7a.com/index.php?s=/Home/Vacation/details/id/1047.html
图4-26　https://www.zcool.com.cn/work/ZMzE1NDk1ODA=.html?switch Page=on
图4-27　http://robot.zol.com.cn/600/6006276.html?via=index
图4-28　http://xa.wenming.cn/wmxa/wmchuangjian/201604/t20160405_ 2458312.html
图4-29　http://www.sohu.com/a/133453568_446883?loc=2&cate_id=1447
图4-30　https://www.zcool.com.cn/work/ZMzIyMTE3MTY=.html
图4-31　https://you.ctrip.com/sight/jiufen120424/3117-dianpingCategory2.html
图4-32　http://www.archcollege.com/mobile.php?m=index&a=appDetails2&id=43929&travel_flag=1&rand=53&version=4.1.3
图4-33　https://www.gdxdmq.com/news-25.html
图4-34　http://touch.go.beta.qunar.com/poi/4478326?
图4-35　http://www.3d2000.com/46719.html
图4-36　http://s8.sinaimg.cn/orignal/698c6d31gd894e25a2817
图4-37　http://www.3d2000.com/12.html
图4-38　http://wrj.sohu.com/show/single/33550
图4-39a/b　https://newoss.zhulong.com/tfs/photo/big/200903/16/241289_2.jpg；https://www.iqbbs.com/picture/view/20172058174369
图4-40　http://www.nipic.com/show/17323033.html
图4-41　https://newoss.zhulong.com/tfs/pic/v1/tfs/T1YrJ_BmJT1RCv BVdK.jpg
图4-42　https://graph.baidu.com/api/proxy?mroute=redirect&sec=1560933858412&seckey=f53b04eb8e&u=http%3A%2F%2Fbbs.zhulong.com%2F101010_group_678%2Fdetail32681092%2F
图4-43　https://www.yatzer.com/carabanchel-housing-madrid
图4-44　http://bbs.zhulong.com/101010_group_3007072/detail37951099/
图4-45　http://bbs.zhulong.com/101010_group_201801/detail10124098/
图4-46　https://sheji.pchouse.com.cn/177/zt1778695.html
图4-47　https://www.zcool.com.cn/work/ZMzk5Mzk4NjA=.html
图4-48　http://blog.163.com/login.do?err=403
图4-49　http://cdn2.matadornetwork.com/blogs/1/2012/11/35Santorini-Greece-

Matador−SEO.jpg
图4−50　http://www.sohu.com/a/273856551_750661
图4−51　http://www.mainar.com/project.aspx?pid=282
图4−52　http://blog.sina.com.cn/s/blog_4ca92fe10102ej4a.html
图4−53　http://www.naic.org.cn/html/2017/gjjy_0623/2816.html
图4−54　http://bbs.zol.com.cn/dcbbs/d34024_2327.html
图4−55　http://www.nipic.com/detail/huitu/20190515/123438024020.html
图5−1　http://www.yeysj.net/shownews.asp?id=1313
图5−2　http://www.yeysj.net/shownews.asp?id=1313
图5−3　https://max.book118.com/html/2015/1107/28745227.shtm
图5−4　http://dihonf11.bjsxp05.host.35.com/news/show.html?id=2079
图5−5　http://www.archmixing.com/index.php/Works/shownews/id/360
图5−6　https://weibo.com/u/3515462447?is_all=1
图5−7　https://www.archdaily.cn/cn/763837/jia−qi−you−er−yuan−marcio−kogan/5012c04228ba0d147d000876−primetime−nursery−school−marcio−kogan−photo?next_project=no
图5−8　启迪设计股份有限公司提供
图5−9　启迪设计股份有限公司提供
图5−10　启迪设计股份有限公司提供
图5−11　启迪设计股份有限公司提供
图5−12　启迪设计股份有限公司提供
图5−13　启迪设计股份有限公司提供
图5−14　启迪设计股份有限公司提供
图5−15　启迪设计股份有限公司提供
图5−16　启迪设计股份有限公司提供
图5−17　启迪设计股份有限公司提供
图5−18　启迪设计股份有限公司提供
图5−19　启迪设计股份有限公司提供
图6−1　作者自绘
图6−2　作者自绘
图6−3　作者自绘
图6−4　作者自绘
图6−5　作者自绘
图6−6　作者自绘
图6−7　作者自绘
图6−8　作者自绘
图6−9　http://k.sina.com.cn/article_2531039657_96dc99a900100ajy8.html
图6−10　https://you.ctrip.com/travels/suzhou11/3732088.html
图6−11　作者自绘
图6−12　作者自绘
图6−13　作者自绘
图6−14　作者自绘
图6−15　作者自绘
图6−16　http://bbs.zhulong.com/101030_group_201835/detail10014796/p1.html?louzhu=0

图6-17　https://wenku.baidu.com/view/8ea9f540bed5b9f3f90f1cf6.html
图6-18　https://www.douban.com/note/706722556/?type=collect
图6-19　https://www.gooood.cn/little-shelter-hotel-by-department-of-architecture.htm
图6-20　http://www.architbang.com/project/view/p/3389
图6-21　https://www.gooood.cn/rosewood-hotel-in-bangkok-by-kpf.htm
图6-22　https://www.gooood.cn/the-kumaon-by-zowa-architects.htm
图6-23　https://www.gooood.cn/shoreditch-hotel-by-aqso-arquitectos- office.htm
图6-24　https://www.gooood.cn/hotel-ln-garden-by-3lhd.htm
图6-25　https://www.gooood.cn/aquatis-aquarium-vivarium-lausanne-by-richter-dahl-rocha-associes-architect.htm
图6-26　https://www.justeasy.cn/news/8487.html?from=timeline
图6-27　http://blog.sina.com.cn/s/blog_9355a89b0102vpxd.html
图6-28　https://www.zcool.com.cn/work/ZMzM5NjIwMjg=.html
图6-29　http://dujia.lvmama.com/package/881813
图6-30　http://hbfhwl.com/view-4646-1.html
图6-31～图6-38　https://www.gooood.cn/the-new-lobby-in-shaoxing-hotel-reconstruction-and-upgrading-project-china-by-architectural-design-and-research-institute-of-zhejiang-university.htm
图7-1～图7-21　《建筑设计资料集（第4分册）：科教·文化·宗教·博览·观演（第三版）》
图7-22　https://www.gooood.cn/yiwu-cultural-square-china-by-by-the-architectural-design-research-institute-of-zhejiang-university.htm
图7-23　https://www.gooood.cn/meca-by-big-2.htm
图7-24　https://www.gooood.cn/huamu-lot-10-china-by-kpf.htm
图7-25　https://www.gooood.cn/huaian-urban-plan-museum-library-culture-museum-and-art-museum-china-by-tjad.htm
图7-26　https://www.gooood.cn/tibet-intangible-cultural-heritage-museum-by-shenzhen-huahui-design-co-ltd.htm
图7-27　https://www.gooood.cn/nanjing-international-youth-cultural-centre-china-by-zaha-hadid-architects.htm
图7-28　http://www.archdaily.cn/cn/600276/jin-chang-wen-hua-zhong-xin-slash-teamminus
图7-29　https://www.gooood.cn/emhuis-by-neutelings-riedijk.htm
图7-30　https://www.gooood.cn/akiha-ward-cultural-center.htm
图7-31　https://www.gooood.cn/guangxi-culture-art-center-by-gmp.htm
图7-32　https://www.gooood.cn/verbania-cultural-complex-and-theatre-by-studio-bargone-architetti-associati.htm
图7-33　https://www.gooood.cn/rudong-cultural-center-china-by-tjad.htm
图7-34　https://www.gooood.cn/national-kaohsiung-centre-for-the-arts-officially-opened-in-october-2018.htm
图8-1～图8-7　《建筑设计资料集（第7分册）：交通·物流·工业·市政（第三版）》
图8-8　http://www.city8.com/map/8482.html
图8-9　http://bbs.xinpg.com/thread-1369160-1-1.html
图8-10　http://gdskb.lvyouquan.cn/nanhwa/Product/ProductDetailNew/1e94be89da9a483a93a0ff02a40d2849

图8-11　https://sh.qihoo.com/90e1b6f82d0252255?refer_scene=&scene=3&sign=look&tj_url=90e1b6f82d0252255&uid=7439975d33a8105e026f203845002dc2
图8-12　http://www.cclndx.com/bbs/ShowPost.asp?ThreadID=378435
图8-13　https://www.zcool.com.cn/work/ZNjU0NTI3Ng==/1.html
图8-14　http://www.dianping.com/shop/131536791/photos?pg=2
图8-15　http://www.soujianzhu.cn/news/display.aspx?id=713
图8-16　http://www.jinmen.cc/thread-92800-1-1.html
图8-17　https://bbs.fanfantxt.com/ab525092.html
图8-18　http://www.cphoto.com.cn/dz/viewthread.php?tid=50519
图8-19　http://www.soujianzhu.cn/admin/uploadFiles/news/pic/big/20131115164950890.jpg
图8-20　http://www.sohu.com/a/152618415_664381
图8-21　https://www.sketchupbar.com/forum.php?typeid=496&mod=viewthread&tid=177337
图8-22　http://images.adsttc.com.qtlcn.com/media/images/52fd/9055/e8e4/4e3c/d000/0122/large_jpg/Mumbai_70_%28L1008968%292.jpg?1392349260
图8-23　https://www.douban.com/note/537403210/?cid=44375339
图8-24　http://tushuo.jk51.com/tushuo/1448330.html
图8-25　https://pp.fengniao.com/9348241.html
图8-26　http://bbs.zol.com.cn/dcbbs/d268_125652.html
图8-27　https://baike.baidu.com/item/%E4%B9%9D%E9%87%8C%E5%B1%B1/4993574?fr=aladdin
图8-28　http://www.cnxz.com.cn/newscenter/2017/20170503116706.shtml
图9-1　傅兴治.我国城乡三级医疗卫生网建设略述[J].中国农村卫生事业管理,1988(3):23-24.
图9-2　《建筑设计资料集（第7分册）（第二版）》
图9-3　《建筑设计资料集（第7分册）（第二版）》
图9-4　徐鑫.大学科技园规划与设计研究[D].杭州：浙江大学，2001.
图9-5　《建筑设计资料集（第7分册）（第二版）》
图9-6　《建筑设计资料集（第6分册）：体育·医疗·福利（第三版）》
图9-7　《建筑设计资料集（第6分册）：体育·医疗·福利（第三版）》
图9-8　何睦.麦肯齐健康科学中心,加拿大[J].世界建筑,1984(2):62-63、94.
图9-9　《建筑设计资料集（第6分册）：体育·医疗·福利（第三版）》
图9-10　《建筑设计资料集（第6分册）：体育·医疗·福利（第三版）》
图9-11　《建筑设计资料集（第6分册）：体育·医疗·福利（第三版）》
图9-12　大型医院门诊大厅设计研究[D].重庆：重庆大学，2007.
图9-13　《建筑设计资料集（第7分册）（第二版）》
图9-14～图9-17　《建筑设计资料集（第6分册）：体育·医疗·福利（第三版）》
图9-18　《建筑设计资料集（第7分册）（第二版）》
图9-19　《建筑设计资料集（第6分册）：体育·医疗·福利（第三版）》
图9-20　《建筑设计资料集（第7分册）（第二版）》
图9-21　《建筑设计资料集（第7分册）（第二版）》
图9-22　https://max.book118.com/html/2015/0926/26231523.shtm
图9-23　https://jz.docin.com/p-913229075.html
图9-24　http://www.doc88.com/p-3955359472617.html

图9-25　https://max.book118.com/html/2015/0925/26173097.shtm
图9-26　https://max.book118.com/html/2017/1115/140133429.shtm
图9-27　《建筑设计资料集（第6分册）：体育·医疗·福利（第三版）》
图9-28　《建筑设计资料集（第6分册）：体育·医疗·福利（第三版）》
图9-29　http://www.jsgzpm.com/server/yyhq.asp
图9-30　www.leyijc.com
图9-31　https://wenku.baidu.com/view/72fc57820975f46527d3e1dd.html
图9-32　https://wenku.baidu.com/view/058b251ccfc789eb172dc8c7.html
图9-33　http://sucai.redocn.com/hangyebaitai_9711413.html
图9-34～图9-39　http://www.ikuku.cn/post/17839
图10-1　https://m.zcool.com.cn/work/ZMzMwMTY1NTY=.html
图10-2　http://wrj.sohu.com/show/single/33818
图10-3　http://www.sohu.com/a/200082687_777781
图10-4　http://tianqi.moji.com/liveview/picture/81177056
图10-5　http://blog.sina.com.cn/s/blog_1533ba0580102wpio.html
图10-6　http://jianfangmi.com/zijianfang/jiayongtaiyangnengfadianxito
ng/201410/00000487.html
图10-7　https://www.uniqueway.com/countries_pois/ZXGp7oOr.html
图10-8　http://www.huangye88.com/cp/411645.html?from=m
图10-9　http://jcwg.cooc365.com/course/wudingcaopingzaipeiyushigongjishu
图10-10　https://power.baidu.com/question/579703978.html?qbl=relate_question_5
图10-11　http://www.shmingguan.com/case-item-42.html
图10-12　http://blog.sina.com.cn/s/blog_48cf650101000397.html
图10-13　https://www.wendangwang.com/doc/21470484f968147806810f55/4
图10-14　http://www.cecep.cn/g833/s2865/t11152.aspx
图10-15　https://dp.pconline.com.cn/dphoto/list_2391006.html
图11-1　http://www.cjrbapp.cjn.cn/wuhan/p/27198.html
图11-2　作者自绘
图11-3　作者自绘
图11-4　作者自绘
图11-5　http://www.360doc.com/content/18/0524/09/48616357_756577689.shtml
图11-6　作者自绘
图11-7　http://www.sohu.com/a/325220577_764910
图11-8　http://bbs.zhulong.com/102050_group_705/detail33471946/?f=jyrc
图11-9　https://cn.made-in-china.com/gongying/zjth123-SogExFeJrwVO.html?source=
prod_detail
图11-10　作者自绘
图11-11　作者自摄
图11-12　作者自绘
图11-13　http://tianhuagp.com/cn/news/229

致　谢

本书内容依托于全国住房和城乡建设职业教育教学指导委员会建筑与规划类专业指导委员会关于建筑设计专业的教学基本要求所编写。此书能够得以出版，首先要致谢参与本书编写的全体成员。教材主审仲德崑教授基于他丰富的教学经验，对本书提出了许多宝贵的修改意见。同时，感谢中国建筑工业出版社在教材出版的过程中给予了许多帮助与支持。

全书插图众多，除了部分由编者绘制，很多插图是在硕士研究生的辛勤帮助下收集或参与绘制完成的，参与整理与绘制插图的有：谢佳雯、谭智铭、张元、耿浩、武波、潘永伦。在此，作者对以上同事、学生一并表示感谢。

全国住房和城乡建设职业教育教学指导委员会

建筑与规划类专业指导委员会

2019年5月